안전전문가가 알려주는
중대재해처벌법 대응전략 실무

최 명 기 저

공학박사 / 안전지도사
기술사(시공,안전,품질,도로)

국토일보

머 리 말

2022년 1월 27일부터 시행되는 중대재해처벌법과 관련하여 건설업계의 중대산업재해를 방지하기 위한 기업들의 철저한 대응이 필요한 시점이다. 중대재해처벌법은 중대한 인명피해를 주는 산업재해가 발생했을 경우 사업주에 대한 형사처벌을 강화하는 내용을 핵심으로 제정되었다.

1명 이상 사망사고 발생 시 사업주에게 1년 이상 징역 또는 10억원 이하의 벌금이 부과되고 작업자가 다치거나 질병에 걸릴 경우 7년 이하의 징역 또는 1억원 이하의 벌금에 처해짐에 따라 중대산업재해 방지를 위한 기업들의 철저한 대비가 필요한 상황이다.

대기업은 그래도 작년부터 일부 준비를 하고 있는 상황이었지만 아직까지 대부분의 건설 회사 사업주나 경영책임자들은 관심이 저조한 실정이다. 또한 중대재해처벌법에 대한 관심을 가지고 있는 경영자라 할지라도 어떻게 대응해야 할지 무엇을 해야 할지 전혀 감을 잡을 수 없는 상황이다. 또한 건설업계 사업주나 경영책임자의 경우도 대부분 막연하게 어떻게 되겠지 하며 사실상 손을 놓고 있는 실정이다.

이러한 현상이 벌어진 이유는 아무래도 지금까지 대형 법무법인 위주의 법률 컨설팅과 세미나가 주류였고, 안전보건체계 확립에 대한 실제적인 대응방안에 대한 저서나 세미나가 없어서 발생한 것으로 보인다.

이에 저자는 다년간 안전에 대한 실무경험과 지식을 활용하여 빠른 시간 내에 건설 회사들이 실무적인 대응을 할 수 있도록 하기 위해 이 책을 집필하게 되었다.

중대산업재해 관련 안전보건관리체계 구축과 이행에 관한 대응요령과 관계법령에 따른 의무이행에 필요한 관리상의 조치를 하는데 있어 실무상 필요한 기준을 제시하였다.

아직은 미흡하고 부족하지만 이 책이 건설업계가 중대재해처벌법에 대응하는데 있어 조그마한 도움이 되기를 간절히 기원해본다

2021년 辛丑年 9월
빛고을에서 金龜 최명기 拜上

목 차

1. 개요 · · · · · 16
- 1.1 목적 · · · · · 16
- 1.2 입법 배경 · · · · · 17
- 1.3 입법 과정 · · · · · 18
- 1.4 산업안전보건법과 중대재해처벌법 비교 · · · · · 21
- 1.5 중대재해처벌법 주요 내용 · · · · · 23
  - 1.5.1 중대재해처벌법 주요내용 · · · · · 23
  - 1.5.2 중대재해 범위 · · · · · 24
  - 1.5.3 안전보건 확보 의무 · · · · · 25
  - 1.5.4 안전보건 교육의 수강의무 · · · · · 29
  - 1.5.5 중대재해처벌법이 건설산업에 미치는 영향 · · · · · 30
  - 1.5.6 중대재해처벌법 대응전략 · · · · · 31

2. 중대재해 처벌 등에 관한 법률(약칭: 중대재해처벌법) · · · · · 34
- 2.1 법령의 주요 구성 체계 · · · · · 34
- 2.2 총칙 · · · · · 36
  - 2.2.1 목적(제1조) · · · · · 36
  - 2.2.2 정의(제2조) · · · · · 36
- 2.3 중대산업재해 · · · · · 47
  - 2.3.1 적용범위(제3조) · · · · · 47
  - 2.3.2 사업주와 경영책임자등의 안전 및 보건 확보의무(제4조) · · · · · 47
  - 2.3.3 도급, 용역, 위탁 등 관계에서의 안전 및 보건 확보의무(제5조) · · · · · 50
  - 2.3.4 중대산업재해 사업주와 경영책임자등의 처벌(제6조) · · · · · 50
  - 2.3.5 중대산업재해의 양벌규정(제7조) · · · · · 50
  - 2.3.6 안전보건교육의 수강(제8조) · · · · · 51
- 2.4 중대시민재해 · · · · · 53
  - 2.4.1 사업주와 경영책임자등의 안전 및 보건 확보의무(제9조) · · · · · 53
  - 2.4.2 중대시민재해 사업주와 경영책임자등의 처벌(제10조) · · · · · 59
  - 2.4.3 중대시민재해의 양벌규정(제11조) · · · · · 59
- 2.5 보칙 · · · · · 60
  - 2.5.1 형 확정 사실의 통보(제12조) · · · · · 60
  - 2.5.2 중대산업재해 발생사실 공표(제13조) · · · · · 60
  - 2.5.3 심리절차에 관한 특례(제14조) · · · · · 61
  - 2.5.4 손해배상의 책임(제15조) · · · · · 61
  - 2.5.5 정부의 사업주 등에 대한 지원 및 보고(제16조) · · · · · 62
- 2.6 부칙(제17907호, 2021. 1. 26.) · · · · · 63
  - 2.6.1 시행일(제1조) · · · · · 63

Contents

2.6.2 다른 법률의 개정(제2조) · 63

3. 안전보건에 관한 목표와 경영방침 설정 · · · · · · · · · · · · 66
3.1 개요 · 66
3.2 고용노동부 특별감독을 통한 최고경영자의 리더십, 안전관리 목표 수준 · · · 68
3.3 산업안전보건법상 이사회 보고 및 승인 · · · · · · · · · · · · · · 71
3.4 안전보건에 관한 계획 · 73
  3.4.1 개요 · 73
  3.4.2 법령 규정 · 73
  3.4.3 의무대상 · 74
  3.4.4 대표이사 의무내용 · 74
  3.4.5 안전 및 보건에 관한 계획에 포함되어야 할 내용 · · · · · · 75
  3.4.6 안전보건계획 수립·이행 절차 · · · · · · · · · · · · · · · · · 76
  3.4.7 안전보건계획 5요소(SMART) · · · · · · · · · · · · · · · · · 77
  3.4.8 안전보건계획 수립 시 안전보건에 관한 경영방침 내용 및 유의사항 · · 77
  3.4.9 안전·보건관리 조직의 구성·인원 및 역할 내용 및 유의사항 · · · 78
  3.4.10 안전보건관련 예산 및 시설 내용 및 유의사항 · · · · · · · 79
  3.4.11 안전보건에 관한 전년도 활동실적 및 다음 연도 활동계획 내용 및 유의사항 · 80
  3.4.12 안전보건방침 사례 · 82
3.5 최고경영자의 안전보건경영방침 수립 및 활동 수준 기준 · · · · · · 86
  3.5.1 최고경영자의 안전보건경영방침 수립 및 활동 수준 · · · · · 86
  3.5.2 안전보건계획 수립 및 활동 수준 · · · · · · · · · · · · · · · 87
  3.5.3 성과측정 및 시정조치 · 88
  3.5.4 안전문화 확산 · 88
  3.5.5 안전관리 미흡사항에 대한 개선 노력 및 실적 · · · · · · · · 89
  3.5.6 사망사고 감소 성과 · 89
3.6 산업안전보건법상 안전관리 규정 작성 · · · · · · · · · · · · · · 91
  3.6.1 안전보건관리규정의 작성(제25조) · · · · · · · · · · · · · · 91
  3.6.2 안전보건관리규정의 작성·변경 절차(제26조) · · · · · · · · 91
  3.6.3 안전보건관리규정의 준수(제27조) · · · · · · · · · · · · · · 91
  3.6.4 다른 법률의 준용(제28조) · · · · · · · · · · · · · · · · · · 92
  3.6.5 안전관리 규정 작성 기준 · · · · · · · · · · · · · · · · · · · 92

4. 유해·위험요인 확인·점검 및 업무처리절차와 이행상황 점검 · · · 94
4.1 개요 · 94
4.2 위험성평가 목적과 관계법령 · 95
4.3 위험성평가 실시절차 · 97

목 차

4.4 사업장 위험성평가에 관한 지침(고용노동부 고시) · · · · · · · · · · 102
   4.4.1 총칙(제1장) · · · · · · · · · · 102
   4.4.2 사업장 위험성평가(제2장) · · · · · · · · · · 104
   4.4.3 위험성평가 인정(제3장) · · · · · · · · · · 110
   4.4.4 지원사업의 추진 등(제4장) · · · · · · · · · · 117
4.5 위험성평가 실시 규정(절차서) 예 · · · · · · · · · · 119
   4.5.1 안전경영방침 및 추진목표 · · · · · · · · · · 119
   4.5.2 규정(절차서) 예 · · · · · · · · · · 120
4.6 위험성평가 이행, 점검 · · · · · · · · · · 134
   4.6.1 일반사항 · · · · · · · · · · 134
   4.6.2 위험성평가 결과 및 점검·조치결과 총괄표 · · · · · · · · · · 135
   4.6.3 위험성평가 이행·점검 검토보고서 · · · · · · · · · · 137
4.7 고용노동부 특별감독을 통한 위험성요인 관리체계 수준 · · · · · · · · · · 139
4.8 위험성평가 이행·점검 검토 기준 · · · · · · · · · · 140
   4.8.1 A. 계획 · · · · · · · · · · 140
   4.8.2 B. 이행 · · · · · · · · · · 142
   4.8.3 C. 지속적 관리 · · · · · · · · · · 144
   4.8.4 D. 기록 · · · · · · · · · · 145
   4.8.5 E. 교육 · · · · · · · · · · 146
   4.8.6 F. 수급업체 점검/보완 조치 · · · · · · · · · · 147

5. 안전 및 보건에 관한 전문인력 · · · · · · · · · · 150
5.1 개요 · · · · · · · · · · 150
5.2 산업안전보건법상 안전보건 전문인력 · · · · · · · · · · 150
   5.2.1 안전보건관리체계 · · · · · · · · · · 150
   5.2.2 이사회 보고 및 승인 등(제14조) · · · · · · · · · · 151
   5.2.3 안전보건관리책임자(제15조) · · · · · · · · · · 151
   5.2.4 관리감독자(제16조) · · · · · · · · · · 152
   5.2.5 안전관리자(제17조) · · · · · · · · · · 152
   5.2.6 보건관리자(제18조) · · · · · · · · · · 153
   5.2.7 안전보건관리담당자(제19조) · · · · · · · · · · 153
   5.2.8 안전관리자 등의 지도·조언(제20조) · · · · · · · · · · 154
   5.2.9 안전관리전문기관 등(제21조) · · · · · · · · · · 155
   5.2.10 산업보건의(제22조) · · · · · · · · · · 155
   5.2.11 명예산업안전감독관(제23조) · · · · · · · · · · 156
   5.2.12 산업안전보건위원회(제24조) · · · · · · · · · · 156
5.3 안전보건 전문인력 배치 · · · · · · · · · · 158

Contents

   5.3.1 안전관리자 선임(시행령 제16조) · · · · · · · · · · · · · · · · · · 158
   5.3.2 안전관리자의 자격(시행령 제17조) · · · · · · · · · · · · · · · · · 162
   5.3.3 안전관리자의 업무 등(시행령 제18조) · · · · · · · · · · · · · · · · 164
   5.3.4 안전관리자 업무의 위탁 등(시행령 제19조) · · · · · · · · · · · · · 165
   5.3.5 보건관리자 선임(시행령 제20조) · · · · · · · · · · · · · · · · · · 165
   5.3.6 보건관리자의 자격(시행령 제21조) · · · · · · · · · · · · · · · · · 168
   5.3.7 보건관리자의 업무(시행령 제22조) · · · · · · · · · · · · · · · · · 168
   5.3.8 보건관리자 업무의 위탁(시행령 제23조) · · · · · · · · · · · · · · 170
   5.3.9 안전보건관리담당자의 선임(시행령 제24조) · · · · · · · · · · · · · 170
   5.3.10 안전보건관리담당자의 업무(시행령 제25조) · · · · · · · · · · · · 171
   5.3.11 안전보건관리담당자 업무의 위탁 등(시행령 제26조) · · · · · · · · 172
   5.3.11 산업보건의의 선임 등(시행령 제29조) · · · · · · · · · · · · · · · 172
   5.3.13 산업보건의의 자격(시행령 제30조) · · · · · · · · · · · · · · · · 173
   5.3.14 산업보건의의 직무(시행령 제31조) · · · · · · · · · · · · · · · · 173
  5.4 국내 안전관련 법령상의 안전관리자 제도 · · · · · · · · · · · · · · · · 174
  5.5 전문인력 배치 및 업무 충실도 기준 · · · · · · · · · · · · · · · · · · · 175

6. 안전 및 보건에 관한 예산편성과 집행 · 178
  6.1 개요 · 178
  6.2 예산편성 및 운용계획 수립 · 178
   6.2.1 예산(안)작성 및 협의 · 178
   6.2.2 실행예산 편성 · 179
   6.2.3 예산 성과계획 수립 · 180
  6.3 예산집행관리 및 결산 · 181
   6.3.1 예산배정 및 집행관리 · 181
   6.3.2 예산결산 · 182
   6.3.3 예산 성과평가 실시 · 182
  6.4 안전보건관련 예산 및 시설 · 184
   6.4.1 안전보건예산 반영 · 184
   6.4.2 안전보건 예산 · 184
   6.4.3 안전보건 시설 · 184
  6.5 적절한 안전보건 예산규모 · 186
   6.5.1 안전보건 예산규모 및 세부항목별 비중 · · · · · · · · · · · · · · · 186
   6.5.2 고용노동부 특별감독을 통한 적절한 예산투자 수준 · · · · · · · · · 187
   6.5.3 적절한 안전보건 예산투자 수준 · · · · · · · · · · · · · · · · · · 188

목 차

7. 안전보건 전담 조직 · 190
- 7.1 개요 · 190
  - 7.1.1 시행령(안) 일반사항 · · · · · · · · · · · · · · · · · · · 190
  - 7.1.2 고용노동부의 특별감독 중점점검사항 · · · · · · · · · · 190
  - 7.1.3 본사의 안전보건전담 조직 · · · · · · · · · · · · · · · 191
- 7.2 도입배경 · 192
- 7.3 안전보건 전담조직 도입방안 · · · · · · · · · · · · · · · · · 193
- 7.4 고용노동부 특별감독을 통한 안전보건 전담조직 수준 · · · · 195
- 7.5 안전보건 전담조직 도입 기준 · · · · · · · · · · · · · · · · 197

8. 종사자의 의견청취 · 200
- 8.1 개요 · 200
- 8.2 산업안전보건법상 종사자의 의견청취 · · · · · · · · · · · · 200
  - 8.2.1 산업안전보건위원회(제24조) · · · · · · · · · · · · · · 200
  - 8.2.2 도급에 따른 산업재해 예방조치(제64조) · · · · · · · · 205
  - 8.2.3 안전 및 보건에 관한 협의체 등의 구성·운영에 관한 특례(제75조) · · · 206
- 8.3 종사자의 의견청취 방법 · · · · · · · · · · · · · · · · · · · 208
  - 8.3.1 의견청취 방법 · 208
  - 8.3.2 고용노동부 특별감독을 통한 종사자의 의견청취 방법 수준 · · 208
- 8.4 종사자의 의견청취 방법 기준 · · · · · · · · · · · · · · · · 209

9. 중대산업재해 대응절차와 구호조치, 발생보고 등 절차 · · · · 212
- 9.1 개요 · 212
- 9.2 산업안전보건법상 중대재해 발생 시 조치 · · · · · · · · · · 212
  - 9.2.1 사업주의 작업중지(제51조) · · · · · · · · · · · · · · · 212
  - 9.2.2 근로자의 작업중지(제52조) · · · · · · · · · · · · · · · 212
  - 9.2.3 고용노동부장관의 시정조치 등(제53조) · · · · · · · · · 213
  - 9.2.4 중대재해 발생 시 사업주의 조치(제54조) · · · · · · · · 214
  - 9.2.5 중대재해 발생 시 고용노동부장관의 작업중지 조치(제55조) · · 214
  - 9.2.6 중대재해 원인조사 등(제56조) · · · · · · · · · · · · · 215
  - 9.2.7 산업재해 발생 은폐 금지 및 보고 등(제57조) · · · · · · 215
- 9.3 건설안전특별법(건설기술진흥법)상 중대재해 발생 시 조치 · · 216
  - 9.3.1 건설사고 신고(제28조) · · · · · · · · · · · · · · · · · 216
  - 9.3.2 건설사고 조사 등(제29조) · · · · · · · · · · · · · · · · 216
  - 9.3.3 건설사고조사위원회(제30조) · · · · · · · · · · · · · · 217
- 9.4 산업재해 발생 시 일반적인 처리절차 · · · · · · · · · · · · 218
- 9.5 비상조치계획 수립 계획 · · · · · · · · · · · · · · · · · · · 222

Contents

9.5.1 비상사태의 구분 · 222
9.5.2 비상사태 파악 및 분석 · 222
9.5.3 비상조치계획의 수립 · 223
9.5.4 비상조치계획의 검토 · 224
9.5.5 비상대피계획 · 224
9.5.6 비상사태의 발령 · 225
9.5.7 비상경보 체계 · 226
9.5.8 비상사태의 종결 · 229
9.5.9 사고조사 · 229
9.5.10 비상조치 위원회 · 229
9.5.11 비상통제 조직의 기능 및 책무 · · · · · · · · · · · · · 230
9.5.12 비상통제소의 설치 · 234
9.5.13 공사중지 절차 · 235
9.5.14 비상 훈련의 실시 및 조정 · · · · · · · · · · · · · · · · 235
9.5.15 주민 홍보 계획 · 236
9.6 재해 등의 원인조사 지침(매뉴얼, 절차서) 작성 · · · · · · · 237
9.6.1 사고의 조사 · 237
9.6.2 사고 조사에 대한 단계별 절차 · · · · · · · · · · · · · 240
9.7 중대산업재해 발생시 구호조치 등 수립 기준 · · · · · · · · 250

10. 제3자에게 업무를 도급, 용역, 위탁하는 경우 · · · · · · 254
10.1 도급사업 안전보건관리 필요성 · · · · · · · · · · · · · · · · · · 254
  10.1.1 도급사업 안전보건관리 개요 · · · · · · · · · · · · · · · 254
  10.1.2 도급사업 안전보건관리 필요성 · · · · · · · · · · · · 254
  10.1.3 도급인 책임소홀로 발생한 사고 · · · · · · · · · · · · 255
10.2 산업안전보건법상 도급인의 안전조치 및 보건조치 의무 · · · · 257
제1절 도급의 제한 · 257
  10.2.1 유해한 작업의 도급금지(제58조) · · · · · · · · · · · 257
  10.2.2 도급의 승인(제59조) · 258
  10.2.3 도급의 승인 시 하도급 금지(제60조) · · · · · · · · 258
  10.2.4 적격 수급인 선정 의무(제61조) · · · · · · · · · · · · 259
제2절 도급인의 안전조치 및 보건조치 · · · · · · · · · · · · · · · 259
  10.2.5 안전보건총괄책임자(제62조) · · · · · · · · · · · · · · 259
  10.2.6 도급인의 안전조치 및 보건조치(제63조) · · · · 259
  10.2.7 도급에 따른 산업재해 예방조치(제64조) · · · · 260
  10.2.8 도급인의 안전 및 보건에 관한 정보 제공 등(제65조) · · · · 261
  10.2.9 도급인의 관계수급인에 대한 시정조치(제66조) · · · · · 261

목 차

제3절 건설업 등의 산업재해 예방 · · · · · · · · · · · · · · · · · · · 262
 10.2.10 건설공사발주자의 산업재해 예방 조치(제67조) · · · · · · · · 262
 10.2.11 안전보건조정자(제68조) · · · · · · · · · · · · · · · · · · · 263
 10.2.12 공사기간 단축 및 공법변경 금지(제69조) · · · · · · · · · · · 263
 10.2.13 건설공사 기간의 연장(제70조) · · · · · · · · · · · · · · · · 263
 10.2.14 설계변경의 요청(제71조) · · · · · · · · · · · · · · · · · · 264
 10.2.15 건설공사 등의 산업안전보건관리비 계상 등(제72조) · · · · · 265
 10.2.16 건설공사의 산업재해 예방 지도(제73조) · · · · · · · · · · · 266
 10.2.17 건설재해예방전문지도기관(제74조) · · · · · · · · · · · · · 266
 10.2.18 안전 및 보건에 관한 협의체 등의 구성·운영에 관한 특례(제75조) · · · · 266
 10.2.19 기계·기구 등에 대한 건설공사도급인의 안전조치(제76조) · · · 267
10.3 도급사업 안전보건활동 체계 · · · · · · · · · · · · · · · · · · · 268
 10.3.1 도급사업 안전보건활동 구성요소 · · · · · · · · · · · · · · · 268
 10.3.2 유기적인 안전보건활동 기본방침 · · · · · · · · · · · · · · · 269
 10.3.3 도급사업 단계별 검토·수행해야 할 안전보건활동 · · · · · · · 272
10.4 도급사업 계약 시 안전보건활동 내용 · · · · · · · · · · · · · · · 273
 10.4.1 입찰/계약 단계에서의 수급업체 안전수준 확보 · · · · · · · · 273
 10.4.2 건설현장의 원·하도급 간 상생체계 구축 · · · · · · · · · · · 278
10.5 도급사업 수행 시 안전보건활동 내용 · · · · · · · · · · · · · · · 279
 10.5.1 수급업체 안전보건조직 구성 지원 · · · · · · · · · · · · · · 279
 10.5.2 수급업체의 시공계획을 포함한 안전관리계획 수립 · · · · · · 279
 10.5.3 안전보건협의체 및 노사협의체 · · · · · · · · · · · · · · · · 280
 10.5.4 위험성평가 · 281
 10.5.5 작업장의 순회점검 · 282
 10.5.6 작업장 합동 안전·보건점검 · · · · · · · · · · · · · · · · · 282
 10.5.7 산업재해 발생 위험장소 예방조치 · · · · · · · · · · · · · · 283
 10.5.8 위험작업 시 경보운영 및 운영사항 통보 · · · · · · · · · · · 284
 10.5.9 공사기간 단축 및 위험공법 사용·변경 금지 · · · · · · · · · 285
 10.5.10 수급업체 위생시설 설치 또는 이용 · · · · · · · · · · · · · 285
 10.5.11 산업안전보건관리비 계상 및 사용 · · · · · · · · · · · · · 285
 10.5.12 수급업체 안전보건교육 지원 · · · · · · · · · · · · · · · · 286
 10.5.13 유해인자 및 화학물질 관리 · · · · · · · · · · · · · · · · · 287
10.6 도급사업 평가 시 안전보건활동 내용 · · · · · · · · · · · · · · · 289
 10.6.1 수급사업장의 안전보건수준 평가 · · · · · · · · · · · · · · 289
 10.6.2 평가결과에 따른 수급업체 관리 및 환류 · · · · · · · · · · · 289
10.7 도급계약 안전보건 가이드라인(예시) · · · · · · · · · · · · · · · 291
 10.7.1 목적 · 291

Contents

    10.7.2 적용범위 · 291
    10.7.3 용어의 정의 · 291
    10.7.4 도급 계약 시 명시하여야 할 사항 · · · · · · · · · · · 291
  10.8 도급절차 및 수급업체 안전보건관리 계획 수립 기준 · · · 295
    10.8.1 고용노동부 특별감독을 통한 도급업체 안전보건관리 계획 수준 · · · 295
    10.8.2 도급절차 및 수급업체 안전보건관리 계획 수립 기준 · · · 296
    10.8.3 수급업체 작업장 산업재해 예방조치 실행 수준 · · · 297
    10.8.4 수급업체 안전보건교육 지원 · · · · · · · · · · · · · · · 298

11. 안전보건교육 · 300
  11.1 개요 · 300
  11.2 산업안전보건법상 안전보건교육 · · · · · · · · · · · · · · · 300
    11.2.1 근로자에 대한 안전보건교육(제29조) · · · · · · · · · · 300
    11.2.2 근로자에 대한 안전보건교육의 면제 등(제30조) · · · 316
    11.2.3 건설업 기초안전보건교육(제31조) · · · · · · · · · · · · 318
    11.2.4 안전보건관리책임자 등에 대한 직무교육(제32조) · · · 319
    11.2.5 안전보건교육기관(제33조) · · · · · · · · · · · · · · · · · 320
  11.3 건설안전특별법(건설기술진흥법)상 안전보건교육 · · · · · 322
  11.4 중대재해처벌법상 안전보건교육의 수강(제8조) · · · · · · 323
  11.5 고용노동부 특별감독을 통한 안전보건교육 수준 · · · · · 325
  11.6 안전보건교육 수준 기준 · 326

12. 의무이행에 필요한 관리상의 조치 · · · · · · · · · · · · · · 330
  12.1 개요 · 330
  12.2 고용노동부 특별감독을 통한 관리상의 조치 수준 · · · · · 331
  12.3 건설공사 현장 안전관리 관리상의 조치 기준 · · · · · · · 334
    12.3.1 일반 현장 안전보건관리 · · · · · · · · · · · · · · · · · · 334
    12.3.2 기계, 기구, 설비에 의한 위험방지 조치 · · · · · · · · 334
    12.3.3 전기기계·기구에 의한 위험방지 조치 · · · · · · · · · 335
    12.3.4 추락·낙하·붕괴 등 시설물 위험방지 조치 · · · · · · 335
    12.3.5 화학물질에 의한 화재·폭발 및 누출 위험방지 조치 · · · 336
    12.3.6 화학물질 중독 및 질식사고 예방활동 조치 · · · · · · 337
    12.3.7 작업환경 관리 수준 · 337
    12.3.8 위험 작업 안전관리(안전작업허가제도) · · · · · · · · 338
  12.4 안전보건 관계 법령에 따른 의무 이행 점검 · · · · · · · · 339
    12.4.1 개요 · 339
    12.4.2 본사에 대한 의무 이행 점검 기준(예) · · · · · · · · · 339
    12.4.3 건설현장에 대한 의무 이행 점검 기준(예) · · · · · · 349

1. 개 요

1. 개요

1.1 목적

 중대재해 처벌 등에 관한 법률은 다른 약칭으로 중대재해처벌법이라고도 부른다. 중대재해처벌법은 2022.1.27.부터 시행된다.

 중대재해처벌법은 사업 또는 사업장, 공중이용시설 및 공중교통수단을 운영하거나 인체에 해로운 원료나 제조물을 취급하면서 안전·보건 조치의무를 위반하여 인명피해를 발생하게 한 사업주, 경영책임자, 공무원 및 법인의 처벌 등을 규정함으로써 중대재해를 예방하고 시민과 종사자의 생명과 신체를 보호함을 목적으로 하고 있다.

 중대재해처벌법은 사업주, 경영책임자의 위험방지 의무를 부과하고, 사업주. 경영책임자가 의무를 위반해 사망 등 중대재해에 이르게 한 때 사업주 및 경영책임자를 형사처벌하고 해당법인에 벌금을 부과하는 등 처벌수위를 명시하고 있다.

첫째, 사업주·경영책임자의 위험방지의무를 부과한다.
둘째, 사업주·경영책임자가 의무를 위반해 사망·중대재해에 이르게 되면 사업주 및 경영책임자를 형사처벌하고 해당 법인에 벌금을 부과하는 등 처벌수위를 명시함

1.2 입법 배경

중대재해처벌법이 시행되기 이전에는 산업안전보건법으로 근로자들을 보호하고 있었는데 중대재해처벌법을 왜 시행하게 되었을까?

중대재해처벌법은 기업에서 사망사고 등 중대재해가 발생했을 때 사업주에 대한 형사처벌을 강화하는 내용의 법안이다.

중대재해처벌법이 시행되기 이전에는 사업장의 안전을 확보하기 위하여 「산업안전보건법」이 존재하고 있었다. 그러나 실효성이 떨어진다는 지적이 있었고, 이에 중대재해처벌법이 2021년 1월8일 국회를 통과하여 제정되었고 2022년 1월 27일부터 시행되게 되었다. 시행령(안)이 입법예고 된 상태에서도 법 시행을 앞두고 전경련 등 경영자 단체와 노동계의 이견이 존재하고 있고 개정에 대한 목소리가 높다.

현행 산업안전보건법이 법인을 법규의무준수 대상자로 하고 사업주의 경우 안전보건규정을 위반할 경우에 한해서만 처벌을 하는 데 반해, 중대재해처벌법은 법인과 별도로 사업주에게도 법적 책임을 묻는다는 데서 우선 차이가 난다.

이에 대다수 기업들은 해당 법안이 처벌수준이 광범위하고 중대재해 범위가 불명확하다며 제정에 반대하기도 하였다.

1.3 입법 과정

중대재해처벌법이 입법되기까지 과정은 다음 표와 같다.

표. 중대재해처벌법 주요 연혁

년 도	주요내용	비고
2008년	·한익스프레스 이천물류센터 화재발생사고로 40명이 사망했고 희생자 대부분이 일용직이었음	·해당기업 2,000만원 벌금으로 사건종료
2016년	·CJ E&M 이한빛 PD 신입조연출 PD가 입사한 지 9개월 만에 tvN 드라마 <혼술남녀> 조연출로 일하다 업무 과중으로 사망 ·비정규직 해고 담당 등 부당한 업무 강요, 인격 모독 등 직장 내 괴롭힘과 노동착취 관행을 고발하고 사망	·책임자 처벌 없음 ·경영진 직장 내 괴롭힘 방지등 의무부여
2017년 4월	·고 노회찬 정의당 의원이 중대재해기업처벌법 대표발의 ·2017년 법제사법위원회 전체회의 상정되었으나 논의 못함	·사업주의 책임과 이에 따른 처벌강화를 골자로 하는 내용
2018년	·태안화력발전소 비정규직 노동자 김용균 씨가 운송설비 점검을 하다가 사고로 숨지는 비극 발생	·김용균법(산업안전보건법 개정안) 반영 실패 →경영책임자에 대한 형사처벌 하한선(징역1년이상)조항
2018년 12월27일	·위험의 외주화 방지를 비롯해 산업 현장의 안전규제를 대폭 강화한 산업안전보건법 개정안이 국회를 통과해 2020년1월16일부터 시행	·2019년 12월 28년 만에 산업안전보건법이 전면개정
2020년 1월16일	·산업안전보건법 개정안 시행	
2020년 5월	·이천물류센터 화재참사로 국회에 3년째 계류 중인 "중대재해 기업처벌법"이 재조명	·20대 국회 미결시 자동 폐기 ·제21대 국회에 네개의 중대재해 기업처벌법안이 제출, 더불어 민주당 박주민, 이탄희의원과 정의당 강은미의원이 각가 제저안 발의 ·국민의힘당 최초로 임이자 관련법제출

2020년 11월 12일	· 박주민의원이 발의한 "중대재해에 대한 기업 및 정부 책임자 처벌법안"은 중대재해를 "중대산업재해"와"중대시민재해"로 나눴음 · 법을 도입해야 한다고 주장하는 이들은 사회적 참사에 책임이 있는 경영자들이 매번 솜방망이 처벌만 받아왔다고 주장	
2020년 11월 16일	· 장철민 더불어 민주당 의원이 당.정 협의를 반영해 발의한 산업안전보건법 개정안은 사업주에게 중대재해 발생확인의무를 부과 · 또 사업주의 특정 안전의무 위반에 과태료 등 행정처분을 내리며 사업주에 대한 처벌을 강화 하기는 했지만 기업 자체에 책임을 묻기는 어렵다고 주장 · 대신 사업주와 도급인이 안전보건 조치 위반 시 벌금의 하한액을 개인 500만원, 법인은 3,000만원으로 규정해 처벌을 강화 · 반면 중대재해기업 처벌법은 경영진이 안전의무를 다했다는 사실을 입증해야하며 기본적으로 재해가 '사고'나 '실수'가 아니라 '범죄'이며 그 책임이 현장의 노동자나 안전관리자가 아니라 기업과 기업의 경영자에게 있다고 주장	
2020년 11월 23일	· 대법원 양형위원회 '기업불법통제화 양형' 심포지엄, 2015년1월~2019년12월 산업안전보건법 위반으로 275건의 징역형 가운데 98.5%가 집행유예를 선고 받고 종결되었음	
2020년 12월 10일	· 이상진 민주노총 부위원장, 고 이한빛 PD부친 이용관씨, 고 김용균 씨 모친 김미숙씨가 24일 서울 여의도 국회 본청앞에서 중대재해기업 처벌법 제정을 촉구하며 14일째 단식	
2020년 12월 24일	· 더불어 민주당 단독으로 국회 법제사법위원회 법안심사 1소위를 열어 중대재해기업처벌법(중대재해법)제정 심사 시작 · 한국경영자총협회, 대한상공회의소, 전국경제인연합회, 중소기업중앙회, 한국무역협회, 한국중견기업연합회, 대한건설협회 등30개 단체들은 16일 서울 중구 프레스센터에서 공동 기자회견을 열고 "중대재해처벌법안은 모든 사망사고 결과에 대해 인과관계 증명도 없이 경영책임자와 원청업체에게 책임을 묻고 중벌을 부과하는 연좌제"라며 비판 · 주요 경제단체들이 특정 법안에 대해 공동 기자회견을 연 것은 이례적 · 한 경제단체 관계자는 "중대재해기업처벌법도 재계 의견 수렴 없이 갑자기 통과될 수 있다는 우려가 커진 것"이라고 설명	

2021년 1월5일	· 여야가 중대재해기업처벌법을 처리하기로 합의 하면서 더불어민주당 김태년. 국민의힘 주호영 원내대표는 회동을 갖고 오는 8일 오후2시 본회의를 열고 중대재해법을 비롯해 생활물류서비스법등 주요 민생법안을 처리하기로 하였음
	· 때마침 경영계도 5일 중대재해법 정부부처 협의안의 주요 조항을 비판한 수정의견서를 국회 법제사법위원회에 제출했고, 중소기업계와 소상공인들은 "중대재해법은 사업을 접으라고 하는 얘기나 마찬가지"라고 반대하는 등 경제계 반발
	· 정부가 입법할 예정인 처벌조항
	  1) 중대산업재해 정의 : 사망자 1명이상 발생한 재해
	  2) 경영책임자 : 대표이사등 권한과 책임이 있는 사람 및 안전담당 이사로 규정하고 대표를 무조건처벌
	  3) 사망사고발생시 : 50억원이하벌금으로 조정하였고, 징역하한선 1년이상 벌금형은 하한선을 없애는 대신 상한선을 상향하는 쪽으로 가닥, 또한 징벌적 손해배상은 '손해액의 5배 이하범위에서 배상'
	  4) 50인 미만 사업장은 유예기간 4년 50~100인 사업장은 2년 유예	

2021년 1월26일	· 중대재해 처벌 등에 관한 법률 (약칭: 중대재해처벌법 제정	

※ 출처 : 건설안전사관학교 블로그(https://pathfinder209.tistory.com)

1.4 산업안전보건법과 중대재해처벌법 비교

중대재해처벌법은 산업안전보건법에 비해 중대재해 관련 사용자 의무를 강화하고 처벌수준을 강화하였다.

표. 산업안전보건법과 중대재해처벌법 주요내용 비교

구 분	내 용
법의 목적성 확대	· 중대재해처벌법은 노무 직접 제공자 뿐만 아니라 공중이용시설 및 공중교통수단을 이용하는 시민의 생명과 신체까지 폭넓게 보호하려는 취지
대표이사 처벌 가능성	· 산업안전보건법 위반의 책임은 사업주로부터 안전보건에 관한 의무를 위임받은 안전보건관리책임자에게 부여되므로 대표이사 책임 가능성 높지 않음 · 중대재해처벌법은 경영책임자의 처벌 가능성 有
도급인 책임 요건 강화	· 산업안전보건법상 도급인으로서의 책임 요건을 충족하지 않더라도 도급인이 실질적으로 지배, 운영, 관리하는 장소라면 수급인 소속 근로자에 대한 안전 및 보건 확보 의무 부여
처벌 수준 강화	· 중대재해처벌법에선 재해발생시 산안법에 비해 무거운 처벌 수준 규정

표. 산업안전보건법과 중대재해처벌법 비교표

구 분	산업안전보건법	중대재해처벌법
의무주체	· 사업주(법인+개인)	· 개인사업주+경영책임자 등
보호대상	· 근로기준법 상 근로자 · 수급인의 근로자 · 특수고용종사근로자	· 근로기준법 상 근로자 · 노무제공자(위탁, 도급 포함) · 수급인의 근로자 및 노무제공자
적용범위	· 전 사업장	· 5인 미만 사업장 제외

재해의 정의	· 중대재해 - 사망자 1명 이상 발생 - 3개월 이상 요양이 필요한 부상자 동시 2명이상 발생 - 부상자 또는 직업성 질병자 동시 10명 이상 발생	· 중대산업재해 - 사망자 1명 이상 발생 - 동일한 사고로 6개월 이상 치료가 발생한 부상자 2명이상 발생 - 동일한 유해요인으로 급성중독 등 직업성 질병자 1년 이내 3명 이상 발생
처벌수위	· 사업주(자연인) - 사망 : 7년 이하 징역 또는 1억원 이하 벌금 - 안전보건조치 위반 : 5년이하 징역 또는 5천만원 이하 벌금 · 법인 - 사망 : 10억원 이하 벌금 - 안전보건조치 위반 : 5천만원 이하 벌금	· 경영책임자 등(자연인) - 사망 : 7년 이하 징역 또는 10억원 이하 벌금 - 부상, 질병 : 7년이하 징역 또는 1억원 이하 벌금 · 법인 - 사망 : 50억원 이하 벌금 - 부상, 질병 : 10억원 이하벌금

1.5 중대재해처벌법 주요 내용

1.5.1 중대재해처벌법 주요내용

중대재해처벌법은 중대재해 범위를 산업안전보건법과는 달리 중대산업재해(산업안전보건법에 따른 사고)와 중대시민재해(공중이용시설 등에서 발생하는 사고)로 구분하고 있다. 주요 내용은 아래 표와 같다.

표. 중대재해처벌법 개요

구 분	내 용
개요	· 중대재해처벌법 - 중대산업재해(산업안전보건법에 따른 사고)와 중대시민재해(공중이용시설 등에서 발생하는 사고)로 구분 - 사업주, 경영책임자 등에 안전 및 보건확보의무 부과 - 중대재해 발생시 사업주 및 경영책임자 형사처벌 및 해당 법인에 벌금 부과 · 2022.1.27.부터 시행 - 상시 근로자 50명 미만 사업 및 사업장 3년 유예
주요내용	· 경영책임자 등의 유해·위험 방지의무 명시 - 개인사업주 및 법인이나 기관의 경영책임자 등에게 종사자에 대한 유해·위험방지 의무를 명시하고 임대, 용역, 도급 등을 행한 경우에도 동일한 의무를 부담하도록 함 · 이용자에 대한 유해·위험 방지의무 명시 - 경영책임자 등에게 사업장에서 생산, 제조, 판매, 유통 중인 원료나 제조물 및 지배, 운영, 관리하는 공중이용시설 또는 공중교통수단의 설계, 설치, 관리상의 결함으로 인한 이용자 또는 그 밖의 사람에 대한 안전조치의무를 명시 · 중대재해 발생에 대한 형사책임 강화 - 종사자가 사망하는 중대산업재해 발생시 경영책임자 등에게 1년 이상의 징역 또는 10억원 이하의 벌금(병과 가능) - 이용자가 사망하는 중대시민재해 발생시 경영책임자 등에게 1년 이상의 징역 또는 10억원 이하의 벌금(병과 가능) - 기업에 대해서는 양벌규정에 따라 종사자나 이용자가 사망하는 중대재해 발생시 50억원 이하의 벌금

표. 중대재해처벌법 주요내용

구 분		주요내용	
처벌 기준	중대 산업재해	·사망자 1명 이상 발생 ·동일한 사고로 6개월 이상 치료가 발생한 부상자 2명이상 발생 ·동일한 유해요인으로 급성중독 등 대통령으로 정하는 직업성 질병자 1년 이내 3명 이상 발생	
	중대 시민재해	·사망자 1명 이상 ·동일한 사고로 2개월 이상 치료가 필요한 부상자 10명이상 발생 ·동일한 원인으로 3개월 이상 치료가 필요한 질병자 10명이상 발생	
적용 범위	중대 산업재해	·상시 근로자 5명 미만 사업 또는 사업장 제외	
	중대 시민재해	·상시 근로자 10명 미만 소상공인, 면적 1,000㎡ 미만 다중이용업소 제외	
처벌 수위	사업주와 경영책임자	·사망: 1년 이상 징역, 10억원 이하 벌금 ·사망 외: 7년 이상 징역, 1억원 이하 벌금 ·형 선고 및 확정 후 5년 이내에 동일 죄를 저지를 시 1/2까지 가중	·(예외) 법인 또는 기관이 그 위반행위를 방지하기 위하여 해당 업무에 관하여 상당한 주위와 감독을 게을리 하지 아니한 경우
	법인	·사망 : 50억원 이하 벌금 ·사망 외 : 10억원 이하 벌금	
징벌적 손해배상		·손해액의 5배 이내 손해배상 책임	
주요내용안전 및 보건 확보의무		·사업주나 법인 또는 기관이 실질적으로 지배·운영·관리하는 사업 또는 사업장의 종사자 또는 이용자에 대한 의무 부담 ·제3자에게 도급, 용역, 위탁 등을 행한 경우 제3자의 종사자 또는 이용자에 대한 의무 부담(실질적 지배, 운영, 관리 책임이 있는 경우에 한함)	

1.5.2 중대재해 범위

중대재해처벌법에서 구분하고 있는 중대재해 범위는 다음 표와 같다.

표. 중대재해 범위

중대산업재해	중대시민재해
· 산업안전보건법상 인정되는 산업재해로서 다음 요건 중 어느 하나에 해당되는 재해 - 사망자 1명 이상 발생 - 동일한 사고로 6개월 이상 치료가 발생한 부상자 2명이상 발생 - 동일한 유해요인으로 급성중독 등 대통령으로 정하는 직업성 질병자 1년 이내 3명 이상 발생	· 특정 원료 또는 제조물, 공중이용시설 또는 공중교통수단의 설계, 제조, 설치, 관리상의 결함을 원인으로 하여 발생한 재해로서 다음 요건 중 어느 하나에 해당되는 재해 - 사망자 1명 이상 - 동일한 사고로 2개월 이상 치료가 필요한 부상자 10명이상 발생 - 동일한 원인으로 3개월 이상 치료가 필요한 질병자 10명이상 발생
· 동일한 유해요인으로 급성중독 등 대통령으로 정하는 직업성 질병자 - 중대재해 범위에 포함되는 직업성 질병 24가지를 시행령에 열거(유해화학물질에 의한 급성 중독증, 고기압 또는 저기업으로 인한 건강장해, 산소결핍증, 방사선 노출층, 열사병 등)	· 특정 원료 또는 제조물, 공중이용시설 또는 공중교통수단의 적용범위 - 특정원료 : 법률 해석에 맡김 - 공중이용시설: 소상공인 사업장(서비스업 5인 미만), 교육시설, 공동주택, 실내 주차장, 업무시설 중 오피스텔·주상복합, 전통시장 제외 - 공중교통시설: 택시·마을버스·시내버스·낚싯배, 1인용 항공기 제외

1.5.3 안전보건 확보 의무

사업주나 법인 또는 기관이 실질적으로 지배, 운영, 관리하는 사업 또는 사업장의 종사자 또는 이용자에 대한 안전 및 보건 확보의무 부담은 다음 표와 같다.

표. 중대재해 범위

중대산업재해	중대시민재해
· 종사자의 안전·보건상 유해 또는 위험방지 관련 - 재해예방에 필요한 인력 및 예산 등 안전보건관리체계의 구축 및 그 이행에 관한 조치(구체적 의무사항을 시행령에서 구체적 명시) - 재해 발생 시 재발방지 대책의 수립 및 그 이행에 관한 조치 - 중앙행정기관, 지방자치단체가 관계법령에 따라 개선, 시정 등을 명한 사항의 이행에 관한 조치	· 생산, 제조, 판매, 유통 중인 원료나 제조물의 설계, 제조, 관리상의 결함 관련 · 공중이용시설 또는 공중교통수단의 설계, 설치, 관리상의 결함 관련 - 재해예방에 필요한 인력, 예산, 점검 등 안전보건관리체계의 구축 및 그 이행에 관한 조치(구체적 의무사항을 시행령에서 구체적 명시) - 재해 발생 시 재발방지 대책의 수립 및 그 이행에 관한 조치

- 안전·보건 관계 법령에 따른 의무이행에 필요한 관리상의 조치(구체적 의무사항을 시행령에서 구체적 명시)	- 중앙행정기관, 지방자치단체가 관계법령에 따라 개선, 시정 등을 명한 사항의 이행에 관한 조치 - 안전·보건 관계 법령에 따른 의무이행에 필요한 관리상의 조치(구체적 의무사항을 시행령에서 구체적 명시)

중대산업재해 중 재해예방에 필요한 인력 및 예산 등 안전보건관리체계의 구축 및 그 이행에 관한 조치에 대한 구체적 의무사항을 시행령(안)에서는 다음 표와 같이 명시하고 있다.

표. 중대산업재해 중 재해예방에 필요한 인력 및 예산 등
안전보건관리체계의 구축 및 그 이행에 관한 조치(중대산업재해)

구분	내용
1	·안전보건 목표와 경영방침 설정
2	·유해·위험요인을 확인·점검하고 개선할 수 있는 업무처리절차의 마련 및 이행상황 점검(「산업안전보건법」 위험성평가 실시로 갈음가능)
3	·산안법상 요구되는 전문 인력 배치 및 충실한 업무 수행의 확인·점검
4	·매년 안전보건에 관한 인력, 시설, 장비 등을 갖추기 위해 적정한 예산 편성 및 집행
5	·안전보건 전담조직 구성(상시 근로자 500명 이상이거나 시공능력 200위 이내 건설회사의 경우)
6	·반기 1회 이상 종사자 의견 청취(산안법상 산업안전보건위원회 또는 협의체를 통해 가능)
7	·중대산업재해 발생위험 또는 발생 시 대응절차 마련 및 1회 이상 확인·점검
8	·도급, 용역, 위탁 시 안전보건 확보를 위한 평가기준과 절차 마련

중대산업재해 중 안전·보건 관계 법령에 따른 의무이행에 필요한 관리상의 조치에 대한 구체적 의무사항을 시행령(안)에서는 다음 표와 같이 명시하고 있다.

표. 안전·보건 관계 법령에 따른 의무이행에 필요한 관리상의 조치
(중대산업재해)

구분	내 용
1	·반기별 1회 이상 안전보건 관계 법령의 의무이행 상황 점검 및 결과 보고(전문기관에 점검 위탁 가능)
2	·불이행 보고 시 인력배치, 예산 추가 편성·집행 등 필요한 조치
3	·안전보건교육 확인 및 예산 확보 등 필요한 조치

중대시민재해 중 재해예방에 필요한 인력 및 예산 등 안전보건관리체계의 구축 및 그 이행에 관한 조치에 대한 구체적 의무사항과 생산, 제조, 판매, 유통 중인 원료나 제조물의 설계, 제조, 관리상의 결함 관련 안전보건관리체계의 구축 및 이행에 관한 조치사항을 다음 표와 같이 규정하고 있다.

표. 생산, 제조, 판매, 유통 중인 원료나 제조물의 설계, 제조, 관리상의
결함 관련 안전보건관리체계의 구축 및 이행에 관한 조치사항(중대시민재해)

구분	내 용
1	·관계 법령에 따른 안전·보건 인력의 배치 및 업무 부여가 적정한지 확인
2	·관계 법령에 따라 중대시민재해 예방에 충분한 상태 유지를 위한 적정한 예산이 편성되었는지 검토 및 집행
3	·독성 가스, 농약 등 생명·신체에 해로운 원료 또는 제조물에 대해서는 유해위험요인 확인·점검, 신고·조치요구 및 개선, 보고·신고절차, 추가 피해방지 조치 및 원인조사·개선 등에 관한 업무처리절차의 마련 및 이행(단, 소상공인은 3호 조치 의무를 부담하지 않음)
4	·위1, 2호 사항을 연 2회 이상(반기별 1회 이상) 확인·점검, 미흡하다고 평가될 경우 인력 추가로 배치 및 예을 편성 등 필요한 조치

공중이용시설 또는 공중교통시설의 설계, 설치, 관리상의 결함 관련 안전보건관리체계의 구축 및 이행에 관한 조치사항은 다음과 같다.

표. 생산, 제조, 판매, 유통 중인 원료나 제조물의 설계, 제조, 관리상의
결함 관련 안전보건관리체계의 구축 및 이행에 관한 조치사항(중대시민재해)

구분	내용
1	· 매년 관계법령에 따른 안전·보건 인력이 적정 규모로 배치되어 있는지 확인 및 보고 받을 것
2	· 매년 안전관련 예산이 적절히 편성, 집행되었는지 확인 또는 보고받을 것
3	· 매년 안전관련 예산이 적절히 편성, 집행되었는지 확인 또는 보고받을 것 - 안전과 유지관리를 위한 조직, 인원 등의 확보에 관한 사항 - 안전점검 또는 정밀안전진단의 실시, 점검·정비에 관한 사항 - 보수·보강 등 유지관리에 관한 사항(시설물관리계획, 철도안전법상 시행계획을 확인 또는 보고받는 것으로 갈음 가능)
4	· 매년 계획된 안전점검 등이 적절히 수행되었는지 확인하거나 보고받을 것
5	· 다음 사항을 포함한 위기관리대책이 수립되도록 할 것 - 유해 · 위험요인의 확인·점검 및 개선에 관한 사항 - 신고·조치요구 및 개선에 관한 사항 - 중대시민재해가 발생시 사상자 등에 대한 긴급구호조치, 긴급안전점검, 위험표지 설치 등 추가 피해방지 조치, 보고, 원인조사 및 개선조치에 관한 사항 - 비상상황 또는 위급상황 시 대피훈련에 관한 사항(철도안전관리체계, 항공안전관리시스템으로 갈음 가능)
6	· 연 2회 이상(반기별 1회 이상) 제1호부터 제4호까지의 사항 확인 · 점검, 안전계획 내용 수정, 인력·예산 추가 편성, 집행 등 필요한 조치를 할 것
7	· 유해·위험요인이 발견된 경우 설계·설치·제조에 대한 보완·보강 요청, 이용 제한 등 필요한 조치, 필요시 이용제한
8	· 도급, 용역, 위탁 시 안전능력, 적정한 비용 지급을 확인하고 안전확보 대책 마련을 요구하는 등 필요한 조치를 할 것

중대시민재해 중 안전보건 관계 법령에 따른 의무이행에 필요한 관리상의 조치에 대한 구체적 의무사항과 생산, 제조, 판매, 유통 중인 원료나 제조물의 설계, 제조, 관리상의 결함 관련 조치사항은 다음과 같다.

표. 생산, 제조, 판매, 유통 중인 원료나 제조물의 설계, 제조, 관리상의
결함 관련 조치사항(중대시민재해)

구분	내 용
1	·연 2회 이상(반기별 1회 이상) 관계법령에 따른 의무이행 여부를 점검하거나 결과를 보고받고, 필요한 경우 인력 배치, 추가 예산편성·집행 등 적절한 조치(전문기관에 점검 위탁 가능)
2	·관계 법령에 따른 교육실시 확인 및 미실시 시 필요한 조치

공중이용시설 또는 공중교통시설의 설계, 설치, 관리상의 결함 관련 조치사항은 다음과 같다.

표. 공중이용시설 또는 공중교통시설의 설계, 설치, 관리상의
결함 관련 조치사항(중대시민재해)

구분	내 용
1	·연 1회 이상 관계법령에 따른 의무이행 여부를 점검하거나 결과를 보고받고, 필요한 경우 의무이행 또는 개선, 보완 지시(전문기관에 점검 위탁 가능)
2	·연 1회 이상 관계법령에 따른 교육이수 여부 확인 또는 보고받을 것

1.5.4 안전보건 교육의 수강의무

중대산업재해가 발생한 법인 또는 기관의 경영책임자의 안전보건교육 수강의무를 명시했다.

표. 경영책임자 안전교육

구분	내 용
대상	·매 분기 고용노동부 장관이 교육대상자, 일정 통보

시기	· 안전보건교육기관 등에 위탁 가능 · 총20시간 범위
방법	· 전 사업장 · 5인 미만 사업장 제외
내용	· 안전보건관리체계 구축 및 이행방법 등 안전보건경영 방안 · 산업안전보건법 등 안전보건 관계 법령의 주요내용 · 정부의 산업재해예방 정책
위반시 제재	· 5천먼원 이하의 과태료

1.5.5 중대재해처벌법이 건설산업에 미치는 영향

중대재해처벌법이 건설산업 곳곳에 미치는 영향은 매우 클 것으로 보인다. 그러나 현 수준에서는 정량적으로 영향을 미치는 피해금액이나 피해규모를 예상하는 것조차도 힘든 상황이다.

사실상 건설공사 과정에서 중대재해가 자주 발생되는 것이 현실이고 특히 하도급업체를 활용하여 작업을 할 수밖에 없는 건설회사 입장에서는 어떻게 대응해야 할지 막막한 실정이다.

건설분야는 기계화와 자동화가 되었다고 하더라도 아무래도 작업자들의 수작업에 의존이 많다보니 이들에 대한 안전관리가 제대로 되지 않아 산재피해가 많이 발생하고 있는 실정이다.

건설공사과정에서는 아무래도 중대산업재해가 더 많은 영향을 받을 것이고, 민자사업이나 시설물에 대한 유지관리기관 입장에서는 중대시민재해가 더 많이 영향을 받을 것으로 보인다.

건설분야는 특히 공사를 수행하는 과정에서 작업자 안전측면의 산업안전보건법과 기존의 건설기술진흥법상에서 안전분야를 별도로 발췌하고 신규조항이 추가된 건설안전특별법(안)이 동시에 적용된다. 여기에다가 광주 학동 철거공사 중 사고 발생 시 문제가 되었던 불법 하도급 금지와 같은 건설산업기본법 등이 적용됨에 따라 중대산업재해가 발생 시에는 사업주와 경영책임자들은 책임에서 자유로울 수만은 없을 것으로 보인다.

1.5.6 중대재해처벌법 대응전략

중대재해처벌법 및 시행령은 경영책임자의 안전보건 확보의무(안전보건관리체계의 구축 및 관리상의 조치)가 안전보건 관계 법령을 준수하는지 직접 확인하고 재해예방에 필요한 조치를 직접 이행하는 의무가 아닌 인적, 물적 기반을 갖춘 안전보건에 관한 경영시스템을 구축하고 이러한 시스템이 원활히 작동하도록 할 의무라는 점을 명확히 하고 있다.

따라서 경영책임자는 안전보건에 관한 경영시스템이 원활히 작동하는지 정기적으로 점검, 확인하고 적정한 인력과 예산을 편성, 집행해야 하는 것이 중요하다. 특히 건설공사에 있어서는 안전보건 관련 법령으로서 산업안전보건법과 더불어 건설안전특별법(건설기술진흥법)의 내용을 숙지하여 대응할 필요가 있겠다.

유해위험요인의 확인, 점검을 위한 업무처리절차, 중대산업재해 발생 위험 또는 재해 발생 시 대응에 관한 절차, 도급/용역/위탁 등에 관한 평가기준 및 절차 등 새로운 절차의 수립 및 개선이 필요할 수 있고 이러한 내용은 컴플라이언스 시스템을 통해 정기적으로 점검, 확인되어야 중대재해처벌법에 대한 대응이 가능할 것으로 판단된다.

2. 중대재해 처벌 등에 관한 법률
(약칭: 중대재해처벌법)

2. 중대재해 처벌 등에 관한 법률(약칭: 중대재해처벌법)

2.1 법령의 주요 구성 체계

중대재해처벌법은 총 4개의 장과 16개 조문과 부칙으로 구성되어 있다. 주요 구성 체계는 아래 표와 같다.

표. 중대재해처벌법 주요 구성 체계

구분	내용
제1장 총칙	제1조(목적) 제2조(정의)
제2장 중대산업 재해	제3조(적용범위) 제4조(사업주와 경영책임자등의 안전 및 보건 확보의무) 제5조(도급, 용역, 위탁 등 관계에서의 안전 및 보건 확보의무) 제6조(중대산업재해 사업주와 경영책임자등의 처벌) 제7조(중대산업재해의 양벌규정) 제8조(안전보건교육의 수강)
제3장 중대시민 재해	제9조(사업주와 경영책임자등의 안전 및 보건 확보의무) 제10조(중대시민재해 사업주와 경영책임자등의 처벌) 제11조(중대시민재해의 양벌규정)
제4장 보칙	제12조(형 확정 사실의 통보) 제13조(중대산업재해 발생사실 공표) 제14조(심리절차에 관한 특례) 제15조(손해배상의 책임) 제16조(정부의 사업주 등에 대한 지원 및 보고)
부칙	

2021년 7월 9일 입법 예고된 시행령의 제정안에 대한 구성 체계는 다음과 같다. 총 3개 장, 16개 조문으로 구성되어 있다. 시행령은 「중대재해 처벌 등에 관한 법률」에서 위임된 사항과 그 시행에 관하여 필요한 사항을 규정함을 목적으로 하고 있다.

표. 중대재해처벌법 시행령(안)주요 구성 체계

구분	내용
제1장 총칙	제1조(목적) 제2조(직업성 질병자) 제3조(공중이용시설)
제2장 중대산업 재해	제4조(중대산업재해 관련 안전보건관리체계 구축 및 이행에 관한 조치) 제5조(중대산업재해 관련 관계 법령에 따른 의무이행에 필요한 관리상의 조치) 제6조(교육내용과 교육시간) 제7조(교육시기 및 방법) 제8조(교육비용의 부담) 제9조(과태료의 부과기준)
제3장 중대시민 재해	제10조(원료·제조물 관련 안전보건관리체계의 구축 및 이행에 관한 조치) 제11조(원료·제조물 관련 관계 법령에 따른 의무이행에 필요한 관리상의 조치) 제12조(공중이용시설·공중교통수단 관련 안전보건관리체계 구축 및 이행에 관한 조치) 제13조(공중이용시설·공중교통수단 관련 관계법령에 따른 의무이행에 필요한 관리상의 조치)
제4장 보칙	제14조(공표 대상 및 방법 등) 제15조(서면자료의 보관)
부칙	
별표	[별표 1] 법 제2조제2호제다목에 따른 직업성 질병자의 질병(제2조 관련) [별표 2] 법 제2조제4호 가목에 따른 시설(제3조제1호 관련) [별표 3] 법 제2조제4호 나목에 따른 「시설물안전법」상 시설물(제3조제2호 관련) [별표 4] 과태료 부과기준(제9조 관련) [별표 5] 제10조제1항제3호의 "원료 또는 제조물"

2.2 총칙

2.2.1 목적(제1조)

 이 법은 사업 또는 사업장, 공중이용시설 및 공중교통수단을 운영하거나 인체에 해로운 원료나 제조물을 취급하면서 안전·보건 조치의무를 위반하여 인명피해를 발생하게 한 사업주, 경영책임자, 공무원 및 법인의 처벌 등을 규정함으로써 중대재해를 예방하고 시민과 종사자의 생명과 신체를 보호함을 목적으로 한다.

2.2.2 정의(제2조)

 이 법에서 사용하는 용어의 뜻은 다음과 같다.

1) "중대재해"란 "중대산업재해"와 "중대시민재해"를 말한다.
2) "중대산업재해"란 「산업안전보건법」 제2조제1호에 따른 산업재해 중 다음 각 목의 어느 하나에 해당하는 결과를 야기한 재해를 말한다.
   가. 사망자가 1명 이상 발생
   나. 동일한 사고로 6개월 이상 치료가 필요한 부상자가 2명 이상 발생
   다. 동일한 유해요인으로 급성중독 등 대통령령으로 정하는 직업성 질병자가 1년 이내에 3명 이상 발생

 여기에서 "대통령령으로 정하는 직업성 질병자"란 시행령(안) 별표 1에서 정하는 질병에 걸린 사람을 말한다고 규정하고 있다. 시행령(안)에서는 급성으로 발생한 질병이면서 인과관계 명확성과 사업주 등의 예방 가능성이 높은 질병으로 구체화하였다.

시행령(안) : 2021년 7월 9일 입법 예고

[별표 1] 법 제2조제2호제다목에 따른 직업성 질병자의 질병(제2조 관련)

1. 일시적으로 다량의 염화비닐·유기주석·메틸브로마이드·일산화탄소에 노출되어 발생한 중추신경계장해 등의 급성 중독
2. 납 또는 그 화합물(유기납은 제외한다)에 노출되어 발생한 납 창백, 복부 산통, 관절통 등의 급성 중독
3. 일시적으로 다량의 수은 또는 그 화합물(유기수은은 제외한다)에 노출되어 발생한 한기, 고열, 치조농루, 설사, 단백뇨 등 급성 중독
4. 일시적으로 다량의 크롬 또는 그 화합물에 노출되어 발생한 세뇨관 기능 손상
5. 일시적으로 다량의 벤젠에 노출되어 발생한 두통, 현기증, 구역, 구토, 흉부 압박감, 흥분상태, 경련, 급성 기질성 뇌증후군, 혼수상태 등 급성 중독
6. 일시적으로 다량의 톨루엔·크실렌·스티렌·시클로헥산·노말헥산·트리클로로에틸렌 등 유기화합물에 노출되어 발생한 의식장해, 경련, 급성 기질성 뇌증후군, 부정맥 등 급성 중독
7. 이산화질소에 노출되어 발생한 점막자극 증상, 메트헤모글로빈혈증, 청색증, 두근거림, 호흡곤란 등의 급성 중독
8. 황화수소에 노출되어 발생한 의식소실, 무호흡, 폐부종, 후각신경마비 등 급성 중독
9. 시안화수소 또는 그 화합물에 노출되어 발생한 점막자극 증상, 호흡곤란, 두통, 구역, 구토 등 급성 중독
10. 불화수소·불산에 노출되어 발생한 점막자극 증상, 화학적 화상, 청색증, 호흡곤란, 폐수종, 부정맥 등 급성 중독
11. 인(백린, 황린 등 금지물질) 또는 그 화합물에 노출되어 발생한 피부궤양, 점막자극 증상, 경련, 폐부종, 중추신경계장해, 자율신경계장해 등 급성 중독
12. 일시적으로 다량의 카드뮴 또는 그 화합물에 노출되어 발생한 급성 위장관계 질병
13. 기타 화학적 인자(산업안전보건법 시행규칙 별표21 및 별표22에서 규정된 화학적 인자에 한한다) 등에 노출되어 발생한 급성중독
14. 디이소시아네이트, 염소, 염화수소, 염산 등에 노출되어 발생한 반응성 기도과민증후군
15. 트리클로로에틸렌에 노출되어 발생한 스티븐스존슨 증후군. 다만, 그 물질에 노출되는 업무에 종사하지 않게 된 후 3개월이 지나지 않은 경우만 해당하며 약물, 감염, 후천성면역결핍증, 악성 종양 등 다른 원인으로 발생한 질병은 제외한다.

16. 트리클로로에틸렌, 디메틸포름아미드 등에 노출되어 발생한 독성 간염. 다만, 그 물질에 노출되는 업무에 종사하지 않게 된 후 3개월이 지나지 않은 경우만 해당하며, 약물, 알코올, 과체중, 당뇨병 등 다른 원인으로 발생하거나 다른 질병이 원인이 되어 발생한 간 질병은 제외한다.
17. 보건의료 종사자에게 발생한 B형 간염, C형 간염, 매독, 후천성면역결핍증 등 혈액전파성 질병
18. 습한 곳에서의 업무로 발생한 렙토스피라증
19. 동물 또는 그 사체, 짐승의 털·가죽, 그 밖의 동물성 물체, 넝마, 고물 등을 취급하여 발생한 탄저, 단독(erysipelas) 또는 브루셀라증
20. 오염된 냉각수 등으로 발생한 레지오넬라증
21. 고기압 또는 저기압에 노출되어 발생한 압착증, 중추신경계 산소 독성으로 발생한 건강장해, 감압병(잠수병), 공기색전증
22. 공기 중 산소농도가 부족한 장소에서 발생한 산소결핍증
23. 전리방사선에 노출되어 발생한 급성 방사선증, 무형성 빈혈
24. 덥고 뜨거운 장소에서 하는 업무로 발생한 열사병

3) "중대시민재해"란 특정 원료 또는 제조물, 공중이용시설 또는 공중교통수단의 설계, 제조, 설치, 관리상의 결함을 원인으로 하여 발생한 재해로서 다음 각 목의 어느 하나에 해당하는 결과를 야기한 재해를 말한다. 다만, 중대산업재해에 해당하는 재해는 제외한다.

　가. 사망자가 1명 이상 발생

　나. 동일한 사고로 2개월 이상 치료가 필요한 부상자가 10명 이상 발생

　다. 동일한 원인으로 3개월 이상 치료가 필요한 질병자가 10명 이상 발생

4) "공중이용시설"이란 다음 각 목의 시설 중 시설의 규모나 면적 등을 고려하여 **대통령령으로 정하는 시설**을 말한다. 다만, 「소상공인 보호 및 지원에 관한 법률」 제2조에 따른 소상공인의 사업 또는 사업장 및 이에 준하는 비영리시설과 「교육시설 등의 안전 및 유지관리 등에 관한 법률」 제2조제1호에 따른 교육시설은 제외한다.

　가. 「실내공기질 관리법」 제3조제1항의 시설(「다중이용업소의 안전관리에 관한 특별법」 제2조제1항제1호에 따른 영업장은 제외한다)

나. 「시설물의 안전 및 유지관리에 관한 특별법」 제2조제1호의 시설물(공동주택은 제외한다)

다. 「다중이용업소의 안전관리에 관한 특별법」 제2조제1항제1호에 따른 영업장 중 해당 영업에 사용하는 바닥면적(「건축법」 제84조에 따라 산정한 면적을 말한다)의 합계가 1천제곱미터 이상인 것

라. 그 밖에 가목부터 다목까지에 준하는 시설로서 재해 발생 시 생명·신체상의 피해가 발생할 우려가 높은 장소

여기에서 "대통령령으로 정하는 시설"이란 시행령(안) 다음 각 호의 어느 하나에 해당하는 것을 말한다.

시행령(안)에서는 다중이용성·위험성·규모 등을 고려하여 적용 범위를 규정하였다.

(1) 법 제2조제4호 가목에 따른 시설로서 별표 2에서 정하는 시설(이 경우 둘 이상의 건축물로 이루어진 시설의 연면적은 개별 건축물의 연면적을 모두 합산한 면적으로 한다)

> **시행령(안) : 2021년 7월 9일 입법 예고**
> **[별표 2] 법 제2조제4호 가목에 따른 시설(제3조제1호 관련)**
> 1. 모든 지하역사(출입통로·대합실·승강장 및 환승통로와 이에 딸린 시설을 포함한다)
> 2. 연면적 2천제곱미터 이상인 지하도상가(지상건물에 딸린 지하층의 시설을 포함한다. 이하 같다). 이 경우 연속되어 있는 둘 이상의 지하도상가의 연면적 합계가 2천 제곱미터 이상인 경우를 포함한다.
> 3. 철도역사의 연면적 2천제곱미터 이상인 대합실
> 4. 「여객자동차 운수사업법」 제2조제5호에 따른 여객자동차터미널의 대합실(연면적 2천제곱미터 이상의 것에 한정한다)
> 5. 「항만법」 제2조제5호에 따른 항만시설 중 대합실(연면적 5천제곱미터 이상의 것에 한정한다)
> 6. 「공항시설법」 제2조제7호에 따른 공항시설 중 여객터미널(연면적 1천5백제곱미터 이상의 것에 한정한다)
> 7. 「도서관법」 제2조제1호에 따른 도서관(연면적 3천제곱미터 이상의 것에 한정한다)
> 8. 「박물관 및 미술관 진흥법」 제2조제1호 및 제2호에 따른 박물관 및 미술관(연

면적 3천제곱미터 이상의 것에 한정한다)
9. 「의료법」 제3조제2항에 따른 의료기관(연면적 2천제곱미터 이상이거나 병상 수 100개 이상의 것에 한정한다)
10. 「노인복지법」 제34조제1항제1호에 따른 노인요양시설(연면적 1천제곱미터 이상의 것에 한정한다)
11. 「영유아보육법」 제2조제3호에 따른 어린이집(연면적 430제곱미터 이상의 것에 한정한다)
12. 「어린이놀이시설 안전관리법」 제2조제2호에 따른 어린이놀이시설 중 실내 어린이놀이시설(연면적 430제곱미터 이상의 것에 한정한다)
13. 「유통산업발전법」 제2조제3호에 따른 대규모점포(「전통시장 및 상점가 육성을 위한 특별법」 제2조제1호의 전통시장은 제외한다)
14. 「장사 등에 관한 법률」 제29조에 따른 장례식장(지하에 위치한 시설로 한정한다)(연면적 1천제곱미터 이상의 것에 한정한다)
15. 「전시산업발전법」 제2조제4호에 따른 전시시설(옥내시설로 한정한다)(연면적 2천제곱미터 이상의 것에 한정한다)
16. 「건축법」 제2조제2항제14호에 따른 업무시설(연면적 3천제곱미터 이상의 것에 한정한다. 다만, 「건축법 시행령」 별표 1 제14호나목에 따른 오피스텔은 제외한다)
17. 「건축법」 제2조제2항에 따라 구분된 용도 중 둘 이상의 용도(「건축법」 제2조제2항에 따라 구분된 용도를 말한다)에 사용되는 건축물(연면적 2천제곱미터 이상의 것에 한정한다. 다만, 공동주택 또는 오피스텔이 포함된 경우는 제외한다)
18. 「공연법」에 따른 공연장 중 실내 공연장(객석 수 1천석 이상의 것에 한정한다)
19. 「체육시설의 설치·이용에 관한 법률」에 따른 체육시설 중 실내 체육시설(관람석 수 1천석 이상의 것에 한정한다)

시행령(안)에서는 실내공기질 관리법의 다중이용시설(가목) 시설군을 대부분 적용하였다. 그러나 실내주차장 및 업무시설 중 오피스텔·주상복합 및 전통시장은 제외되었다.

실내주차장은 주·출차 外 사람이 없고, 오피스텔·주상복합은 법에서 공동주택 적용이 제외되었기에 제외되었다. 또한 전통시장은 원칙적으로 제외되지만 건축물이 연면적 5천m2 이상인 전통시장은 시설물안전법에 따라 나목인

「시설물의 안전 및 유지관리에 관한 특별법」 제2조 제1호의 시설물에서 적용된다.

(2) 법 제2조제4호 나목에 따른 시설물로서 별표 3에서 정하는 시설물. 다만, 공동주택이 그 외의 시설과 동일 건축물로 건축된 경우 그 건축물 및 주용도가「건축법 시행령」별표 1 제14호 나목에 따른 오피스텔인 건축물은 제외한다.

시행령(안) : 2021년 7월 9일 입법 예고
[별표3] 법 제2조제4호 나목에 따른 「시설물안전법」 상 시설물

1. 교량			
가. 도로교량	1) 상부구조형식이 현수교, 사장교, 아치교 및 트러스교인 교량 4) 폭 6미터 이상이고 연장 100미터 이상인 복개구조물	2) 최대 경간장 50미터 이상의 교량	3) 연장 100미터 이상의 교량
나. 철도교량	1) 고속철도 교량 4) 연장 100미터 이상의 교량	2) 도시철도의 교량 및 고가교	3) 상부 구조형식이 트러스교 및 아치교인 교량
2. 터널			
가. 도로터널	1) 연장 1천미터 이상의 터널 4) 고속국도, 일반국도, 특별시도 및 광역시도의 터널	2) 3차로 이상의 터널 5) 연장 300미터 이상의 지방도, 시도, 군도 및 구도의 터널	3) 터널구간의 연장이 100미터 이상인 지하차도
나. 철도터널	1) 고속철도 터널 4) 특별시 또는 광역시에 있는 터널	2) 도시철도 터널	3) 연장 1천미터 이상의 터널
3. 항만			
가. 방파제, 파제제 및 호안	1) 연장 500미터 이상의 방파제	2) 연장 500미터 이상의 파제제	3) 방파제 기능을 하는 연장 500미터 이상의 호안

나. 계류시설	1) 1만톤급 이상의 원유부이식 계류시설 (부대시설인 해저송유관을 포함한다)	2) 1만톤급 이상의 말뚝구조의 계류시설	3) 1만톤급 이상 중력식 계류시설
4. 댐	1) 다목적댐, 발전용댐, 홍수전용댐	2) 지방상수도전용댐	3) 총저수용량 1백만톤 이상의 용수전용댐
5. 건축물	1) 고속철도, 도시철도 및 광역철도 역시설	2) 16층 이상 또는 연면적 3만제곱미터 이상의 건축물	3) 연면적 5천제곱미터 이상(각 용도별 시설의 합계를 말한다)의 문화 및 집회시설, 종교시설, 판매시설, 운수시설 중 여객용 시설, 의료시설, 노유자시설, 수련시설, 운동시설, 숙박시설 중 관광숙박시설 및 관광 휴게시설
6. 하천			
가. 하구둑	1) 하구둑	2) 포용조수량 1천만톤 이상의 방조제	
나. 제방	국가하천의 제방[부속시설인 통관(通管) 및 호안(護岸)을 포함한다]		
다. 보	국가하천에 설치된 다기능 보		
7. 상하수도	1) 광역상수도	2) 공업용수도	3) 지방상수도
가. 상수도	공공하수처리시설(1일 최대처리용량 500톤 이상인 시설만 해당한다)		
나. 하수도			
8. 옹벽 및 절토사면	1) 지면으로부터 노출된 높이가 5미터 이상인 부분의 합이 100미터 이상인 옹벽	2) 지면으로부터 연직(鉛直)높이(옹벽이 있는 경우 옹벽 상단으로부터의 높이) 30미터 이상을 포함한 절토부(땅깎기를 한 부분을 말한다)로서 단일 수평연장 100미터 이상인 절토사면	
9. 공동구	공동구		

비고

1. "도로"란 「도로법」 제10조에 따른 도로를 말한다.
2. 교량의 "최대 경간장"이란 한 경간에서 상부구조의 교각과 교각의 중심선 간의 거리를 경간장으로 정의할 때, 교량의 경간장 중에서 최댓값을 말한다. 한 경간 교량에 대해서는 교량 양측 교대의 흉벽 사이를 교량 중심선에 따라 측정한 거리를 말한다.
3. 교량의 "연장"이란 교량 양측 교대의 흉벽 사이를 교량 중심선에 따라 측정한 거리를 말한다.
4. 터널 및 지하차도의 "연장"이란 각 본체 구간과 하나의 구조로 연결된 구간을 포함한 거리를 말한다.
5. 도로교량의 "복개구조물"이란 하천 등을 복개하여 도로의 용도로 사용하는 모든 구조물을 말한다.
6. "방파제, 파제제, 호안"이란 「항만법」 제2조제5호가목2)에 따른 외곽시설을 말한다.
7. "계류시설"이란 「항만법」 제2조제5호가목4)에 따른 계류시설을 말한다.
8. "댐"이란 「저수지·댐의 안전관리 및 재해예방에 관한 법률」 제2조제1호에 따른 저수지·댐을 말한다.
9. 위 표 제4호의 용수전용댐과 지방상수도전용댐이 위 표 제7호가목의 제1종시설물 중 광역상수도·공업용수도 또는 지방상수도의 수원지시설에 해당하는 경우에는 위 표 제7호의 상하수도시설로 본다.
10. 위 표의 건축물에는 그 부대시설인 옹벽과 절토사면을 포함하며, 건축설비, 소방설비, 승강기설비 및 전기설비는 포함하지 아니한다.
11. 건축물의 연면적은 지하층을 포함한 동별로 계산한다. 다만, 2동 이상의 건축물이 하나의 구조로 연결된 경우와 둘 이상의 지하도상가가 연속되어 있는 경우에는 연면적의 합계를 말한다.
12. 건축물의 층수에는 필로티나 그 밖에 이와 비슷한 구조로 된 층을 포함한다.
13. "건축물"은 「건축법 시행령」 별표 1에서 정한 용도별 분류를 따른다.
14. "운수시설 중 여객용 시설"이란 「건축법 시행령」 별표 1 제8호에 따른 운수시설 중 여객자동차터미널, 일반철도역사, 공항청사, 항만여객터미널을 말한다.
15. "철도 역시설"이란 「철도의 건설 및 철도시설 유지관리에 관한 법률」 제2조제6호가목에 따른 역 시설(물류시설은 제외한다)을 말한다. 다만, 선하 역사(시설이 선로 아래 설치되는 역사를 말한다)의 선로구간은 연속되는 교량시설물

> 에 포함하고, 지하역사의 선로구간은 연속되는 터널시설물에 포함한다.
> 16. 하천시설물이 행정구역 경계에 있는 경우 상위 행정구역에 위치한 것으로 한다.
> 17. "포용조수량"이란 최고 만조(滿潮)시 간척지에 유입될 조수(潮水)의 양을 말한다.
> 18. "방조제"란 「공유수면 관리 및 매립에 관한 법률」 제37조, 「농어촌정비법」 제2조제6호, 「방조제 관리법」 제2조제1호 및 「산업입지 및 개발에 관한 법률」 제20조제1항에 따라 설치한 방조제를 말한다.
> 19. 하천의 "통관"이란 제방을 관통하여 설치한 원형 단면의 문짝을 가진 구조물을 말한다.
> 20. 하천의 "다기능 보"란 용수 확보, 소수력 발전 및 도로(하천 횡단) 등 두 가지 이상의 기능을 갖는 보를 말한다.
> 21. 위 표 제7호의 상하수도의 광역상수도, 공업용수도 및 지방상수도에는 수원지시설, 도수관로·송수관로(터널을 포함한다), 취수시설, 정수장, 취수·가압펌프장 및 배수지를 포함하고, 배수관로 및 급수시설은 제외한다.
> 22. "공동구"란 「국토의 계획 및 이용에 관한 법률」 제2조제9호에 따른 공동구를 말하며, 수용시설(전기, 통신, 상수도, 냉·난방 등)은 제외한다.

시행령(안)에서는 시설물안전법의 시설(나목) 중 1·2종 시설물은 대부분 적용하되, 수문·배수펌프장 등은 제외(지자체가 지정·고시하는 3종 시설물은 제외하되 일부를 포함)되었다.

(3) 법 제2조제4호 다목에 따른 영업장

시행령(안)에서는 다중이용업소법의 영업장(다목)은 화재 위험을 고려하여 23개 업종 모두 포함되어 있다.

(4) 법 제2조제4호 라목에 따른 시설로, 다음 각 목의 시설물. 다만, 법 제2조제4호 나목에 해당하는 시설은 제외한다.

(가) 준공 후 10년이 경과된 「도로법」 제10조에 따른 도로에 설치된 연장 20미터 이상인 도로교량

(나) 준공 후 10년이 경과된 철도교량

(다) 준공 후 10년이 경과된 지방도, 시도, 군도 및 구도의 터널, 「농어촌도로 정비법 시행령」 제2조제1호에 따른 터널

(라) 준공 후 10년이 경과된 특별시 및 광역시 외의 지역에 있는 철도터널

(마) 「석유 및 석유대체연료 사업법 시행령」 제2조제3호의 주유소 및 「액화석유가스의 안전관리 및 사업법」 제2조제4호의 액화석유가스 충전사업 중 개별 사업장 면적이 2천제곱미터 이상인 것

(바) 「관광진흥법 시행령」 제2조제1항제5호 가목의 종합유원시설업이 운영하는 「관광진흥법」 제33조에 따른 안전성검사 대상 유기시설 또는 유기기구

시행령(안)에서는 가목~다목에 준하는 시설(라목)로 바닥면적 2천㎡ 이상 주유소·가스충전소와 종합유원시설업(놀이공원 등), 준공 후 10년이 넘은 도로교량·철도교량 및 도로터널·철도터널이 규정되었다.

5) "공중교통수단"이란 불특정다수인이 이용하는 다음 각 목의 어느 하나에 해당하는 시설을 말한다.

가. 「도시철도법」 제2조제2호에 따른 도시철도의 운행에 사용되는 도시철도차량

나. 「철도산업발전기본법」 제3조제4호에 따른 철도차량 중 동력차·객차(「철도사업법」 제2조제5호에 따른 전용철도에 사용되는 경우는 제외한다)

다. 「여객자동차 운수사업법 시행령」 제3조제1호라목에 따른 노선 여객자동차운송사업에 사용되는 승합자동차

라. 「해운법」 제2조제1호의2의 여객선

마. 「항공사업법」 제2조제7호에 따른 항공운송사업에 사용되는 항공기

6) "제조물"이란 제조되거나 가공된 동산(다른 동산이나 부동산의 일부를 구성하는 경우를 포함한다)을 말한다.

7) "종사자"란 다음 각 목의 어느 하나에 해당하는 자를 말한다.

가. 「근로기준법」상의 근로자

나. 도급, 용역, 위탁 등 계약의 형식에 관계없이 그 사업의 수행을 위하여 대가를 목적으로 노무를 제공하는 자

다. 사업이 여러 차례의 도급에 따라 행하여지는 경우에는 각 단계의 수급인 및 수급인과 가목 또는 나목의 관계가 있는 자

8) "사업주"란 자신의 사업을 영위하는 자, 타인의 노무를 제공받아 사업을 하는 자를 말한다.

9) "경영책임자등"이란 다음 각 목의 어느 하나에 해당하는 자를 말한다.

    가. 사업을 대표하고 사업을 총괄하는 권한과 책임이 있는 사람 또는 이에 준하여 안전보건에 관한 업무를 담당하는 사람

    나. 중앙행정기관의 장, 지방자치단체의 장, 「지방공기업법」에 따른 지방공기업의 장, 「공공기관의 운영에 관한 법률」 제4조부터 제6조까지의 규정에 따라 지정된 공공기관의 장

2.3 중대산업재해

2.3.1 적용범위(제3조)

상시 근로자가 5명 미만인 사업 또는 사업장의 사업주(개인사업주에 한정한다. 이하 같다) 또는 경영책임자등에게는 이 장의 규정을 적용하지 아니한다.

2.3.2 사업주와 경영책임자등의 안전 및 보건 확보의무(제4조)

1) 사업주 또는 경영책임자등은 사업주나 법인 또는 기관이 실질적으로 지배·운영·관리하는 사업 또는 사업장에서 종사자의 안전·보건상 유해 또는 위험을 방지하기 위하여 그 사업 또는 사업장의 특성 및 규모 등을 고려하여 다음 각 호에 따른 조치를 하여야 한다.
   ① 재해예방에 필요한 인력 및 예산 등 안전보건관리체계의 구축 및 그 이행에 관한 조치
   ② 재해 발생 시 재발방지 대책의 수립 및 그 이행에 관한 조치
   ③ 중앙행정기관·지방자치단체가 관계 법령에 따라 개선, 시정 등을 명한 사항의 이행에 관한 조치
   ④ 안전·보건 관계 법령에 따른 의무이행에 필요한 관리상의 조치

여기에서 법 제4조제1항제1호에 따른 "안전보건관리체계의 구축 및 그 이행에 관한 조치"의 구체적인 사항은 시행령(안) 다음 각 호를 말한다.

안전보건관리체계 구축·이행은 적정 인력·예산, 점검 의무이행 등으로 규정 규정하였다.

안전보건 인력 배치와 관련하여 중대산업재해는 「산업안전보건법」의 안전·보건관리자 배치 기준을 준용(300인 이상 사업장만 전담인력 배치)하였고, 중대시민재해는 적정 인력 배치 의무로 규정하였다. 또한 안전보건 예산 편성은 사업장마다 상황이 다른 점을 감안하여 중대산업재해·시민재해 모두 규모별 기준을 정하지 않고 적정 예산 편성 의무로 규정하였다.

시행령(안) : 2021년 7월 9일 입법 예고

제4조(중대산업재해 관련 안전보건관리체계 구축 및 이행에 관한 조치)(법 제4조제1항제1호 관련)

1. 사업 및 각 사업장의 안전보건에 관한 목표와 경영방침을 설정할 것
2. 사업 또는 각 사업장의 업무장소 및 작업 특성에 따른 유해·위험요인을 확인·점검하고 개선할 수 있는 업무처리절차를 마련하고 이행상황을 점검할 것(「산업안전보건법」 제36조에 따른 위험성평가의 실시로 갈음할 수 있다)
3. 각 사업장에 안전 및 보건에 관한 전문인력을 다음 각 목에 따라 배치하고,「산업안전보건법」 제15조, 제16조 및 제62조에 따라 지정된 자가 안전 및 보건에 관한 업무를 충실하게 수행할 수 있도록 할 것

    가.「산업안전보건법」 제17조부터 제19조까지 및 제22조에 따라 업종 및 규모를 고려하여 정해진 수 이상으로 배치할 것

    나. 가목에 따라 배치하는 전문인력이 다른 업무를 겸직하는 경우에는 고용노동부장관이 정하는 기준에 따라 해당 업무를 수행하기 위한 업무시간을 보장할 것

4. 매년 안전 및 보건에 관한 인력, 시설 및 장비 등을 갖추기에 적정한 예산을 편성하고 용도에 따라 집행하고 관리하는 체계를 마련할 것
5. 상시근로자수가 500명 이상인 사업 또는 사업장이거나「건설산업기본법」 제23조에 따라 평가하여 공시된 시공능력(같은 법 시행령 별표 1 제1호 다목에 따른 토목건축공사업에 대한 평가 및 공시로 한정한다)의 순위 상위 200위 이내의 건설회사의 경우에는 안전보건에 관한 업무를 전담하는 조직을 둘 것. 다만, 제3호 가목에 따라 각 사업장에 배치해야 하는 전문인력의 합이 3명 미만인 경우는 제외한다.
6. 사업 또는 각 사업장의 안전·보건 확보 및 개선에 대한 종사자의 의견을 반기 1회 이상 청취하고 재해예방을 위해 필요하다고 인정되는 경우에는 해당 의견에 대한 개선방안을 마련하여 이행하도록 조치할 것. 이 경우 의견청취 등에 대하여는「산업안전보건법」 제24조, 제64조 및 제75조에 따른 위원회 또는 협의체를 통한 논의 및 심의·의결로 갈음할 수 있다.
7. 사업 또는 각 사업장에 중대산업재해가 발생할 급박한 위험이 있는 경우, 작업중지, 대피, 보고, 위험요인 제거 등 대응절차와 중대산업재해 발생시 구호조치, 추가피해 방지 조치 및 발생보고 등 절차를 마련하고, 이를 반기 1회 이상 확인·점검할 것
8. 제3자에게 업무를 도급, 용역, 위탁하는 경우 해당 업무 종사자의 안전과 보건을 확보하기 위해 다음 각 목의 사항을 확인하기 위한 평가기준과 절차를 마련하고

> 그 이행상황을 확인·점검할 것
> 가. 업무를 도급, 용역, 위탁받는 자의 재해예방을 위한 조치 능력 및 기술
> 나. 업무를 도급, 용역, 위탁받는 자에게 보장하여야 하는 적정한 안전 및 보건 관리 비용과 수행기간

2) 제1항제1호·제4호의 조치에 관한 구체적인 사항은 대통령령으로 정한다.

시행령(안)에서는 법 제4조제1항제4호에 따른 "안전·보건 관계 법령"이란 해당 사업 또는 사업장에 적용되는 것으로서 종사자의 안전보건에 관계되는 법령을 말한다고 규정하고 있다.

또한 법 제4조제1항제4호에 따른 "안전·보건 관계 법령에 따른 의무이행에 필요한 관리상의 조치"란 시행령(안) 다음 각 호의 사항을 말한다.

관리상 조치는 점검 결과를 보고받고 적절한 조치 이행, 법상 교육 여부 확인 및 필요한 조치를 할 의무로 규정하였다.

> **시행령(안) : 2021년 7월 9일 입법 예고**
> **제5조(중대산업재해 관련 관계 법령에 따른 의무이행에 필요한 관리상의 조치)(제4조제1항제4호 관련)**
> 1. 반기별 1회 이상 안전보건 관계 법령에 따른 의무를 이행하였는지를 점검하도록 하고 그 결과를 보고받을 것. 이 경우 「산업안전보건법」 제21조 및 제74조에 따라 고용노동부장관이 지정한 기관에 안전보건 관계 법령에 따른 의무 이행에 관한 점검을 위탁할 수 있다.
> 2. 제1호의 보고를 받고 안전보건 관계 법령에 따른 의무가 이행되지 않은 경우 해당 의무를 이행할 수 있도록 인력을 배치하고 예산을 추가로 편성하여 집행하도록 하는 등 필요한 조치를 할 것
> 3. 안전보건 관계 법령에 따라 유해하거나 위험한 작업에 필요한 안전보건교육을 실시하고 있는지 여부를 확인하여 교육을 실시하지 아니한 경우 교육을 실시하도록 지시하고 관련 예산을 확보하도록 하는 등 필요한 조치를 할 것

2.3.3 도급,용역,위탁 등 관계에서의 안전 및 보건 확보의무(제5조)

　사업주 또는 경영책임자등은 사업주나 법인 또는 기관이 제3자에게 도급, 용역, 위탁 등을 행한 경우에는 제3자의 종사자에게 중대산업재해가 발생하지 아니하도록 제4조의 조치를 하여야 한다. 다만, 사업주나 법인 또는 기관이 그 시설, 장비, 장소 등에 대하여 실질적으로 지배·운영·관리하는 책임이 있는 경우에 한정한다.

2.3.4 중대산업재해 사업주와 경영책임자등의 처벌(제6조)

1) 제4조 또는 제5조를 위반하여 제2조제2호가목의 중대산업재해에 이르게 한 사업주 또는 경영책임자등은 1년 이상의 징역 또는 10억원 이하의 벌금에 처한다. 이 경우 징역과 벌금을 병과할 수 있다.
2) 제4조 또는 제5조를 위반하여 제2조제2호나목 또는 다목의 중대산업재해에 이르게 한 사업주 또는 경영책임자등은 7년 이하의 징역 또는 1억원 이하의 벌금에 처한다.
3) 제1항 또는 제2항의 죄로 형을 선고받고 그 형이 확정된 후 5년 이내에 다시 제1항 또는 제2항의 죄를 저지른 자는 각 항에서 정한 형의 2분의 1까지 가중한다.

2.3.5 중대산업재해의 양벌규정(제7조)

　법인 또는 기관의 경영책임자등이 그 법인 또는 기관의 업무에 관하여 제6조에 해당하는 위반행위를 하면 그 행위자를 벌하는 외에 그 법인 또는 기관에 다음 각 호의 구분에 따른 벌금형을 과(科)한다. 다만, 법인 또는 기관이 그 위반행위를 방지하기 위하여 해당 업무에 관하여 상당한 주의와 감독을 게을리하지 아니한 경우에는 그러하지 아니하다.
　1) 제6조제1항의 경우: 50억원 이하의 벌금
　2) 제6조제2항의 경우: 10억원 이하의 벌금

2.3.6 안전보건교육의 수강(제8조)

1) 중대산업재해가 발생한 법인 또는 기관의 경영책임자등은 대통령령으로 정하는 바에 따라 안전보건교육을 이수하여야 한다.
2) 제1항의 안전보건교육을 정당한 사유 없이 이행하지 아니한 경우에는 5천만원 이하의 과태료를 부과한다.
3) 제2항에 따른 과태료는 대통령령으로 정하는 바에 따라 고용노동부장관이 부과·징수한다.

여기에서 법 제8조제1항에 따라 경영책임자등이 이수해야하는 안전보건교육의 내용과 과태료 등은 시행령(안) 다음 각 호의 사항이 포함되어야 한다.

시행령(안) : 2021년 7월 9일 입법 예고

제6조(교육내용과 교육시간)(법 제8조제1항 관련)
① 법 제8조제1항에 따라 경영책임자등이 이수해야하는 안전보건교육의 내용에는 다음 각 호의 사항이 포함되어야 한다.
 1. 안전보건관리체계 구축 및 이행방법 등 안전보건경영 방안
 2. 「산업안전보건법」 등 안전·보건 관계 법령의 주요내용
 3. 정부의 산업재해예방 정책
② 안전보건교육은 총 20시간의 범위에서 이수하여야 한다.

제7조(교육시기 및 방법)
① 고용노동부장관은 시행령 제6조에 따른 안전보건교육을 실시하여야 한다. 이 경우 안전보건교육은 「한국산업안전보건공단법」에 따른 한국산업안전보건공단 등 「산업안전보건법」 제33조에 따라 고용노동부장관에게 등록한 안전보건교육기관 등에 위탁하여 실시할 수 있다.
② 고용노동부장관은 매분기별로 중대산업재해 발생 법인 또는 기관을 대상으로 교육대상자를 확정하고 교육일정을 교육대상자에게 통보하여야 한다.
③ 교육대상자가 지정된 교육일정에 참여할 수 없는 정당한 사유가 있는 경우에는 그 사유를 증명하여 1회에 한하여 고용노동부장관에게 교육일정의 연기요청을 할 수 있다.

제8조(교육비용의 부담)

법 제8조제1항에 따른 안전보건교육에 소요되는 비용은 교육대상자가 부담한다.

제9조(과태료의 부과기준)

법 제8조제2항에 따른 과태료의 부과기준은 별표 4와 같다.

시행령(안) : 2021년 7월 9일 입법 예고

[별표 4] 과태료 부과기준(시행령 제9조 관련)

1. 일반기준

　가. 위반행위의 횟수에 따른 과태료의 가중된 부과기준은 최근 1년간 같은 위반행위로 과태료 부과처분을 받은 경우에 적용한다. 이 경우 기간의 계산은 위반행위를 한 날과 다시 같은 위반행위를 한 날을 기준으로 한다(이 경우 위반행위를 한 날은 하나의 교육일정에서 최초로 참여하지 않은 날을 의미한다).

　나. 가목에 따라 가중된 부과처분을 하는 경우 가중처분의 적용 차수는 그 위반 행위의 전 부과처분 차수(가목에 따른 기간 내에 과태료 부과처분이 둘 이상 있었던 경우에는 높은 차수를 말한다)의 다음 차수로 한다.

　다. 고용노동부장관은 다음의 어느 하나에 해당하는 경우에는 제4호의 개별기준에 따른 과태료 부과금액의 2분의 1의 범위에서 그 금액을 줄일 수 있다. 다만, 과태료를 체납하고 있는 위반행위자의 경우에는 그 금액을 줄일 수 없다.

　　1) 위반행위자가 자연재해·화재 등으로 재산에 현저한 손실을 입었거나 사업여건의 악화로 기업경영이 중대한 위기에 처하는 등의 사정이 있는 경우

　　2) 그 밖에 위반행위의 동기와 결과, 위반 정도 등을 고려하여 그 금액을 줄일 필요가 있다고 인정되는 경우

2. 개별기준

위반행위	세부내용	과태료 금액(단위: 만원)		
		1차 위반	2차 위반	3차 이상 위반
법 제8조제1항을 위반하여 경영책임자 등이 안전보건교육 이수하지 않은 경우	가. 기업의 상시근로자가 50명 미만인 경우(건설업의 경우 전년도 전체 공사수주금액이 50억원 이하인 경우)	500	1.000	1.500
	나. 그 밖의 경우	1.000	3.000	5.000

2.4 중대시민재해

2.4.1 사업주와 경영책임자등의 안전 및 보건 확보의무(제9조)

1) 사업주 또는 경영책임자등은 사업주나 법인 또는 기관이 실질적으로 지배·운영·관리하는 사업 또는 사업장에서 생산·제조·판매·유통 중인 원료나 제조물의 설계, 제조, 관리상의 결함으로 인한 그 이용자 또는 그 밖의 사람의 생명, 신체의 안전을 위하여 다음 각 호에 따른 조치를 하여야 한다.
　① 재해예방에 필요한 인력·예산·점검 등 안전보건관리체계의 구축 및 그 이행에 관한 조치
　② 재해 발생 시 재발방지 대책의 수립 및 그 이행에 관한 조치
　③ 중앙행정기관·지방자치단체가 관계 법령에 따라 개선, 시정 등을 명한 사항의 이행에 관한 조치
　④ 안전·보건 관계 법령에 따른 의무이행에 필요한 관리상의 조치
　시행령(안)에서는 법 제9조제1항제1호에 따른 "안전보건관리체계의 구축 및 그 이행에 관한 조치"의 구체적인 사항은 다음 각 호를 말한다.

시행령(안) : 2021년 7월 9일 입법 예고
제10조(원료·제조물 관련 안전보건관리체계의 구축 및 이행에 관한 조치)(법 제9조제1항제1호 관련)
① 법 제9조제1항제1호에 따른 "안전보건관리체계의 구축 및 그 이행에 관한 조치"의 구체적인 사항은 다음 각 호를 말한다.
 1. 관계 법령에 따른 안전·보건에 관한 인력이 적정 규모로 배치되어 중대시민재해 예방을 위한 적정한 업무가 부여되어 있는지 확인할 것
 2. 관계 법령에 따른 안전·보건에 관한 인력, 시설 및 장비 등을 중대시민재해 예방에 충분한 상태로 유지하기 위한 적정한 예산이 편성되었는지 검토하고 용도에 따라 집행되도록 할 것
 3. 별표 5에서 정한 원료 또는 제조물로 인한 중대시민재해예방을 위해 다음 각 목의 사항을 포함한 업무처리절차를 마련하고 이를 이행할 것
　가. 원료 또는 제조물에 대한 유해·위험요인 확인·점검에 관한 사항

나. 원료 또는 제조물에 대한 유해·위험 요인을 발견한 경우 해당 사항의 신고·조치요구 및 그 개선에 관한 사항
다. 중대시민재해 발생 시 사업주 또는 경영책임자등에 대한 보고 절차, 관계 행정기관에 대한 신고 절차, 추가 피해방지 조치 및 중대시민재해 원인조사에 따른 개선조치 등에 관한 사항

> [별표 5] 제10조제1항제3호의 "원료 또는 제조물"
> 1. 「고압가스 안전관리법」에 따른 독성 가스
> 2. 「농약관리법」 제2조제1호, 제1호의2, 제3호 및 제3호의2에 따른 농약, 천연식물보호제, 원제(原劑) 및 농약활용기자재
> 3. 「마약류 관리에 관한 법률」 제2조제1호에 따른 마약류
> 4. 「비료관리법」 제2조제1호에 따른 비료
> 5. 「생활화학제품 및 살생물제의 안전관리에 관한 법률」 제3조제7호 및 제8호에 따른 살생물물질 및 살생물제품
> 6. 「식품위생법」 제2조제1호, 제2호, 제4호 및 제5호에 따른 식품, 식품첨가물, 기구 및 용기·포장
> 7. 「약사법」 제2조제4호에 따른 의약품, 같은 조 제7호에 따른 의약외품(醫藥外品) 및 같은 법 제85조제1항에 따른 동물용 의약품·의약외품
> 8. 「원자력안전법」 제2조제5호에 따른 방사성물질
> 9. 「의료기기법」 제2조제1항 각 호 외의 부분 본문에 따른 의료기기
> 10. 「총포·도검·화약류 등 단속법」 제2조제3항에 따른 화약류
> 11. 「화학물질관리법」 제2조제6호에 따른 사고대비물질
> 12. 그 밖에 이에 준하는 것으로서 생명·신체에 해로운 원료 또는 제조물

4. 제1호 및 제2호의 사항을 연 2회 이상(반기별 1회 이상) 확인·점검하고 중대시민재해예방에 미흡하다고 평가될 경우 인력을 추가로 배치하고 예산을 편성하여 집행하도록 하는 등 필요한 조치를 할 것
② 제1항의 규정에도 불구하고 「소상공인기본법」 제2조에 따른 소상공인에 해당하는 사업주 또는 경영책임자등은 제1항제3호의 업무처리절차를 마련할 의무를 부담하지 않는다. 다만, 이 경우에도 유해·위험요인을 확인·점검하고 유해·위험요인을 발견할 경우 그 개선에 관한 조치를 취할 의무는 부담한다.

또한 시행령(안)에서는 법 제9조제1항제4호에 따른 "원료·제조물 관련 관계 법령에 따른 의무이행에 필요한 관리상의 조치"의 구체적인 사항은 다음 각 호를 말한다.

중대시민재해 중 원료·제조물 분야의 소상공인은 이행 가능성을 고려하여 업무절차 수립·교육 실시 확인·서류보관 의무를 면제하였다.

> 시행령(안) : 2021년 7월 9일 입법 예고
> 제11조(원료·제조물 관련 관계 법령에 따른 의무이행에 필요한 관리상의 조치)(법 제9조제1항제4호 관련)
> ① 법 제9조제1항제4호에 따른 "안전·보건 관계 법령"이란 해당 사업 또는 사업장이 생산·제조·판매·유통하는 원료·제조물에 적용되는 것으로서, 그 원료·제조물이 사람의 생명·신체에 미칠 수 있는 유해·위험 요인을 예방하고 안전하게 관리하는 데 관련되는 법령을 말한다.
> ② 법 제9조제1항제4호에 따른 "안전·보건 관계 법령에 따른 의무이행에 필요한 관리상의 조치"란 다음 각 호를 말한다. 다만, 「소상공인기본법」 제2조에 따른 소상공인에 해당하는 사업주 또는 경영책임자등에게는 제2호를 적용하지 아니한다.
> 1. 안전·보건 관계 법령에 따른 의무를 이행하고 있는지를 연 2회 이상(반기별 1회 이상) 점검하거나 점검한 결과를 보고받고, 의무 이행을 위하여 필요하다고 판단되는 경우 인력 배치, 추가 예산편성·집행 등 적절한 조치를 할 것. 이 경우 관계 법령에 따른 의무 이행에 관한 점검을 외부의 전문기관에 위탁할 수 있다.
> 2. 관계 법령에 따른 의무이행을 위한 교육을 실시하였는지 확인하거나 확인한 결과를 보고받고, 교육을 실시하지 않은 경우 교육 실시 등 필요한 조치를 하거나 지시할 것

2) 사업주 또는 경영책임자등은 사업주나 법인 또는 기관이 실질적으로 지배·운영·관리하는 공중이용시설 또는 공중교통수단의 설계, 설치, 관리상의 결함으로 인한 그 이용자 또는 그 밖의 사람의 생명, 신체의 안전을 위하여 다음 각 호에 따른 조치를 하여야 한다.
  ① 재해예방에 필요한 인력·예산·점검 등 안전보건관리체계의 구축 및 그

이행에 관한 조치
② 재해 발생 시 재발방지 대책의 수립 및 그 이행에 관한 조치
③ 중앙행정기관·지방자치단체가 관계 법령에 따라 개선, 시정 등을 명한 사항의 이행에 관한 조치
④ 안전·보건 관계 법령에 따른 의무이행에 필요한 관리상의 조치

시행령(안)에서는 법 제9조제2항제1호에 따른 "안전보건관리체계의 구축 및 그 이행에 관한 조치"의 구체적인 사항은 다음 각 호를 말한다.

시행령(안) : 2021년 7월 9일 입법 예고
제12조(공중이용시설·공중교통수단 관련 안전보건관리체계 구축 및 이행에 관한 조치)(법 제9조제2항제1호 관련)

① 법 제9조제2항제1호에 따른 "안전보건관리체계의 구축 및 그 이행에 관한 조치"의 구체적인 사항은 다음 각 호를 말한다.

1. 매년 공중이용시설 또는 공중교통수단을 중대시민재해 예방에 충분한 상태로 유지하기 위해 관계 법령에 따른 안전·보건에 관한 인력이 적정 규모로 배치되어 있는지 다음 각 목의 사항을 직접 확인하거나 보고받을 것
   가. 제3호에 따라 수립된 안전계획의 시행에 필요한 인력의 규모 및 그 편성 여부
   나. 기 편성된 안전·보건 관련 인력에게 안전·보건 확보를 위해 적정한 업무를 부여하였는지 여부

2. 매년 공중이용시설 또는 공중교통수단을 중대시민재해 예방에 충분한 상태로 유지하기 위해 안전 관련 예산이 적절히 편성·집행되었는지 다음 각 목의 사항을 직접 확인하거나 보고받을 것
   가. 제3호에 따라 수립된 안전계획의 시행에 필요한 예산의 규모 및 그 편성 여부
   나. 기 편성된 안전관련 예산이 목적에 부합하게 집행되었는지 여부

3. 매년 공중이용시설 또는 공중교통수단에 대해 다음 각 목의 내용을 포함하는 안전계획이 수립되도록 하고, 충실히 이행되도록 할 것. 다만, 공중이용시설에 대하여 「시설물의 안전 및 유지관리에 관한 특별법」 제6조에 따라 시설물관리계획을 수립하는 경우, 공중이용시설 또는 공중교통수단에 대해 철도운영자가 「철도안전법」 제6조에 따라 시행계획을 수립하는 경우에는 사업주 또는 경영책임자등이 그 수립 여부 및 내용을 직접 확인하거나 보고받음으로써 이를 갈음할 수 있다.
   가. 안전과 유지관리를 위한 조직, 인원 등의 확보에 관한 사항(공중교통수단의

경우에는 장비의 확보를 포함한다)

　　나. 공중이용시설의 안전점검 또는 정밀안전진단의 실시, 공중교통수단의 점검·정비에 관한 사항

　　다. 보수·보강 등 유지관리에 관한 사항

4. 매년 공중이용시설 또는 공중교통수단을 중대시민재해 예방에 충분한 상태로 유지하기 위해 기 계획된 안전점검 등이 적절히 수행되었는지 직접 확인하거나 보고받을 것

5. 중대시민재해 예방을 위해 다음 각 목의 사항을 포함한 위기관리대책이 수립되도록 할 것. 다만, 철도운영자가 「철도안전법」 제7조에 따라 비상대응계획을 포함한 철도안전관리체계를 수립한 경우 또는 항공운송사업자가 「항공안전법」 제58조제2항에 따라 위기대응계획을 포함한 항공안전관리시스템을 수립한 경우에는 사업주 또는 경영책임자등이 그 수립 여부 및 내용을 직접 확인하거나 보고받음으로써 이를 갈음할 수 있다.

　　가. 공중이용시설 또는 공중교통수단의 유해 · 위험요인의 확인·점검 및 개선에 관한 사항

　　나. 공중이용시설 또는 공중교통수단의 안전을 관리하는 자, 종사자 또는 이용자 등이 유해 · 위험요인을 발견한 경우 해당 사항의 신고·조치요구 및 개선에 관한 사항

　　다. 중대시민재해가 발생한 경우 사상자 등에 대한 긴급구호조치, 공중이용시설 또는 공중교통수단에 대한 긴급안전점검, 위험표지 설치 등 추가 피해방지 조치, 관계 중앙행정기관 등에 대한 보고, 원인조사에 따른 개선조치에 관한 사항

　　라. 비상상황 또는 위급상황 발생 시 대피훈련에 관한 사항(대피훈련에 대한 사항은 모든 공중교통수단 및 「시설물의 안전 및 유지관리에 관한 특별법」에 따른 제1종 시설물에 대하여 적용한다)

6. 연 2회 이상(반기별 1회 이상) 제1호부터 제4호까지의 사항을 확인·점검하고 안전계획의 내용을 수정하거나 인력·예산을 추가로 편성하여 집행하도록 하는 등 필요한 조치를 할 것

7. 공중이용시설 또는 공중교통수단의 유해·위험요인이 발견된 경우 설계·설치·제조에 대한 보완·보강 요청, 이용 제한 등 그 유해·위험요인으로 인한 중대시민재해 발생을 방지하기 위해 필요한 조치를 할 것

8. 제3자에게 공중이용시설 또는 공중교통수단의 운영·관리 업무를 도급, 용역, 위

> 탁하는 경우 다음 각 목의 사항을 확인하고 공중이용시설과 그 이용자의 안전을 확보할 수 있도록 대책 마련을 요구하는 등 필요한 조치를 할 것
> 가. 재해예방을 위한 조치능력 및 안전관리능력
> 나. 위탁업무 수행 시 공중이용시설 또는 공중교통수단과 그 이용자의 안전을 확보할 수 있는 적정한 비용의 지급

시행령(안)에서는 법 제9조제2항제4호에 따른 "안전·보건 관계 법령"이란 해당 공중이용시설·공중교통수단에 적용되는 것으로서, 이용자의 안전·보건을 보호하는 데 관련되는 법령을 말한다고 규정하고 있다.

또한 시행령(안)에서는 법 제9조제2항제4호에 따른 "의무이행에 필요한 관리상의 조치"란 다음 각 호의 사항을 말한다.

> **시행령(안) : 2021년 7월 9일 입법 예고**
> **제13조(공중이용시설·공중교통수단 관련 관계 법령에 따른 의무이행에 필요한 관리상의 조치)(법 제9조제2항제4호 관련)**
> ① 법 제9조제2항제4호에 따른 "안전·보건 관계 법령"이란 해당 공중이용시설·공중교통수단에 적용되는 것으로서, 이용자의 안전·보건을 보호하는 데 관련되는 법령을 말한다.
> ② 법 제9조제2항제4호에 따른 "의무이행에 필요한 관리상의 조치"란 다음 각 호의 사항을 말한다.
>   1. 연 1회 이상 안전·보건 관계 법령에 따른 의무를 이행하였는지를 직접 확인하거나 점검한 결과를 보고받고 필요 시 의무의 이행 또는 개선·보완을 지시할 것. 이 경우 관계 법령에 따른 의무 이행에 관한 점검을 국토교통부장관이 지정한 외부의 전문기관에 위탁할 수 있다.
>   2. 연 1회 이상 안전·보건 관계 법령에 따른 공중이용시설의 안전을 관리하는 자 또는 공중교통수단의 시설 및 설비를 정비·점검하는 종사자가 필요한 교육을 이수하였는지 직접 확인하거나 보고받고 교육을 실시하지 않은 경우 교육 실시 등 필요한 조치를 하거나 지시할 것

3) 사업주 또는 경영책임자등은 사업주나 법인 또는 기관이 공중이용시설 또는 공중교통수단과 관련하여 제3자에게 도급, 용역, 위탁 등을 행한 경

우에는 그 이용자 또는 그 밖의 사람의 생명, 신체의 안전을 위하여 제2항의 조치를 하여야 한다. 다만, 사업주나 법인 또는 기관이 그 시설, 장비, 장소 등에 대하여 실질적으로 지배·운영·관리하는 책임이 있는 경우에 한정한다.
4) 제1항제1호·제4호 및 제2항제1호·제4호의 조치에 관한 구체적인 사항은 대통령령으로 정한다.

2.4.2 중대시민재해 사업주와 경영책임자등의 처벌(제10조)

1) 제9조를 위반하여 제2조제3호가목의 중대시민재해에 이르게 한 사업주 또는 경영책임자등은 1년 이상의 징역 또는 10억원 이하의 벌금에 처한다. 이 경우 징역과 벌금을 병과할 수 있다.
2) 제9조를 위반하여 제2조제3호나목 또는 다목의 중대시민재해에 이르게 한 사업주 또는 경영책임자등은 7년 이하의 징역 또는 1억원 이하의 벌금에 처한다.

2.4.3 중대시민재해의 양벌규정(제11조)

법인 또는 기관의 경영책임자등이 그 법인 또는 기관의 업무에 관하여 제10조에 해당하는 위반행위를 하면 그 행위자를 벌하는 외에 그 법인 또는 기관에게 다음 각 호의 구분에 따른 벌금형을 과(科)한다. 다만, 법인 또는 기관이 그 위반행위를 방지하기 위하여 해당 업무에 관하여 상당한 주의와 감독을 게을리하지 아니한 경우에는 그러하지 아니하다.
1) 제10조제1항의 경우: 50억원 이하의 벌금
2) 제10조제2항의 경우: 10억원 이하의 벌금

2.5 보칙

2.5.1 형 확정 사실의 통보(제12조)

법무부장관은 제6조, 제7조, 제10조 또는 제11조에 따른 범죄의 형이 확정되면 그 범죄사실을 관계 행정기관의 장에게 통보하여야 한다.

2.5.2 중대산업재해 발생사실 공표(제13조)

1) 고용노동부장관은 제4조에 따른 의무를 위반하여 발생한 중대산업재해에 대하여 사업장의 명칭, 발생 일시와 장소, 재해의 내용 및 원인 등 그 발생 사실을 공표할 수 있다.
2) 제1항에 따른 공표의 방법, 기준 및 절차 등은 대통령령으로 정한다.

법 제13조2항에 따른 "공표의 방법, 기준 및 절차 등"은 시행령(안) 다음 각 호의 사항을 말한다.

> **시행령(안) : 2021년 7월 9일 입법 예고**
> **제14조(공표 대상 및 방법 등)(법 제13조2항 관련)**
> ① 고용노동부장관은 법 제4조에 따른 의무 위반으로 형이 확정된 사업장에 대하여 다음 각 호의 사항을 공표한다.
>   1. 중대산업재해 발생 사업장의 명칭·소재지
>   2. 발생 일시와 장소, 재해자 현황
>   3. 발생재해의 내용, 원인 및 경영책임자등의 의무위반 사항
>   4. 5년 내 중대산업재해 발생여부
> ② 고용노동부장관은 제1항에 따른 공표를 하기 전에 공표대상자에게 공표대상임을 통지하고 소명기회를 주어야 한다.
> ③ 제1항에 따른 공표는 관보 또는 고용노동부·공단 홈페이지 등에 게시하는 방법으로 한다. 이 경우 홈페이지 등에 게시하는 기간은 1년으로 한다.

또한 법에는 규정되어 있지 아니하지만 시행령(안)에서는 서면자료를 보관토록 하고 있다.

> 시행령(안) : 2021년 7월 9일 입법 예고
> 제15조(서면자료의 보관)
> 제4조(중대산업재해 관련 안전보건관리체계 구축 및 이행에 관한 조치), 제5조(중대산업재해 관련 관계 법령에 따른 의무이행에 필요한 관리상의 조치), 제10조(원료·제조물 관련 안전보건관리체계의 구축 및 이행에 관한 조치), 제11조(원료·제조물 관련 관계 법령에 따른 의무이행에 필요한 관리상의 조치), 제12조(공중이용시설·공중교통수단 관련 안전보건관리체계 구축 및 이행에 관한 조치), 제13조(공중이용시설·공중교통수단 관련 관계 법령에 따른 의무이행에 필요한 관리상의 조치)의 이행에 관한 내용은 서면(「전자문서 및 전자거래 기본법」 제2조제1호에 따른 전자문서를 포함한다)으로 자료를 작성하여 5년간 보관하여야 한다. 다만「소상공인기본법」 제2조에 따른 소상공인에 해당하는 사업주 또는 경영책임자등은 그러하지 아니하다.

2.5.3 심리절차에 관한 특례(제14조)

1) 이 법 위반 여부에 관한 형사재판에서 법원은 직권으로 「형사소송법」 제294조의2에 따라 피해자 또는 그 법정대리인(피해자가 사망하거나 진술할 수 없는 경우에는 그 배우자·직계친족·형제자매를 포함한다)을 증인으로 신문할 수 있다.
2) 이 법 위반 여부에 관한 형사재판에서 법원은 검사, 피고인 또는 변호인의 신청이 있는 경우 특별한 사정이 없으면 해당 분야의 전문가를 전문심리위원으로 지정하여 소송절차에 참여하게 하여야 한다.

2.5.4 손해배상의 책임(제15조)

1) 사업주 또는 경영책임자등이 고의 또는 중대한 과실로 이 법에서 정한 의

무를 위반하여 중대재해를 발생하게 한 경우 해당 사업주, 법인 또는 기관이 중대재해로 손해를 입은 사람에 대하여 그 손해액의 5배를 넘지 아니하는 범위에서 배상책임을 진다. 다만, 법인 또는 기관이 해당 업무에 관하여 상당한 주의와 감독을 게을리하지 아니한 경우에는 그러하지 아니하다.
2) 법원은 제1항의 배상액을 정할 때에는 다음 각 호의 사항을 고려하여야 한다.
   ① 고의 또는 중대한 과실의 정도
   ② 이 법에서 정한 의무위반행위의 종류 및 내용
   ③ 이 법에서 정한 의무위반행위로 인하여 발생한 피해의 규모
   ④ 이 법에서 정한 의무위반행위로 인하여 사업주나 법인 또는 기관이 취득한 경제적 이익
   ⑤ 이 법에서 정한 의무위반행위의 기간·횟수 등
   ⑥ 사업주나 법인 또는 기관의 재산상태
   ⑦ 사업주나 법인 또는 기관의 피해구제 및 재발방지 노력의 정도

2.5.5 정부의 사업주 등에 대한 지원 및 보고(제16조)

1) 정부는 중대재해를 예방하여 시민과 종사자의 안전과 건강을 확보하기 위하여 다음 각 호의 사항을 이행하여야 한다.
   ① 중대재해의 종합적인 예방대책의 수립·시행과 발생원인 분석
   ② 사업주, 법인 및 기관의 안전보건관리체계 구축을 위한 지원
   ③ 사업주, 법인 및 기관의 중대재해 예방을 위한 기술 지원 및 지도
   ④ 이 법의 목적 달성을 위한 교육 및 홍보의 시행
2) 정부는 사업주, 법인 및 기관에 대하여 유해·위험 시설의 개선과 보호 장비의 구매, 종사자 건강진단 및 관리 등 중대재해 예방사업에 소요되는 비용의 전부 또는 일부를 예산의 범위에서 지원할 수 있다.
3) 정부는 제1항 및 제2항에 따른 중대재해 예방을 위한 조치 이행 등 상황 및 중대재해 예방사업 지원 현황을 반기별로 국회 소관 상임위원회에 보고하여야 한다.

2.6 부칙(제17907호, 2021. 1. 26.)

2.6.1 시행일(제1조)

1) 이 법은 공포 후 1년이 경과한 날부터 시행한다. 다만, 이 법 시행 당시 개인사업자 또는 상시 근로자가 50명 미만인 사업 또는 사업장(건설업의 경우에는 공사금액 50억원 미만의 공사)에 대해서는 공포 후 3년이 경과한 날부터 시행한다.
2) 제1항에도 불구하고 제16조는 공포한 날부터 시행한다.

2.6.2 다른 법률의 개정(제2조)

법원조직법 중 일부를 다음과 같이 개정한다.
제32조제1항제3호에 아목을 다음과 같이 신설한다.
아. 「중대재해 처벌 등에 관한 법률」 제6조제1항·제3항 및 제10조제1항에 해당하는 사건

3. 안전보건에 관한 목표와 경영방침 설정

3. 안전보건에 관한 목표와 경영방침 설정

3.1 개요

중대재해처벌법 제4조제1항제1호 중대산업재해 관련 안전보건관리체계 구축 및 이행에 관한 조치 중 첫 번째는 사업 및 각 사업장의 안전보건에 관한 목표와 경영방침을 설정하도록 하고 있다는 점이다.

> 시행령(안) : 2021년 7월 9일 입법 예고
> 제4조(중대산업재해 관련 안전보건관리체계 구축 및 이행에 관한 조치)(법 제4조제1항제1호 관련)
> 1. 사업 및 각 사업장의 안전보건에 관한 목표와 경영방침을 설정할 것
> 2. 사업 또는 각 사업장의 업무장소 및 작업 특성에 따른 유해·위험요인을 확인·점검하고 개선할 수 있는 업무처리절차를 마련하고 이행상황을 점검할 것(「산업안전보건법」 제36조에 따른 위험성평가의 실시로 갈음할 수 있다)
> 3. 각 사업장에 안전 및 보건에 관한 전문인력을 다음 각 목에 따라 배치하고, 「산업안전보건법」 제15조, 제16조 및 제62조에 따라 지정된 자가 안전 및 보건에 관한 업무를 충실하게 수행할 수 있도록 할 것
>   가. 「산업안전보건법」 제17조부터 제19조까지 및 제22조에 따라 업종 및 규모를 고려하여 정해진 수 이상으로 배치할 것
>   나. 가목에 따라 배치하는 전문인력이 다른 업무를 겸직하는 경우에는 고용노동부장관이 정하는 기준에 따라 해당 업무를 수행하기 위한 업무시간을 보장할 것
> 4. 매년 안전 및 보건에 관한 인력, 시설 및 장비 등을 갖추기에 적정한 예산을 편성하고 용도에 따라 집행하고 관리하는 체계를 마련할 것
> 5. 상시근로자수가 500명 이상인 사업 또는 사업장이거나 「건설산업기본법」 제23조에 따라 평가하여 공시된 시공능력(같은 법 시행령 별표 1 제1호 다목에 따른 토목건축공사업에 대한 평가 및 공시로 한정한다)의 순위 상위 200위 이내의 건설회사의 경우에는 안전보건에 관한 업무를 전담하는 조직을 둘 것. 다만, 제3호 가목에 따라 각 사업장에 배치해야 하는 전문인력의 합이 3명 미만인 경우는 제외한다.
> 6. 사업 또는 각 사업장의 안전·보건 확보 및 개선에 대한 종사자의 의견을 반기 1

회 이상 청취하고 재해예방을 위해 필요하다고 인정되는 경우에는 해당 의견에 대한 개선방안을 마련하여 이행하도록 조치할 것. 이 경우 의견청취 등에 대하여는 「산업안전보건법」 제24조, 제64조 및 제75조에 따른 위원회 또는 협의체를 통한 논의 및 심의·의결로 갈음할 수 있다.

7. 사업 또는 각 사업장에 중대산업재해가 발생할 급박한 위험이 있는 경우, 작업중지, 대피, 보고, 위험요인 제거 등 대응절차와 중대산업재해 발생시 구호조치, 추가피해방지 조치 및 발생보고 등 절차를 마련하고, 이를 반기 1회 이상 확인·점검할 것

8. 제3자에게 업무를 도급, 용역, 위탁하는 경우 해당 업무 종사자의 안전과 보건을 확보하기 위해 다음 각 목의 사항을 확인하기 위한 평가기준과 절차를 마련하고 그 이행상황을 확인·점검할 것
   가. 업무를 도급, 용역, 위탁받는 자의 재해예방을 위한 조치 능력 및 기술
   나. 업무를 도급, 용역, 위탁받는 자에게 보장하여야 하는 적정한 안전 및 보건 관리 비용과 수행기간

방침은 일정 기간에 목표를 달성하기 위하여 안전보건활동이 어느 방향으로 집중 되어 진행되어야 할 것인가에 대한 선언적 표현을 말한다. 또한 목표는 도달해야 할 수준을 측정 가능하게 정량적으로 표현한 것이다.

사업장의 경영방침과 안전보건 목표 설정의 경우 대표이사를 주 타깃으로 설정해야 한다.

대표이사가 안전보건 방침·목표를 분명히 수립하고, 임직원들이 공유할 수 있도록 홍보하고 전파했는지가 만에 하나 사고가 발생할 경우 대표이사 책임을 가리는 핵심 기준이 될 것으로 보인다.

전 구성원이 대표이사의 안전보건 방침과 목표를 정확히 인지하고 있는지에 중점을 두어야 한다.

3.2 고용노동부 특별감독을 통한 최고경영자의 리더십, 안전관리 목표 수준

본사의 대표이사 리더십과 안전관리 목표는 고용노동부의 특별감독 시 중점 점검사항이기도 하다. '21년에 시행된 고용노동부 특별감독결과 대표이사 리더십과 안전관리 목표에 대한 내용을 살펴보면 다음과 같다.

고용노동부 특별감독 결과

① T사에 대한 특별감독 결과

㉮ 리더십

○ (현황) 대표이사의 활동, 경영전략 등에서 안전보건에 관한 관심과 전략·활동이 부족, 이로 인해 안전보다 비용·품질을 우선시하는 기업 분위기가 형성된 것으로 판단

○ (권고) 특히, ㈜○○건설의 중장기 경영전략에는 안전보건 관련 사항이 없어 보완이 필요

 - ㈜○○건설 지속가능성장 경영전략 플랜 2023 6대 중점전략 : ①비전전략 정립 및 공유 ②자본 충실 ③신용등급 향상 ④차세대리더 양성 ⑤교육 체계화 ⑥평가 강화

㉯ 안전관리 목표

○ (현황) 전사적인 안전보건 목표가 설정되어 있지 않고 이에 대한 평가도 없음

○ (권고) 안전보건 목표는 안전팀만의 실행 목표 수준으로 수립되어 있고, 사업부서에서는 안전보건목표가 공유되어 있지 않은 상황으로 조직 전체가 공유하는 목표와 평가체계 마련이 필요

② D사에 대한 특별감독 결과

㉮ 리더십

○ (현황) 재무성과를 강조하고 대표이사의 안전보건경영에 대해 사내 규정상 책임과 역할이 부족, 이로 인해 안전보건 중요성에 대한 조직 내 인식이 미흡

 - 특히, ㈜△△건설의 안전보건 활동에 대한 성과·효과성을 검토하는 최종 권한은 대표이사가 아닌 사업본부장 등에게 위임

○ (권고) 이에 안전보건의 중요사항에 대해서는 권한 위임이 아닌 대표이사의 실질적 의견이 직접 반영되도록 책임과 역할 강화가 필요

㉯ 안전관리 목표
○ (현황) 사망사고가 매년 발생하고 있음에도 불구하고 대표이사의 안전보건방침은 `18년 이후 변화 없이 동일하게 유지
 - (`18년~) "변화와 혁신을 통한 인명존중 안전문화 선도"
 - 전사의 안전관리를 총괄하는 품질안전실의 경우 정량화된 목표가 없어 목표 달성에 관한 관심이 낮고 주기적 성과측정에 한계
○ (권고) 사망사고 근절 의지와 새로운 방향성을 담은 방침 표명, 전사적인 안전보건 목표와 세부 실행계획, 평가지표 마련 필요

③ H사에 대한 특별감독 결과
○ (현황) 대표가 방침·목표를 수립·공표하고, 이에 부합하게 각각 사업본부도 별도 수립·공표하여 운영하고 있으나,
 - 실행을 위한 구체적 추진전략이 없거나 성과측정을 위한 지표 등이 부재하고 전 구성원 참여 유도를 위한 노력이 저조
○ (권고) 전 구성원이 대표의 방침·목표를 정확히 인지할 수 있도록 지속적으로 홍보·전파하고, 성과측정 등을 통한 이행상황 평가 등 구체적 실행계획을 수립할 필요

사업주나 경영책임자는 안전보다 비용·품질을 우선시하는 기업 분위기를 변화시켜야 한다. 또한 경영활동이나 경영전략 등에서 안전보건에 관한 관심과 전략·활동을 하여야 할 것으로 보인다. 이를 위해서 회사의 중장기 경영전략에는 안전보건 관련 사항을 필히 보완할 필요가 있다.

사업주나 경영책임자는 재무성과를 강조하는 것보다는 이제 안전보건경영에 대해 사내 규정상 책임과 역할이 명확히 할 필요가 있다. 전 임직원들이 안전보건의 중요성에 대한 조직 내 인식을 가지도록 방안을 마련할 필요가 있다.

또한 안전보건 활동에 대한 성과·효과성을 검토하는 최종 권한을 사업주나 경영책임자가 직접 가지고 활동하여야 하고, 안전보건의 중요사항에 대해서는 권한 위임이 아닌 대표이사의 실질적 의견이 직접 반영되도록 책임과 역할을 강화할 필요가 있다.

일반적으로 회사의 사업주나 경영책임자는 안전방침·목표를 수립·공표하고, 이에 부합하게 각각 회사 내 부서별로 별도 수립·공표하여 운영하고 있으

나, 실행을 위한 구체적 추진전략이 없거나 성과측정을 위한 지표 등이 부재하고 전 구성원 참여 유도를 위한 노력이 저조한 것이 사실이다. 따라서 전 구성원이 회사의 방침·목표를 정확히 인지할 수 있도록 지속적으로 홍보·전파하고, 성과측정 등을 통한 이행상황 평가 등 구체적 실행계획을 수립할 필요가 있다.

대형 건설사의 경우에도 전사적인 안전보건 목표가 설정되어 있지 않고 이에 대한 평가도 없는 실정이다. 또한 안전보건 목표는 안전팀 만의 실행 목표 수준으로 수립되어 있고, 사업부서에서는 안전보건목표가 공유되어 있지 않은 상황으로 조직 전체가 공유하는 목표와 평가체계 마련이 필요할 것으로 보인다.

따라서 사망사고 근절 의지와 새로운 방향성을 담은 방침 표명, 전사적인 안전보건 목표와 세부 실행계획, 평가지표를 마련해야 할 것으로 보인다.

3.3 산업안전보건법상 이사회 보고 및 승인

건설회사 대표이사의 안전보건 경영방침을 수립하게 하여 산업재해 예방에 대한 대표이사의 책임과 의무를 좀 더 명확하게 하고자 관련 법령이 2021년 1월 1일부터 시행되고 있다.

산업안전보건법 제14조(이사회 보고 및 승인 등)에서는 매년 회사의 안전 및 보건에 관한 계획을 수립하여 이사회에 보고하고 승인을 받도록 하고 있다.

> 산업안전보건법 제14조(이사회 보고 및 승인 등)
> ① 「상법」 제170조에 따른 주식회사 중 대통령령으로 정하는 회사의 대표이사는 대통령령으로 정하는 바에 따라 매년 회사의 안전 및 보건에 관한 계획을 수립하여 이사회에 보고하고 승인을 받아야 한다.
> ② 제1항에 따른 대표이사는 제1항에 따른 안전 및 보건에 관한 계획을 성실하게 이행하여야 한다.
> ③ 제1항에 따른 안전 및 보건에 관한 계획에는 안전 및 보건에 관한 비용, 시설, 인원 등의 사항을 포함하여야 한다.

여기에서 대통령령으로 정하는 이사회 보고·승인 대상 회사는 다음과 같다.
1) 상시근로자 500명 이상을 사용하는 회사
2) 「건설산업기본법」 제23조에 따라 평가하여 공시된 시공능력(같은 법 시행령 별표 1의 종합공사를 시공하는 업종의 건설업종란 제3호에 따른 토목건축 공사업에 대한 평가 및 공시로 한정한다)의 순위 상위 1천위 이내의 건설회사

또한 산업안전보건법 제14조제1항에 따른 회사의 대표이사(「상법」 제408조의2제1항 후단에 따라 대표이사를 두지 못하는 회사의 경우에는 같은 법 제408조의5에 따른 대표집행임원을 말한다)는 회사의 정관에서 정하는 바에 따라 다음 각 호의 내용을 포함한 회사의 안전 및 보건에 관한 계획을 수립해야 한다.

1) 안전 및 보건에 관한 경영방침
2) 안전·보건관리 조직의 구성·인원 및 역할
3) 안전·보건 관련 예산 및 시설 현황
4) 안전 및 보건에 관한 전년도 활동실적 및 다음 연도 활동계획

산업안전보건법 제14조제1항을 위반하여 안전 및 보건에 관한 계획을 이사회에 보고하지 아니하거나 승인을 받지 아니한 자에 대하여는 법 제 175조 제4항제2호에 따라서 1,000만 원 이하의 과태료 부과하게 된다.

3.4 안전보건에 관한 계획[1]

3.4.1 개요

대표이사는 안전보건에 관한 계획을 수립하여 이사회 승인을 받아야 한다. 산업재해예방을 위해서는 개별 사업장에서의 안전보건관리와 더불어 기업 전반적인 안전·보건 중심 경영시스템 마련에 대한 대표이사의 인식과 역할이 중요하다. 대표이사의 인식 및 안전보건정책에 따라 안전보건 예산, 시설, 인원 등이 영향을 받을 뿐만 아니라 안전보건조치의 실효성을 높일 수 있기 때문이다. 산업안전보건법 제14조는 대표이사가 회사 전반의 안전 및 보건에 관한 계획을 주도적으로 수립하고 성실하게 이행하도록 함으로써 안전보건경영시스템 구축을 유도하기 위한 것이다.

3.4.2 법령 규정

산업안전보건법 제14조에서는 이사회 보고 및 승인 등에 대하여 규정하고 있다.

1) 「상법」 제170조에 따른 주식회사 중 대통령령으로 정하는 회사의 대표이사는 대통령령으로 정하는 바에 따라 매년 회사의 안전 및 보건에 관한 계획을 수립하여 이사회에 보고하고 승인을 받아야 한다.
2) 제1항에 따른 대표이사는 제1항에 따른 안전 및 보건에 관한 계획을 성실하게 이행하여야 한다.
3) 제1항에 따른 안전 및 보건에 관한 계획에는 안전 및 보건에 관한 비용, 시설, 인원 등의 사항을 포함하여야 한다.

---

[1] 고용노동부·안전보건공단, 대표이사의 안전보건계획 수립 가이드, 2020

> **산업안전보건법 시행령 제13조(이사회 보고·승인 대상 회사 등)**
> ① 법 제14조제1항에서 "대통령령으로 정하는 회사"란 다음 각 호의 어느 하나에 해당하는 회사를 말한다.
>   1. 상시근로자 500명 이상을 사용하는 회사
>   2. 「건설산업기본법」 제23조에 따라 평가하여 공시된 시공능력(같은 법 시행령 별표 1의 종합공사를 시공하는 업종의 건설업종란 제3호에 따른 토목건축공사업에 대한 평가 및 공시로 한정한다)의 순위 상위 1천위 이내의 건설회사
> ② 법 제14조제1항에 따른 회사의 대표이사(「상법」 제408조의2제1항 후단에 따라 대표이사를 두지 못하는 회사의 경우에는 같은 법 제408조의5에 따른 대표집행임원을 말한다)는 회사의 정관에서 정하는 바에 따라 다음 각 호의 내용을 포함한 회사의 안전 및 보건에 관한 계획을 수립해야 한다.
>   1. 안전 및 보건에 관한 경영방침
>   2. 안전·보건관리 조직의 구성·인원 및 역할
>   3. 안전·보건 관련 예산 및 시설 현황
>   4. 안전 및 보건에 관한 전년도 활동실적 및 다음 연도 활동계획
>
> ※ 시행일 : 2021년 1월 1일부터

3.4.3 의무대상

상법 제170조에 따른 주식회사 중 상시근로자 500명 이상을 사용하는 회사(건설회사 외)와 시공능력 순위 1,000위 이내 건설회사가 대상이다.

3.4.4 대표이사 의무내용

대표이사는 정관에서 정한 절차에 따라 매년 안전 및 보건에 관한 계획을 수립하여 이사회에 보고하고 승인 받을 의무가 있다.
여기서 안전보건계획이란 「사업장에서 안전보건관리를 계획적으로 수행하기 위하여 일정기간을 정하여 작성하는 계획서」를 말한다. 회사 전체의 안전과 보건에 관한 최종적인 의무와 책임은 대표이사가 부담지게 된다.

대표이사가 회사의 안전 및 보건에 관한 계획을 이사회에 보고하지 않거나, 승인을 받지 않은 경우에는 법 제175조제4항제2호에 따라 1,000만원 이하의 과태료가 부과된다.

또한, 대표이사는 수립된 안전보건계획을 성실하게 이행하고, 그 이행을 평가하여 그 평가결과를 차년도 안전보건계획에 반영하여야 한다.

3.4.5 안전 및 보건에 관한 계획에 포함되어야 할 내용

대표이사는 회사의 안전 및 보건에 관한 계획을 수립할 때 사업장별 산업재해위험요인에 대한 자체 평가와 개선방안을 고려하여 다음의 내용을 계획에 포함하여야 한다.
 1) 안전·보건에 관한 경영방침
   ① 전년도 안전보건경영 활동 실적 및 평가
   ② 안전보건경영 방침 및 안전보건경영 활동 계획
 2) 안전·보건관리 조직의 구성·인원 및 역할
 3) 안전·보건관련 예산 및 시설현황
 4) 안전·보건에 관한 전년도 활동실적 및 다음 연도 활동계획 수립

안전보건계획에는 산업재해 및 안전사고 감축목표를 포함하여 안전보건계획을 수립하고 이사회의 승인을 거쳐 확정하여야 한다.

안전보건계획의 이행 상황을 주기적으로 점검하여야 하며, 매년 1월말까지 전년도 안전보건계획의 이행 실적을 점검 받아야 한다.

매년 일정기간까지 당해 연도 안전보건계획의 주요내용 및 전년도 안전보건계획에 대한 점검내용, 전년도 재해현황 등을 포함하여 안전보건경영 책임보고서를 작성하고 안전과 관련한 항목과 함께 공시하여야 한다.

또한 사업주 및 경영책임자는 법령과 안전보건계획에 따른 안전관리 책무와 그 밖에 근로자의 안전과 보건을 위해 필요한 조치를 하여야 하며, 소속 직원이 이를 준수하도록 지시·감독하여야 한다.

3.4.6 안전보건계획 수립·이행 절차

안전보건계획은 계획의 수립, 이행, 평가 및 개선이라는 일련의 과정을 통해 매년 기업의 안전보건 환경변화에 대응하여 지속적으로 개선·보완되어야 한다.
　대표이사는 전년도 안전보건계획의 이행실적에 대한 평가를 바탕으로 미흡했던 부분을 보완하고 구체적인 추진일정과 소요예산을 반영하여 안전보건계획을 매년 수립하여야 한다.
　안전·보건계획을 수립하고 검토하는 과정에서 대표이사는 사업장 안전·보건관리자로부터 산업재해가 발생한 사고내용·빈도, 위험성이 높은 작업의 원인과 개선방안 등에 관한 의견을 청취하고 산업재해 위험요인에 대한 자체평가와 개선방안이 반영될 수 있도록 하여야 한다.
　안전보건계획 수립·이행 절차는 다음과 같다.

NO	내용	세부 내용
1	매년 안전보건계획 수립·검토	- 세부 실행계획 및 소요예산 등 반영 - 필요시 정관에 절차 및 안전보건계획 수립시기 등 규정
2	안전보건계획 이사회 보고 및 승인	- 이사회는 안전보건 경영방침 등 안전보건계획에 포함되어야 할 사항 및 소요예산의 적절성 확인
3	안전보건계획 성실이행	- 안전보건계획에 따른 경영방침이 각 사업장의 안전보건관리의 세부 실행기준이 되도록 하는 등 대표이사의 주도로 안전보건경영 실행
4	안전보건계획 이행실적 평가	- 안전보건계획에 따른 안전보건경영의 이행성과 및 사업장 안전보건관리 변화 분석·평가
5	차년도 안전보건계획 수립에 반영	- 안전 및 보건여건 변화분석 및 안전보건계획 이행평가 결과를 차년도 계획수립 시 반영하여야 함

3.4.7 안전보건계획 5요소(SMART)

안전보건계획은 회사의 사고나 재해를 막는 활동을 실천하기 위한 기본이 되는 것으로, SMART기법을 활용하여 회사의 안전보건을 실질적으로 개선할 수 있도록 계획을 작성하여야 한다.

안전보건계획 수립 시 필수적으로 고려하여야 할 5요소(SMART)는 다음과 같다.

1) 구체성이 있는 목표를 설정할 것(Specified)
2) 성과측정이 가능할 것(Measurable)
3) 목표달성이 가능할 것(Attainable)
4) 현실적으로 적용 가능할 것(Realistic)
5) 시기 적절한 실행계획일 것(Timely)

3.4.8 안전보건계획 수립 시 안전보건에 관한 경영방침 내용 및 유의사항

대표이사는 안전·보건에 대한 확고한 인식과 리더쉽을 발휘하여 안전 및 보건에 관한 경영방침을 수립하여 공표하여야 한다.

최고 경영자는 회사에 적합한 안전 및 보건에 관한 경영방침을 정하여야 하며, 이 방침에는 최고 경영자의 안전보건 정책과 목표, 안전보건 성과개선에 대한 의지가 분명히 제시되고 회사 모든 구성원에게 공표되어야 한다. 안전·보건 경영방침 세부전략으로 고려할 사항은 다음과 같다.

1) 회사 안전보건 위험의 특성과 조직의 규모에 적합하여야 한다.
2) 회사 모든 근로자(협력업체 포함)의 안전보건을 확보하기 위한 지속적인 개선 및 실행 의지를 포함하여야 한다.
3) 법적 요구사항 및 그 밖의 요구사항의 준수의지를 포함하여야 한다.

4) 최고 경영자의 안전보건 경영철학과 근로자의 참여 및 협의에 대한 의지를 포함하여야 한다.
5) 최고 경영자는 안전보건방침이 조직에 적합한지를 정기적으로 검토하여야 한다.
6) 최고 경영자는 안전보건방침을 간결하게 문서화하고, 서명과 시행일을 명기하여 조직의 모든 구성원 및 이해관계자가 쉽게 접할 수 있도록 공표하여야 한다.

3.4.9 안전·보건관리 조직의 구성·인원 및 역할 내용 및 유의사항

안전보건경영을 효율적으로 추진하려면 반드시 체계적인 조직이 갖추어져야 한다. 회사의 안전보건에 대한 책임을 완수하기 위해서는 산재예방대책에 대한 검토, 기획이나 그 실행을 분담하는 안전·보건관리 조직을 구성하고 적절한 역할을 부여하여야 한다. 안전·보건관리 조직구성 시 고려해야 할 사항은 다음과 같다.

1) 회사의 특성과 규모에 부합하여야 한다.
2) 조직을 구성하는 관리자의 책임과 권한이 분명해야 한다.
3) 생산라인과 직결된 조직이어야 한다.
4) 조직의 기능이 충분히 발휘될 수 있는 제도적 체계를 갖추어야 한다.

안전보건경영체제 내에서 통상의 관리책임과 권한은, 상급자는 차 하급자에게 자신의 직무권한을 위임할 수 있으나, 그 직무에 대한 책임은 위임할 수 없다. 안전·보건관리조직 인원구성 시 고려해야 할 사항은 다음과 같다.

1) 회사에서 사용되는 기술 및 전문지식이 있어야 한다.
2) 안전보건관리자는 능력 및 경험을 갖추어야 한다.
3) 위험을 사전에 예방할 수 있는 전문적인 안전보건능력을 갖추어야 한다.

4) 안전보건상의 책임(공동장비, 작업장소 및 인원관리)지정과 업무분장을 해야 한다.
5) 문제점을 지적·보완할 수 있는 관리자를 조직원으로 구성해야 한다.

안전·보건방침 및 효율적 안전·보건관리 역할수행 시 고려해야 할 사항은 다음과 같다.

1) 안전보건조직에서 수행하는 산재예방활동에 적극 협력될 수 있도록 책임과 권한을 부여해야 한다.
2) 안전보건관리부서는 적절한 관리통제능력을 유지하도록 하고, 이를 정기적으로 점검해야 한다.
3) 안전보건조직은 다른 부서 및 현장 생산조직과 기능·역할을 명확히 분담하고 현장근로자의 고충사항·개선의견을 들어야 한다.
4) 동일한 작업장소에서 작업하는 책임자간의 협조체제를 구축해야 한다.
5) 조직 내의 위험요소들을 이해하고 이들을 통제하기 위하여 기술적 문제뿐만 아니라 인적 요소를 고려한 안전보건관리를 하여야 한다.
6) 사고발생 시에는 그에 대한 근본적인 원인을 찾아 분석하고, 유사한 사고를 사전에 예방할 수 있는 조치를 취해야 한다.
7) 관리감독자는 적극적으로 안전보건상의 문제를 찾아 사고 발생 전 위험요소를 제거하는 활동을 적극적으로 추진해야 한다.

3.4.10 안전보건관련 예산 및 시설 내용 및 유의사항

회사의 아무리 훌륭한 안전보건방침이나 계획을 수립하였다 하더라도 예산이 따르지 않으면 실행하기 어렵다. 안전보건 투자는 단기간 회계적 이윤보다는 미래지향적인 성격을 갖고 투자하여 노동력을 보호하고 안전한 제품생산과 사회의 신뢰를 얻어 회사가 지속적이고 안정적으로 성장하여야 한다.

회사의 안전보건 예산 반영 시 고려해야 할 사항은 다음과 같고, 필요한 비용 등이 예산에 충분히 반영되었는지 평가할 필요가 있다.

1) 설비 및 시설물에 대한 안전점검 비용
2) 근로자 안전보건교육 훈련 비용
3) 안전관련 물품 및 보호구 등 구입 비용
4) 작업환경측정 및 특수건강검진 비용
5) 안전진단 및 컨설팅 비용
6) 위험설비 자동화 등 안전시설 개선 비용
7) 작업환경개선 및 근골격계질환 예방 비용
8) 안전보건 우수사례 포상 비용
9) 안전보건지원을 촉진하기 위한 캠페인 등 지원

회사의 안전보건 시설 설치 시 고려해야 할 사항은 다음과 같다.

1) 안전보건시설을 충분히 갖추어야 한다.
2) 위험기계·기구의 방호시설 및 방호장치를 설치해야 한다.
3) 유해화학물질취급의 안전시설은 화학물질의 유출·누출 감시장치 및 설비를 설치해야 한다.
4) 추락방지시설, 국소배기장치, 소음방지시설, 가스검지기 등을 설치해야 한다.
5) 근로자의 건강을 유지·증진하기 위한 시설을 설치해야 한다.

3.4.11 안전보건에 관한 전년도 활동실적 및 다음 연도 활동계획 내용 및 유의사항

전년도 안전보건활동 실적 보고서를 받아 그 성적을 평가하고 안전보건활동이 계획대로 실시되었는지 확인·개선하여 다음 연도 안전보건활동 계획을 수립한다.

대표이사는 본사 및 사업부서별 안전보건 목표를 수립하고, 안전보건 목표는 본사 조직별, 현장별 목표와 전체 목표가 연계될 수 있도록 설정하고 주기적으로 개선 및 이행여부를 확인하여야 한다.

전년도에 수립하였던 안전보건계획에 대한 목표 등 이행실적 및 달성정도의 평가결과를 포함하여 작성하되 다음과 같은 사항을 고려하여야 한다.

1) 산업재해 감소 및 안전보건교육 실적
2) 유해·위험요인의 제거 및 감소 실적
3) 근로자 건강진단, 작업환경측정의 실시 및 조치내용
4) 근로자 의견에 대한 검토 및 반영사항
5) 협력업체 사업장에 대한 안전보건관리에 관한 사항
6) 회사의 안전보건 활동에 대한 우수사례 및 미흡한 점
7) 사업장에서 발생한 산업재해 및 개선 활동

다음 연도 활동계획은 안전보건 목표 달성하기 위한 본사 및 사업부서별 안전보건활동 추진계획 수립 시 전년도 활동실적 평가결과를 분석하여 안전보건 환경변화에 따른 세부계획을 마련하여야 하며, 다음과 같은 사항을 고려하여야 한다.

1) 목표와 안전보건활동 추진계획과 연계성
2) 추진계획이 구체적일 것(방법, 일정, 소요자원 등)
3) 추진내용을 측정할 지표를 포함
4) 안전보건활동 추진계획 책임자를 지정
5) 충분한 재정 및 기타 자원을 지원
6) 유해위험도를 정량적으로 파악하고 개선하기 위한 우선순위(위험성평가)를 결정
7) 발생한 산업재해와 유사한 재해에 대한 재발 방지 대책

3.4.12 안전보건방침 사례[2]

○○공단의 안전보건방침, 목표 사례를 제시하면 다음과 같다.

1) 안전보건 방침. 목표
   가. 공사감독처의 안전보건 방침. 목표는 다음과 같다.
   ○ 안전보건 방침

> "시민의 안전하고 편리한 생활을 위하여 안전보건경영 시스템 도입을 통한 도심지 공사감독의 선도적 안전관리 체계를 구축한다."

   나. 위와 같은 안전보건방침을 달성하기 위하여 우리는 다음과 같은 목표를 설정하고 달성하기 위해 전 구성원은 다음 사항을 집중 실행하여야 한다.
   ○ 안전보건 목표

> 위험성 평가 활동 100% 실시 (전현장)

   다. 우리 공사감독처 전 임직원은 KOSHA18001(안전보건경영시스템)의 현장 적용을 위해 상기의 안전보건방침과 목표를 근간으로 재해를 예방하고 전 구성원이 그 현장의 특성을 고려한 상황에 따른 위험요소관리에 적극 동참하여 안전경영목표 달성을 극대화하며 인간위주의 경영을 통해 공공기관 사회적 책임완수와 우리 구성원 모두의 행복을 추구하며 최고의 공기업으로 성장하는데 최선을 다하여야 한다.

2014년 11월
○○공단 시설안전본부장 허 ○ ○

---

[2] 서울시설공단 안전보건경영매뉴얼, 2014.11.12

2) 적용범위

　가. 이 방침과 목표는 본사, 현장 등 공사감독처 안전보건경영 시스템 운영 전반에 대하여 적용한다.

3) 목적

　가. 공공기관의 사회적 역할과 책임을 다하기 위하여 안전보건경영 비전을 수립하고 이를 달성하기 위하여 안전보건방침과 목표를 설정하여 운영하는데 그 목적이 있다.

4) 책임과 권한

　가. 시설안전본부장
　○ 중장기 및 차기년도 경영방침 책정
　○ 방침 및 목표에 대한 강력한 의지의 표현
　○ 정기적인 경영검토를 통해 안전보건방침 및 목표의 개정 필요성을 확인하고 필요시 이를 개정하여야 한다.

　나. 공사감독처장(1·2·3·처)
　○ 방침 및 목표 수립시 각 부서 직원의 의견을 종합하여 본부장에게 보고한다.
　○ 방침 및 목표 수립을 위한 회의에 참석하여 본부장과 협의한다.

　다. 공사감독기획팀장 및 소속팀원
　○ 방침 및 목표관리의 주관부서는 공사감독기획팀으로 하며 팀장이 총괄하고 팀원은 다음의 업무를 수행한다.
　- 방침 및 목표 설정을 위한 정보수집(직전 년도 위험성평가 자료, 경영자 검토 등)
　- 차기년도 안전보건 방침 입안
　- 매년 경영자 검토보고를 통한 전년도 실적 및 집계 분석 및 보고
　- 기타 방침관리에 관한 사항

　라. 공사감독처 각 팀장

○ 안전보건 방침 및 목표수립 시 차기 년도 주요 공사내용을 파악하고 특별한 위험이 예상될 경우 그 사항을 공사감독기획팀으로 통보하여 안전보건목표에 반영토록 한다.

마. 공사감독

○ 안전보건방침 및 목표를 담당 현장에 전파하고 안전보건방침 및 목표가 원활히 달성되도록 노력한다.

5) 안전보건방침, 목표의 수립 및 배포

가. 안전보건 방침, 목표의 수립

○ 공사감독기획팀은 당해년도 안전보건활동 및 재해분석 결과를 바탕으로 차기 년도 안전보건 방침 및 목표를 수립한다. 또한, 수립의 시기는 매년 1월말까지로 한다.

나. 안전보건 방침, 목표의 공표

○ 방침, 목표의 배포는 2월 첫 팀처장 회의 시 공표하며 1일 이내 사내 전자결재 또는 개인별 e-mail를 통해 전 직원에게 배포함을 원칙으로 한다.

6) 안전보건방침 및 목표의 이행

가. 공사감독기획팀은 수립된 방침 목표에 따라 세부 추진계획을 수립한다.

나. 각 부서 팀장은 세부 추진계획에 따라 업무를 추진한다.

7) 안전보건방침, 목표의 적정성 진단

가. 공사감독기획팀 매년 반기별(4월, 10월) 방침, 목표에 대한 성과측정을 실시한다. 7.2 공사감독기획팀은 년 1회(11월) 안전보건공단에서 실시하는 사후심사를 통해 내부심사를 대체하고 이를 통해 방침, 목표의 적정성에 대하여 분석한다.

나. 성과측정(모니터링) 및 내부심사 결과를 시설안전본부장에게 익월 팀처장 회의 시 보고한다.

8) 기록 및 양식

　가. 안전보건 목표 및 세부 추진계획서 [첨부 1]

REV. NO		안전보건목표 및 세부 추진계획서													본부장	
제정일자															처장	
개정일자															팀장	
세부목표	추진 방법	추진 일정 2021년												달성 목표 (%)	성과측정 방법	추진 담당	비고
		1	2	3	4	5	6	7	8	9	10	11	12				
반기별 현장 위험성평가 수준 평가	- 공사처별 2개 현장 임의 선정하여 시스템 및 위험성평가 실시수준을 평가(내부심사용 체크리스트를 이용하여 평가)				→					→				100%	평가 일정 및 현장수에 따른 수준평가 이행 여부를 성과측정표에 기록	공사 감독 기획팀	년 2회
공사감독처별 일일 위험성 평가 실시 여부 확인	- 각 처별 팀장은 감독일지 보고시 위험성평가 실시자료를 첨부하는지 확인 - 공사 기획팀은 매월 1회이상 각 처 별 팀장이 이를 이행하는지 확인	→	→	→	→	→	→	→	→	→	→	→	→	누락율 10% 미만	누락횟수 발생 횟수를 조사하여 성과측정표에 기록	공사 감독 기획팀 / 공사 처별 팀장	매월 말

※ 폐기물, 철거, 지원, 용역 제외

　나. 안전보건 목표대비 성과측정표 [첨부 2]

REV. NO		안전보건목표 대비 성과측정 결과				본부장	
제정일자						처장	
개정일자						팀장	
세부 목표	추진 방법	달성 목표 (%)	달성률 (9%)	미달성원인	대책
반기별 현장 위험성평가 수준 평가	- 공사 처별 2개 현장 임의 선정하여 시스템 및 위험성평가 실시수준을 평가(내부심사용 체크리스트를 이용하여 평가)	100%			
공사감독처별 일일 위험성 평가 실시 여부 확인	- 각 처별 팀장은 감독일지 보고시 위험성 평가 실시자료를 첨부하는지 확인 - 공사 기획팀은 매월 1회이상 각 처 별 팀장이 이를 이행하는지 확인	누락율 10% 미만			

※ 폐기물, 철거, 지원, 용역 제외

3.5 최고경영자의 안전보건경영방침 수립 및 활동 수준 기준

중대산업재해 관련 안전보건관리체계 구축 및 이행에 관한 조치 중 사업 및 각 사업장의 안전보건에 관한 목표와 경영방침을 설정은 최고 경영자가 안전보건경영에 어느 정도 관심을 가지고 있는지를 보여주고 있다.

원·하청에 대한 최고경영자의 안전보건활동 추진의지 및 실제 주요 활동에 동참하여 활동하는 수준을 나타낸다.

3.5.1 최고경영자의 안전보건경영 및 리더십 수준

A.1	▶ 최고경영자의 안전보건경영 및 리더십 수준
주요착안사항	▶ 원·하청에 대한 최고경영자의 안전보건활동 추진의지 및 실제 주요 활동에 동참하여 활동하는 수준 ▶ 산업재해 및 안전사고 감축 목표 설정의 적정성

○ 최고경영자의 안전보건의식과 실천의지 적정성
 - 경영자 안전보건경영 의지, 관심도, 현장활동 참여, 향후 안전보건 수준 향상 계획 등의 적정성
 - 대표이사 사망사고 근절 의지와 새로운 방향성을 담은 안전보건방침
○ 경영자가 서명한 안전보건경영방침과 목표의 공표 및 공유 여부
 - 안전보건경영 방침 및 목표가 문서화 되어 있으며, 모든 구성원에게 공유를 실시하였는지 여부
 - 안전보건방침 및 메뉴얼 등 관련서류에서 안전경영에 대한 권한, 책임, 역할, 상호관계의 정의
 - 안전보건방침이 회사 안전보건 위험의 특성과 현재의 조직에 적합한지 여부를 정기적으로 검토
○ 경영자의 안전보건활동 직접 참여 여부
 - 안전보건경영회의(자체), 현장 안전보건점검, 정기 업무보고 실시 등 경영자의 적극적 참여 여부
 - 법령 등에 따른 안전관리 책무와 그 밖에 근로자의 안전과 보건을 위해 필요한 조치 실시 여부
 - 소속 직원이 이를 준수하도록 지시·감독하였는지 여부
○ 최고경영자로서 안전경영책임계획 수립과 안전경영책임보고서 작성 및 공시
 - 안전경영책임계획에 산업재해 및 안전사고 감축목표를 포함 여부
 - 안전경영책임계획을 수립하고 이사회의 승인을 거쳤는지 여부
 - 안전경영책임계획의 이행 상황을 주기적으로 점검하여야 하였는지 여부
○ 안전공시 여부
 - 안전과 관련한 항목을 공시하였는지 여부

○ 안전목표관리제 시행 여부
 - 사업장 산재 및 안전사고 감축목표의 적정 설정
○ 안전보건경영시스템 구축 및 인증획득 노력 수준
○ 안전 및 보건에 관한 계획 이사회 보고 및 승인

3.5.2 안전보건계획 수립 및 활동 수준

A.2	▶ 안전보건계획 수립
주요착안사항	▶ 안전보건계획에 포함된 활동계획과 조직·예산 등의 충실성 및 수립 기한 준수 여부

○ 안전보건계획 항목 구성의 적합 여부
 - 안전관리에 관한 법령 및 지침에 따른 안전보건계획 항목 구성의 적합 여부
 - 전사적인 안전보건 목표와 이행상황 평가 등 구체적 세부 실행계획
○ 안전보건계획 수립·이행 절차 및 기한 준수 여부
 - 안전보건계획 수립·이행 절차 및 제출기한의 준수, 이행상황 점검 실시 여부
 - 최고경영자로서 안전경영책임계획 수립과 안전경영책임보고서 작성 및 공시 확인
○ 안전보건계획 작성의 적정성
 - 안전보건계획 작성 항목별 관련 사항에 대한 사전분석 실시 및 활용 여부
 - 전년도 안전보건경영 활동 실적 및 평가 포함 여부
 - 안전보건경영 방침 및 안전보건경영 활동 계획 포함 여부
 - 안전·보건관리 조직의 구성·인원 및 역할 포함 여부
 - 안전·보건 관련 예산 및 시설 현황 포함 여부
 - 안전 및 보건에 관한 전년도 활동실적 및 다음 연도 활동계획 포함 여부

3.5.3 성과측정 및 시정조치

A.3	▶ 성과측정 및 시정조치
주요착안사항	▶ 안전보건활동에 대한 모니터링·검토, 성과측정 및 환류 등의 활동 수준

○ 안전보건활동 모니터링 및 성과측정의 적정성
 - 안전보건활동에 대한 모니터링 및 성과측정 계획 수립, 이행 및 그 결과에 따른 문제점에 대한 추가 개선조치 실시, 경영자 검토 적정성
 - 정량화된 평가지표와 주기적 성과측정 및 조직 전체가 공유하는 목표와 평가체계 마련
 - 건설안전목표의 달성도에 대한 평가 및 환류 수준
 - 자체 건설안전 현장점검 결과의 피드백 및 공유 수준
 - 회사 성과지표에 안전지표 반영 수준
○ 조직 전체가 공유하는 목표와 평가체계 마련
○ 안전 및 보건여건 변화분석 및 안전보건계획 이행평가 결과를 차년도 계획수립시 반영
○ 성과측정 결과에 대한 부적합 사항 도출
○ 시정조치 및 개선이행의 적정성
 - 안전보건활동 관련 외부 지적사항에 대한 개선대책 수립 및 시정조치, 현황관리 적정성

3.5.4 안전문화 확산

A.4	▶ 안전문화 확산
주요착안사항	▶ 공공기관의 사회적 가치 실현을 위한 안전문화 확산 노력도의 적정성

○ 안전문화 확산을 위한 계획의 적정성
 - 사회적 가치실현을 위한 안전문화 확산 계획의 적정성
○ 4·4·4 안전점검의 날 운영의 적정성
 - 안전문화 정착을 위해 건설회사에 부합한 『4·4·4 안전점검의 날』 운영의 적정성
○ 안전문화 확산 활동 참여·전개·지원의 적정성
 - 홈페이지, 방송, 캠페인, 경진대회 등을 통한 안전문화 확산 노력도 및 안전 신기술·신제품 개발·지원·사용(구매)등을 통한 안전문화 지원 노력

3.5.5 안전관리 미흡사항에 대한 개선 노력 및 실적

A.5	▶ 안전관리 미흡사항에 대한 개선 노력 및 실적
주요착안사항	▶ 안전관리 미흡사항에 대한 개선 노력 및 실적

○ 안전환경 조성을 위한 추진 실적 분석의 충실성
 - 당해연도 안전관리 시행실적 분석을 통한 미비점 도출 및 차년도 안전관리 기본계획 반영도
 - 공표를 통한 구성원의 공유 여부
○ 안전환경 미비사항에 대한 개선 노력 및 실적
 - 안전점검 및 안전진단 결과 공표에 따른 미비점 공유 및 개선 실적도
○ 사고발생 관리
 - 사고발생에 따른 조치사항 기록·관리 및 사고자에 대한 피해보상, 재발방지를 위한 기관의 노력도

3.5.6 사망사고 감소 성과

A.6	▶ 사망사고 감소 성과
주요착안사항	▶ 산업재해 및 안전사고 감축 목표 달성을 위한 노력도, 산업재해 발생수준, 사고재해자 수 감소성과

○ 산업재해 및 안전사고 감축목표 설정의 적정성
 - 안전관리대상 원·하청 명단 파악 및 회사 특성분석을 기반으로 한 감소목표 설정의 합리성 및 적정성
○ 아차사고(Near-miss) 발굴 및 개선 노력의 적정성
 - 아차사고 등 안전사고 발굴을 위한 참여 분위기 조성 및 현황관리, 원인분석을 통한 예방대책 마련 및 개선이행, 원·하청 근로자에 관련 사례 공유
○ 산업재해 발생수준 및 사고재해자 수 감소 성과
 - 산업재해 발생수준 및 사고재해자수 감소성과를 정량적으로 평가

❖ 목표달성도 = 산식 ❶점수 + 산식 ❷점수
※ 산식❶ 및 산식❷ 각 산식의 최대값은 0.5로 제한함
※ 산식❶의 분자와 분모가 "0"인 경우 또는 분모가 "0"인 경우 계산값은 1로 적용

< 산식❶ >

$$\frac{\text{'19년평균사고재해율}}{\text{'19년사고재해율}} \times 0.5$$

< 산식❷ >

$$\frac{\text{'18년사고사망자수} - \text{'19년사고사망자수}}{\text{'18년사고사망자수}} \times 0.5$$

※ 계산값이 (-)인 경우 0을 적용함
※ 산식 적용기준 : 산업재해보상보험법에 따른 산업재해 요양승인일 기준(본사및 직영사업소)

3.6 산업안전보건법상 안전관리 규정 작성

3.6.1 안전보건관리규정의 작성(제25조)

1) 사업주는 사업장의 안전 및 보건을 유지하기 위하여 다음 각 호의 사항이 포함된 안전보건관리규정을 작성하여야 한다.
   ① 안전 및 보건에 관한 관리조직과 그 직무에 관한 사항
   ② 안전보건교육에 관한 사항
   ③ 작업장의 안전 및 보건 관리에 관한 사항
   ④ 사고 조사 및 대책 수립에 관한 사항
   ⑤ 그 밖에 안전 및 보건에 관한 사항
2) 제1항에 따른 안전보건관리규정(이하 "안전보건관리규정"이라 한다)은 단체협약 또는 취업규칙에 반할 수 없다. 이 경우 안전보건관리규정 중 단체협약 또는 취업규칙에 반하는 부분에 관하여는 그 단체협약 또는 취업규칙으로 정한 기준에 따른다.
3) 안전보건관리규정을 작성하여야 할 사업의 종류, 사업장의 상시근로자 수 및 안전보건관리규정에 포함되어야 할 세부적인 내용, 그 밖에 필요한 사항은 고용노동부령으로 정한다.

3.6.2 안전보건관리규정의 작성·변경 절차(제26조)

사업주는 안전보건관리규정을 작성하거나 변경할 때에는 산업안전보건위원회의 심의·의결을 거쳐야 한다. 다만, 산업안전보건위원회가 설치되어 있지 아니한 사업장의 경우에는 근로자대표의 동의를 받아야 한다.

3.6.3 안전보건관리규정의 준수(제27조)

사업주와 근로자는 안전보건관리규정을 지켜야 한다.

3.6.4 다른 법률의 준용(제28조)

안전보건관리규정에 관하여 이 법에서 규정한 것을 제외하고는 그 성질에 반하지 아니하는 범위에서 「근로기준법」 중 취업규칙에 관한 규정을 준용한다.

3.6.5 안전관리 규정 작성 기준

안전관리규정의 작성 및 내용구성의 충실성, 유지관리 수준정도는 다음과 같다.

B.1	▶ 안전관리 규정 작성
주요착안사항	▶ 안전관리규정의 작성 및 내용구성의 충실성, 유지관리 수준 적정성
○ 안전관리규정의 작성 및 세부 구성내용의 적정성 - 공공기관 안전관리 지침 제13조 및 산안법 제20조 1항의 안전보건규정 및 산안법 시행규칙 별표 6의 3의 내용을 포함하여 작성하는 등 적정성 ○ 안전관리규정 내 관련 법, 단체협약 등 반영 및 공유 여부 - 안전관리규정 작성 시 산안법·소방·전기·교통분야 등 관련법과 단체협약 및 취업규칙, 근로자 단체 요구사항 등 반영 및 공유 여부 ○ 안전관리규정 제정·변경 절차 및 최신화 관리 수준 - 산업안전보건위원회 심의·의결 또는 노동자대표 동의 절차 준수, 현행 법 내용을 반영하여 최신화하고, 개정절차에 의한 개정이력 관리 수준	

4. 유해·위험요인 확인·점검 및 업무처리절차와 이행상황 점검

4. 유해·위험요인 확인·점검 및 업무처리절차와 이행상황 점검

4.1 개요

시행령 제4조에서는 사업 또는 각 사업장의 업무장소 및 작업 특성에 따른 유해·위험요인을 확인·점검하고 개선할 수 있는 업무처리절차를 마련하고 이행상황을 점검하도록 하고 있다. 「산업안전보건법」 제36조에 따른 위험성평가의 실시로 갈음할 수 있도록 하고 있다.

위험성평가 활동 및 수급업체의 위험성평가 결과에 대한 이행점검의 적정성을 확보하도록 하여야 한다.

세부적으로 추진해야 할 사항은 다음 표와 같다.

구분	내용
추진방향	· 위험성평가 활동 및 수급업체의 위험성평가 결과에 대한 이행점검의 적정성 확보
세부내용	· 위험성평가 및 수급업체의 위험성평가 이행점검 관련 지침의 적정성 - 위험성평가 실시 규정(지침 등), 수급업체의 위험성 평가 이행점검 근거(계약, 지침 등) 사전 확보 등의 적정성 · 도급체, 수급업체의 위험성평가 이행상태 및 점검의 적정 - 도급체의 위험성평가 실행수준, 수급업체의 위험성평가 이행상태 점검 및 보완요구의 적정성 ※ 위험성평가 이행점검 매뉴얼 등 · 감소대책 이행 및 위험성평가 결과 공유의 적정성 - 위험성 감소대책 수립 및 조치, 위험성평가 결과 공유(교육, 주지, 게시 등) 등의 적정성

4.2 위험성평가 목적과 관계법령

위험성평가는 사업주의 의무이다. 위험성평가란 사업장의 유해·위험요인을 파악하고 해당 유해·위험요인에 의한 부상 또는 질병의 발생 가능성(빈도)와 중대성(강도)을 추정·결정하고 감소 대책을 수립하여 실행하는 일련의 과정을 말한다.

위험성평가는 사업주가 주체가 되어 안전보건관리책임자, 관리감독자, 안전관리자·보건 관리자 또는 안전보건관리담당자, 대상 작업의 근로자가 참여하여 각자의 역할을 분담하여 실시하도록 하고 있다.

위험성평가는 산업안전보건법 제36조(위험성평가)에 규정되어 있고 고용노동부 고시 제2020-53호 「사업장 위험성평가에 관한 지침」에서 세부사항을 규정하고 있다.

산업안전보건법 제36조(위험성평가의 실시)

제36조(위험성평가)
① 사업주는 건설물, 기계·기구·설비, 원재료, 가스, 증기, 분진, 근로자의 작업행동 또는 그 밖의 업무로 인한 유해·위험 요인을 찾아내어 부상 및 질병으로 이어질 수 있는 위험성의 크기가 허용 가능한 범위인지를 평가하여야 하고, 그 결과에 따라 이 법과 이 법에 따른 명령에 따른 조치를 하여야 하며, 근로자에 대한 위험 또는 건강장해를 방지하기 위하여 필요한 경우에는 추가적인 조치를 하여야 한다.
② 사업주는 제1항에 따른 평가 시 고용노동부장관이 정하여 고시하는 바에 따라 해당 작업장의 근로자를 참여시켜야 한다.
③ 사업주는 제1항에 따른 평가의 결과와 조치사항을 고용노동부령으로 정하는 바에 따라 기록하여 보존하여야 한다.
④ 제1항에 따른 평가의 방법, 절차 및 시기, 그 밖에 필요한 사항은 고용노동부장관이 정하여 고시한다.

산업안전보건법 시행규칙 제37조(위험성평가 실시내용 및 결과의 기록, 보존)

제37조(위험성평가 실시내용 및 결과의 기록, 보존)
① 사업주가 법 제36조제3항에 따라 위험성평가의 결과와 조치사항을 기록·보존

할 때에는 다음 각 호의 사항이 포함되어야 한다.
1. 위험성평가 대상의 유해·위험요인
2. 위험성 결정의 내용
3. 위험성 결정에 따른 조치의 내용
4. 그 밖에 위험성평가의 실시내용을 확인하기 위하여 필요한 사항으로서 고용노동부장관이 정하여 고시하는 사항

② 사업주는 제1항에 따른 자료를 3년간 보존하여야 한다.

고용노동부 고시 제2020-53호 「사업장 위험성평가에 관한 지침」
제1장 : 총칙(제1조~제4조)
제2장 : 사업장 위험성평가(제5조~제15조)
제3장 : 위험성평가 인정(제16조~제25조)
제4장 : 지원사업의 추진 등(제26조~제28조)
부칙

4.3 위험성평가 실시절차

위험성평가 실시대상은 모든 사업장이며 정기평가는 매년 정기적으로 실시해야 한다. 또한 수시평가는 계획의 실행 착수 전 또는 재해발생작업 재개 전에 실시해야 한다.

> **위험성평가 대상 및 시기**
> 1) 다음의 계획이 있는 경우, 실행 착수 전에 실시
>   1. 사업장 건설물의 설치·이전·변경 또는 해체
>   2. 기계·기구, 설비, 원재료 등의 신규 도입 또는 변경
>   3. 건설물, 기계·기구, 설비 등의 정비 또는 보수(주기적·반복적 작업으로서 정기평가를 실시한 경우에는 제외)
>   4. 작업방법 또는 작업절차의 신규 도입 또는 변경
>   5. 그 밖에 사업주가 필요하다고 판단한 경우
> 2) 중대산업사고 또는 산업재해 등 재해발생 작업을 대상으로 작업 재개 전에 실시
>
> **위험성평가 조직 구성원**
> 1) 사업주 또는 안전보건관리책임자
> 2) 안전관리자 및 보건관리자(안전보건관리담당자)
> 3) 관리감독자(부서장, 현장감독자)
> 4) 대상 작업의 근로자
> 5) 기계·기구, 설비 등에 관한 전문 지식을 갖춘 사람 등

위험성평가는 <1단계>사전준비, <2단계>유해위험요인파악, <3단계>위험성추정, <4단계>위험성결정, <5단계>위험성감소 대책수립 및 실행의 절차로 실시한다.

위험성평가는 1회성이 아니므로 완료의 개념이 아니며, 위험성이 허용가능한 수준이 될 때까지 위 순서를 반복하여야 한다.

1) 사전준비 : 위험성평가 실시계획서 작성, 평가대상 선정, 평가에 필요한 각종 자료 수집

평가대상의 선정 등 사전준비
 1) 다음 사항이 포함된 실시규정을 작성하고, 지속적으로 관리
  1. 평가의 목적 및 방법
  2. 평가담당자 및 책임자의 역할
  3. 평가시기 및 절차
  4. 주지방법 및 유의사항
  5. 결과의 기록·보존
 2) 다음의 사업장 안전보건정보를 사전에 조사하여 위험성평가에 활용
  1. 작업표준, 작업절차 등에 관한 정보
  2. 기계·기구, 설비 등의 사양서, 물질안전보건자료(MSDS) 등의 유해·위험요인에 관한 정보
  3. 기계·기구, 설비 등의 공정 흐름과 작업 주변의 환경에 관한 정보
  4. 법 제63조에 따른 작업을 하는 경우로서 같은 장소에서 사업의 일부 또는 전부를 도급을 주어 행하는 작업이 있는 경우 혼재 작업의 위험성 및 작업 상황 등에 관한 정보
  5. 재해사례, 재해통계 등에 관한 정보
  6. 작업환경측정결과, 근로자 건강진단결과에 관한 정보
  7. 공단 제공 위험성평가 자료[붙임7] 8. 그 밖에 위험성평가에 참고가 되는 자료

2) 유해·위험요인 파악 : 사업장 순회점검 및 안전보건 체크리스트 등을 활용하여 사업장 내 유해·위험요인 파악

근로자의 작업과 관계되는 유해·위험요인의 파악
 1) 건설물, 기계기구, 설비, 원재료, 가스, 증기, 분진 등에 의하거나 작업행동, 그밖에 업무에 기인되는 등 근로자의 업무와 관련하여 부상 또는 질병을 일으킬 잠재적 가능성이 있는 모든 것이 유애위험요인이 된다.
 2) 사업주는 유해·위험요인을 파악할 때 업종, 규모 등 사업장 실정에 따라 다음 방법 중 어느 하나 이상의 방법을 사용하여야 한다. 이 경우 특별한 사정이 없으면 순회점검 방법을 포함하는 것을 권장한다.
  1. 사업장 순회점검에 의한 방법
  2. 청취조사에 의한 방법
  3. 안전보건 자료에 의한 방법

> 4. 안전보건 체크리스트에 의한 방법
> 5. 그 밖에 사업장의 특성에 적합한 방법

3) 위험성 추정 : 유해·위험요인이 부상 또는 질병으로 이어질 수 있는 가능성 및 중대성의 크기를 추정하여 위험성의 크기를 산출

> **파악된 유해·위험요인별 위험성의 추정**
> 1) 위험성= 가능성(빈도) × 중대성(강도)
> 2) 가능성은 작업자의 부상질병 발생의 확률(빈도)을 의미하며, 작업의 빈도 시간, 사고의 발생확률, 피할 수 있는지에 대한 가능성 등을 고려하여야 한다.
> 3) 중대성은 부상·질병이 발생했을 때 미치는 영향의 정도(강도 또는 심각성)를 의미하며
> - 부상 또는 건강장해의 정도, 치료기간, 후유장해 유무, 피해의 범위(1인, 복수)를 고려하여야 한다.
> 4) 위험성은 위험한 정도를 의미하는 것으로 가능성과 중대성을 조합해서 그 값이 크면 위험성이 크다고 할 수 있다
> 5) 상시근로자 수 20명 미만 사업장(또는 총 공사금액 20억원 미만의 건설공사)의 경우 추정 단계 생략 가능

4) 위험성 결정 : 유해·위험요인별 위험성추정 결과와 사업장 설정한 허용 가능한 위험성의 기준을 비교하여 추정된 위험성의 크기가 허용가능한지 여부를 판단

> **추정한 위험성이 허용 가능한 위험성인지 여부의 결정**
> 1) 유해·위험요인별로 추정한 위험성의 크기가 허용 가능한 범위인지 여부를 판단하는 것을 말한다.
> 2) 사업주는 유해·위험요인별 위험성의 추정 결과와 사업장 자체적으로 설정한 허용 가능한 위험성의 기준을 비교하여 해당 유해·위험요인별 위험성의 크기가 허용 가능한 범위인지 여부를 판단하여야 한다.
> 3) 허용 가능한 위험성의 기준은 위험성 결정을 하기 전에 사업장 자체적으로 설정해 두어야 한다.

5) 위험성 감소대책 수립 및 실행 : 위험성 결정 결과 허용 불가능한 위험성을 합리적으로 실천 가능한 범위에서 가능한 한 낮은 수준으로 감소시키기 위한 대책을 수립하고 실행

> 위험성 감소대책의 수립 및 실행
> 1) 허용 가능한 위험성이 아니라고 판단되는 경우에는 위험성의 크기, 영향을 받는 근로자수 및 다음의 순서를 고려하여 위험성 감소를 위한 대책을 수립하여 실행하여야 한다.
> - 법령에서 정하는 사항과 그 밖에 근로자의 위험 또는 건강장해를 방지하기 위하여 필요한 조치를 반영하여야 한다.
> - 위험성 결정 결과, 허용 불가능한 위험성을 현재의 기술수준 및 작업방법 등을 고려한 합리적으로 실천 가능한 범위에서 가능한 한 낮은 수준으로 감소시키기 위한 대책을 수립하여야 하며 이 경우 근원적인 대책수립이 우선되어야 한다.
> - 중대재해, 중대산업사고 또는 심각한 질병이 발생할 우려가 있는 위험성으로서, 수립한 위험성 감소대책의 실행에 많은 시간이 필요한 경우에는 즉시 잠정적인 조치를 강구하여야 한다.
> 2) 사업주는 위험성 감소대책을 실행한 후 해당 공정 또는 작업의 위험성의 크기가 사전에 자체 설정한 허용 가능한 위험성의 범위인지를 확인하여야 한다.
> - 확인 결과, 위험성이 자체 설정한 허용 가능한 위험성 수준으로 내려오지 않는 경우에는 허용 가능한 위험성 수준이 될 때까지 추가의 감소대책을 수립·실행하여야 한다.
> 3) 사업주는 위험성평가를 종료한 후 남아 있는 유해·위험요인에 대해서는 게시, 주지 등의 방법으로 근로자에게 알려야 한다.

> **위험성평가 실시내용 및 결과에 관한 기록**
> 1) 기록·보존할 사항
> 1. 위험성평가 실시규정
> 2. 위험성평가를 위해 사전조사 한 안전보건정보
> 3. 위험성평가 대상의 유해·위험요인
> 4. 위험성 결정의 내용
> 5. 위험성 결정에 따른 조치의 내용
> 6. 그 밖에 사업장에서 필요하다고 정한 사항
> 2) 기록의 최소 보존기한: 위험성평가를 완료한 날부터 기산하여 3년간 보존

상시근로자 수 20명 미만 사업장(총 공사금액 20억원 미만의 건설공사)의 경우 위험성추정 절차를 생략할 수 있다.

작업현장에서 작업자가 설비나 공구 등을 사용하거나 특정한 작업환경에서 작업을 할 때에 부상이나 질병이 발생하면, 주요 원인은 기계류의 결함이나 작업자의 오류, 작업환경 미흡 등으로 파악할 수 있다.

이러한 재해발생 원인을 찾아내어, 피해의 가능성과 중대성을 추정 결정하고 기계기구의 개선 혹은 작업순서를 변경하거나 작업장 환경개선을 통하여 위험성이 더욱 작아질 수 있는지 판단하여 감소대책을 수립 실행하는 것이 위험성평가의 핵심이라 할 수 있다.

특히, 위험성평가가 행정적인 업무가 우선되어 현장에 내려지는 것이 아닌 현장에서 적용되고 개선된 사항이 문서를 통해 유지 관리될 수 있도록 시스템을 구축하는 것이 중요하다.

위험성평가 실시 절차는 아래 그림과 같다.

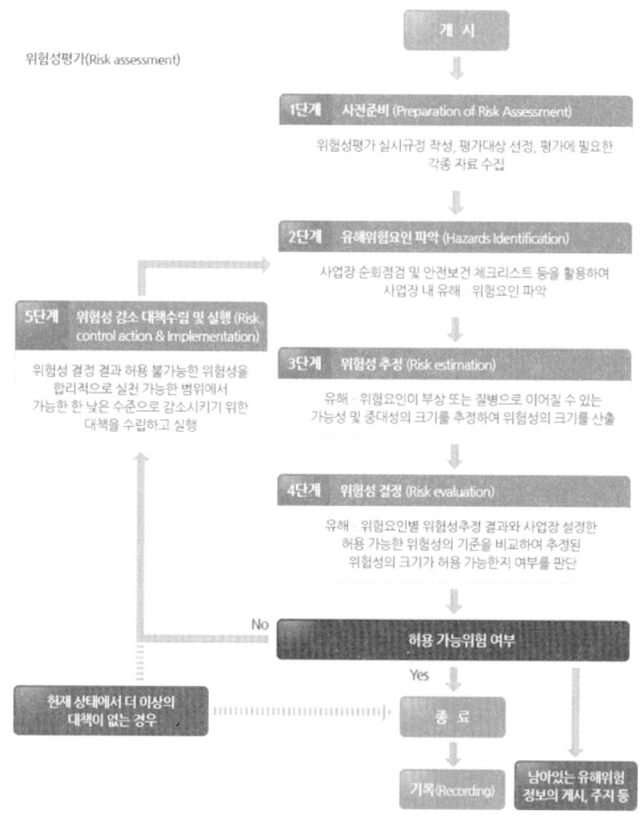

그림. 위험성평가 실시 절차

4.4 사업장 위험성평가에 관한 지침(고용노동부 고시)

위험성평가를 실시할 때는 고용노동부 고시(제2020-53호, 2020.1.14.)인 사업장 위험성평가에 관한 지침의 내용에 따라 실시하여야 한다. 세부 내용은 다음과 같다.

4.4.1 총칙(제1장)

1) 제1조(목적)
이 고시는 「산업안전보건법」 제36조에 따라 사업주가 스스로 사업장의 유해·위험요인에 대한 실태를 파악하고 이를 평가하여 관리·개선하는 등 필요한 조치를 할 수 있도록 지원하기 위하여 위험성평가 방법, 절차, 시기 등에 대한 기준을 제시하고, 위험성평가 활성화를 위한 시책의 운영 및 지원사업 등 그 밖에 필요한 사항을 규정함을 목적으로 한다.

2) 제2조(적용범위)
이 고시는 위험성평가를 실시하는 모든 사업장에 적용한다.

3) 제3조(정의)
① 이 고시에서 사용하는 용어의 뜻은 다음과 같다.
  1. "위험성평가"란 유해·위험요인을 파악하고 해당 유해·위험요인에 의한 부상 또는 질병의 발생 가능성(빈도)과 중대성(강도)을 추정·결정하고 감소대책을 수립하여 실행하는 일련의 과정을 말한다.
  2. "유해·위험요인"이란 유해·위험을 일으킬 잠재적 가능성이 있는 것의 고유한 특징이나 속성을 말한다.
  3. "유해·위험요인 파악"이란 유해요인과 위험요인을 찾아내는 과정을 말한다.
  4. "위험성"이란 유해·위험요인이 부상 또는 질병으로 이어질 수 있는 가능

성(빈도)과 중대성(강도)을 조합한 것을 의미한다.
5. "위험성 추정"이란 유해·위험요인별로 부상 또는 질병으로 이어질 수 있는 가능성과 중대성의 크기를 각각 추정하여 위험성의 크기를 산출하는 것을 말한다.
6. "위험성 결정"이란 유해·위험요인별로 추정한 위험성의 크기가 허용 가능한 범위인지 여부를 판단하는 것을 말한다.
7. "위험성 감소대책 수립 및 실행"이란 위험성 결정 결과 허용 불가능한 위험성을 합리적으로 실천 가능한 범위에서 가능한 한 낮은 수준으로 감소시키기 위한 대책을 수립하고 실행하는 것을 말한다.
8. "기록"이란 사업장에서 위험성평가 활동을 수행한 근거와 그 결과를 문서로 작성하여 보존하는 것을 말한다.
② 그 밖에 이 고시에서 사용하는 용어의 뜻은 이 고시에 특별히 정한 것이 없으면 「산업안전보건법」, 같은 법 시행령, 같은 법 시행규칙 및 「산업안전보건기준에 관한 규칙」에서 정하는 바에 따른다.

4) 제4조(정부의 책무)
① 고용노동부장관은 사업장 위험성평가가 효과적으로 추진되도록 하기 위하여 다음 각 호의 사항을 강구하여야 한다.
1. 정책의 수립·집행·조정·홍보
2. 위험성평가 기법의 연구·개발 및 보급
3. 사업장 위험성평가 활성화 시책의 운영
4. 위험성평가 실시의 지원
5. 조사 및 통계의 유지·관리
6. 그 밖에 위험성평가에 관한 정책의 수립 및 추진
② 장관은 제1항 각 호의 사항 중 필요한 사항을 한국산업안전보건공단으로 하여금 수행하게 할 수 있다.

4.4.2 사업장 위험성평가(제2장)

1) 제5조(위험성평가 실시주체)
① 사업주는 스스로 사업장의 유해·위험요인을 파악하기 위해 근로자를 참여시켜 실태를 파악하고 이를 평가하여 관리 개선하는 등 위험성평가를 실시하여야 한다.
② 법 제63조에 따른 작업의 일부 또는 전부를 도급에 의하여 행하는 사업의 경우는 도급을 준 도급인(도급사업주)과 도급을 받은 수급인(수급사업주)은 각각 제1항에 따른 위험성평가를 실시하여야 한다.
③ 제2항에 따른 도급사업주는 수급사업주가 실시한 위험성평가 결과를 검토하여 도급사업주가 개선할 사항이 있는 경우 이를 개선하여야 한다.

2) 제6조(근로자 참여)
사업주는 위험성평가를 실시할 때, 다음 각 호의 어느 하나에 해당하는 경우 법 제36조제2항에 따라 해당 작업에 종사하는 근로자를 참여시켜야 한다.
 1. 관리감독자가 해당 작업의 유해·위험요인을 파악하는 경우
 2. 사업주가 위험성 감소대책을 수립하는 경우
 3. 위험성평가 결과 위험성 감소대책 이행여부를 확인하는 경우

3) 제7조(위험성평가의 방법)
① 사업주는 다음과 같은 방법으로 위험성평가를 실시하여야 한다.
 1. 안전보건관리책임자 등 해당 사업장에서 사업의 실시를 총괄 관리하는 사람에게 위험성평가의 실시를 총괄 관리하게 할 것
 2. 사업장의 안전관리자, 보건관리자 등이 위험성평가의 실시에 관하여 안전보건관리책임자를 보좌하고 지도·조언하게 할 것
 3. 관리감독자가 유해·위험요인을 파악하고 그 결과에 따라 개선조치를 시행하게 할 것
 4. 기계·기구, 설비 등과 관련된 위험성평가에는 해당 기계·기구, 설비 등에

전문 지식을 갖춘 사람을 참여하게 할 것
5. 안전·보건관리자의 선임의무가 없는 경우에는 제2호에 따른 업무를 수행할 사람을 지정하는 등 그 밖에 위험성평가를 위한 체제를 구축할 것

② 사업주는 제1항에서 정하고 있는 자에 대해 위험성평가를 실시하기 위한 필요한 교육을 실시하여야 한다. 이 경우 위험성평가에 대해 외부에서 교육을 받았거나, 관련학문을 전공하여 관련 지식이 풍부한 경우에는 필요한 부분만 교육을 실시하거나 교육을 생략할 수 있다.

③ 사업주가 위험성평가를 실시하는 경우에는 산업안전·보건 전문가 또는 전문기관의 컨설팅을 받을 수 있다.

④ 사업주가 다음 각 호의 어느 하나에 해당하는 제도를 이행한 경우에는 그 부분에 대하여 이 고시에 따른 위험성평가를 실시한 것으로 본다.
1. 위험성평가 방법을 적용한 안전·보건진단(법 제47조)
2. 공정안전보고서(법 제44조). 다만, 공정안전보고서의 내용 중 공정위험성 평가서가 최대 4년 범위 이내에서 정기적으로 작성된 경우에 한한다.
3. 근골격계부담작업 유해요인조사(안전보건규칙 제657조부터 제662조까지)
4. 그 밖에 법과 이 법에 따른 명령에서 정하는 위험성평가 관련 제도

4) 제8조(위험성평가의 절차)

사업주는 위험성평가를 다음의 절차에 따라 실시하여야 한다. 다만, 상시근로자수 20명 미만 사업장(총 공사금액 20억원 미만의 건설공사)의 경우에는 다음 각 호중 제3호를 생략할 수 있다.
1. 평가대상의 선정 등 사전준비
2. 근로자의 작업과 관계되는 유해·위험요인의 파악
3. 파악된 유해·위험요인별 위험성의 추정
4. 추정한 위험성이 허용 가능한 위험성인지 여부의 결정
5. 위험성 감소대책의 수립 및 실행
6. 위험성평가 실시내용 및 결과에 관한 기록

5) 제9조(사전준비)

① 사업주는 위험성평가를 효과적으로 실시하기 위하여 최초 위험성평가 시 다음 각 호의 사항이 포함된 위험성평가 실시규정을 작성하고, 지속적으로 관리하여야 한다.

1. 평가의 목적 및 방법
2. 평가담당자 및 책임자의 역할
3. 평가시기 및 절차
4. 주지방법 및 유의사항
5. 결과의 기록 · 보존

② 위험성평가는 과거에 산업재해가 발생한 작업, 위험한 일이 발생한 작업 등 근로자의 근로에 관계되는 유해·위험요인에 의한 부상 또는 질병의 발생이 합리적으로 예견 가능한 것은 모두 위험성평가의 대상으로 한다. 다만, 매우 경미한 부상 또는 질병만을 초래할 것으로 명백히 예상되는 것에 대해서는 대상에서 제외할 수 있다.

③ 사업주는 다음 각 호의 사업장 안전보건정보를 사전에 조사하여 위험성평가에 활용하여야 한다.

1. 작업표준, 작업절차 등에 관한 정보
2. 기계·기구, 설비 등의 사양서, 물질안전보건자료(MSDS) 등의 유해·위험요인에 관한 정보
3. 기계·기구, 설비 등의 공정 흐름과 작업 주변의 환경에 관한 정보
4. 법 제63조에 따른 작업을 하는 경우로서 같은 장소에서 사업의 일부 또는 전부를 도급을 주어 행하는 작업이 있는 경우 혼재 작업의 위험성 및 작업 상황 등에 관한 정보
5. 재해사례, 재해통계 등에 관한 정보
6. 작업환경측정결과, 근로자 건강진단결과에 관한 정보
7. 그 밖에 위험성평가에 참고가 되는 자료 등

6) 제10조(유해·위험요인 파악)

사업주는 유해·위험요인을 파악할 때 업종, 규모 등 사업장 실정에 따라 다음 각 호의 방법 중 어느 하나 이상의 방법을 사용하여야 한다. 이 경우 특별한 사정이 없으면 제1호에 의한 방법을 포함하여야 한다.

  1. 사업장 순회점검에 의한 방법
  2. 청취조사에 의한 방법
  3. 안전보건 자료에 의한 방법
  4. 안전보건 체크리스트에 의한 방법
  5. 그 밖에 사업장의 특성에 적합한 방법

7) 제11조(위험성 추정)
① 사업주는 유해·위험요인을 파악하여 사업장 특성에 따라 부상 또는 질병으로 이어질 수 있는 가능성 및 중대성의 크기를 추정하고 다음 각 호의 어느 하나의 방법으로 위험성을 추정하여야 한다.
  1. 가능성과 중대성을 행렬을 이용하여 조합하는 방법
  2. 가능성과 중대성을 곱하는 방법
  3. 가능성과 중대성을 더하는 방법
  4. 그 밖에 사업장의 특성에 적합한 방법
② 제1항에 따라 위험성을 추정할 경우에는 다음에서 정하는 사항을 유의하여야 한다.
  1. 예상되는 부상 또는 질병의 대상자 및 내용을 명확하게 예측할 것
  2. 최악의 상황에서 가장 큰 부상 또는 질병의 중대성을 추정할 것
  3. 부상 또는 질병의 중대성은 부상이나 질병 등의 종류에 관계없이 공통의 척도를 사용하는 것이 바람직하며, 기본적으로 부상 또는 질병에 의한 요양기간 또는 근로손실 일수 등을 척도로 사용할 것
  4. 유해성이 입증되어 있지 않은 경우에도 일정한 근거가 있는 경우에는 그 근거를 기초로 하여 유해성이 존재하는 것으로 추정할 것
  5. 기계·기구, 설비, 작업 등의 특성과 부상 또는 질병의 유형을 고려할 것

8) 제12조(위험성 결정)

① 사업주는 제11조에 따른 유해·위험요인별 위험성 추정 결과(제8조 단서에 따라 같은 조 제3호를 생략한 경우에는 제10조에 따른 유해·위험요인 파악결과를 말한다)와 사업장 자체적으로 설정한 허용 가능한 위험성 기준(산업안전보건법에서 정한 기준 이상으로 정하여야 한다)을 비교하여 해당 유해·위험요인별 위험성의 크기가 허용 가능한지 여부를 판단하여야 한다.

② 제1항에 따른 허용 가능한 위험성의 기준은 위험성 결정을 하기 전에 사업장 자체적으로 설정해 두어야 한다.

9) 제13조(위험성 감소대책 수립 및 실행)

① 사업주는 제12조에 따라 위험성을 결정한 결과 허용 가능한 위험성이 아니라고 판단되는 경우에는 위험성의 크기, 영향을 받는 근로자 수 및 다음 각 호의 순서를 고려하여 위험성 감소를 위한 대책을 수립하여 실행하여야 한다. 이 경우 법령에서 정하는 사항과 그 밖에 근로자의 위험 또는 건강장해를 방지하기 위하여 필요한 조치를 반영하여야 한다.

1. 위험한 작업의 폐지·변경, 유해·위험물질 대체 등의 조치 또는 설계나 계획 단계에서 위험성을 제거 또는 저감하는 조치
2. 연동장치, 환기장치 설치 등의 공학적 대책
3. 사업장 작업절차서 정비 등의 관리적 대책
4. 개인용 보호구의 사용

② 사업주는 위험성 감소대책을 실행한 후 해당 공정 또는 작업의 위험성의 크기가 사전에 자체 설정한 허용 가능한 위험성의 범위인지를 확인하여야 한다.

③ 제2항에 따른 확인 결과, 위험성이 자체 설정한 허용 가능한 위험성 수준으로 내려오지 않는 경우에는 허용 가능한 위험성 수준이 될 때까지 추가의 감소대책을 수립·실행하여야 한다.

④ 사업주는 중대재해, 중대산업사고 또는 심각한 질병이 발생할 우려가 있

는 위험성으로서 제1항에 따라 수립한 위험성 감소대책의 실행에 많은 시간이 필요한 경우에는 즉시 잠정적인 조치를 강구하여야 한다.
⑤ 사업주는 위험성평가를 종료한 후 남아 있는 유해·위험요인에 대해서는 게시, 주지 등의 방법으로 근로자에게 알려야 한다.

10) 제14조(기록 및 보존)
① 규칙 제37조제1항제4호에 따른 "그 밖에 위험성평가의 실시내용을 확인하기 위하여 필요한 사항으로서 고용노동부장관이 정하여 고시하는 사항"이란 다음 각 호에 관한 사항을 말한다.
 1. 위험성평가를 위해 사전조사 한 안전보건정보
 2. 그 밖에 사업장에서 필요하다고 정한 사항
② 시행규칙 제37조제2항의 기록의 최소 보존기한은 제15조에 따른 실시 시기별 위험성평가를 완료한 날부터 기산한다.

11) 제15조(위험성평가의 실시 시기)
① 위험성평가는 최초평가 및 수시평가, 정기평가로 구분하여 실시하여야 한다. 이 경우 최초평가 및 정기평가는 전체 작업을 대상으로 한다.
② 수시평가는 다음 각 호의 어느 하나에 해당하는 계획이 있는 경우에는 해당 계획의 실행을 착수하기 전에 실시하여야 한다. 다만, 제5호에 해당하는 경우에는 재해발생 작업을 대상으로 작업을 재개하기 전에 실시하여야 한다.
 1. 사업장 건설물의 설치·이전·변경 또는 해체
 2. 기계·기구, 설비, 원재료 등의 신규 도입 또는 변경
 3. 건설물, 기계·기구, 설비 등의 정비 또는 보수(주기적·반복적 작업으로서 정기평가를 실시한 경우에는 제외)
 4. 작업방법 또는 작업절차의 신규 도입 또는 변경
 5. 중대산업사고 또는 산업재해(휴업 이상의 요양을 요하는 경우에 한정한다) 발생

6. 그 밖에 사업주가 필요하다고 판단한 경우

③ 정기평가는 최초평가 후 매년 정기적으로 실시한다. 이 경우 다음의 사항을 고려하여야 한다.

1. 기계·기구, 설비 등의 기간 경과에 의한 성능 저하
2. 근로자의 교체 등에 수반하는 안전·보건과 관련되는 지식 또는 경험의 변화
3. 안전·보건과 관련되는 새로운 지식의 습득
4. 현재 수립되어 있는 위험성 감소대책의 유효성 등

4.4.3 위험성평가 인정(제3장)

1) 제16조(인정의 신청)

① 장관은 소규모 사업장의 위험성평가를 활성화하기 위하여 위험성평가 우수 사업장에 대해 인정해 주는 제도를 운영할 수 있다. 이 경우 인정을 신청할 수 있는 사업장은 다음 각 호와 같다.

1. 상시 근로자 수 100명 미만 사업장(건설공사를 제외한다). 이 경우 법 제63조에 따른 작업의 일부 또는 전부를 도급에 의하여 행하는 사업의 경우는 도급사업주의 사업장(도급사업장)과 수급사업주의 사업장(수급사업장) 각각의 근로자수를 이 규정에 의한 상시 근로자 수로 본다.
2. 총 공사금액 120억원(토목공사는 150억원) 미만의 건설공사

② 제2장에 따른 위험성평가를 실시한 사업장으로서 해당 사업장을 제1항의 위험성평가 우수사업장으로 인정을 받고자 하는 사업주는 별지 제1호 서식의 위험성평가 인정신청서를 해당 사업장을 관할하는 공단 광역본부장·지역본부장·지사장에게 제출하여야 한다.

③ 제2항에 따른 인정신청은 위험성평가 인정을 받고자 하는 단위 사업장(또는 건설공사)으로 한다. 다만, 다음 각 호의 어느 하나에 해당하는 사업장은 인정신청을 할 수 없다.

1. 제22조에 따라 인정이 취소된 날부터 1년이 경과하지 아니한 사업장

2. 최근 1년 이내에 제22조제1항 각 호(제1호 및 제5호를 제외한다)의 어느 하나에 해당하는 사유가 있는 사업장

④ 법 제63조에 따른 작업의 일부 또는 전부를 도급에 의하여 행하는 사업장의 경우에는 도급사업장의 사업주가 수급사업장을 일괄하여 인정을 신청하여야 한다. 이 경우 인정신청에 포함하는 해당 수급사업장 명단을 신청서에 기재(건설공사를 제외한다)하여야 한다.

⑤ 제4항에도 불구하고 수급사업장이 제19조에 따른 인정을 별도로 받았거나, 법 제17조에 따른 안전관리자 또는 같은 법 제18조에 따른 보건관리자 선임대상인 경우에는 제4항에 따른 인정신청에서 해당 수급사업장을 제외할 수 있다.

2) 제17조(인정심사)

① 공단은 위험성평가 인정신청서를 제출한 사업장에 대하여는 다음에서 정하는 항목을 심사(인정심사)하여야 한다.
 1. 사업주의 관심도
 2. 위험성평가 실행수준
 3. 구성원의 참여 및 이해 수준
 4. 재해발생 수준

① 공단 광역본부장·지역본부장·지사장은 소속 직원으로 하여금 사업장을 방문하여 제1항의 인정심사(현장심사)를 하도록 하여야 한다. 이 경우 현장심사는 현장심사 전일을 기준으로 최초인정은 최근 1년, 최초인정 후 다시 인정(재인정)하는 것은 최근 3년 이내에 실시한 위험성평가를 대상으로 한다. 다만, 인정사업장 사후심사를 위하여 제21조제3항에 따른 현장심사를 실시한 것은 제외할 수 있다.

③ 제2항에 따른 현장심사 결과는 제18조에 따른 인정심사위원회에 보고하여야 하며, 인정심사위원회는 현장심사 결과 등으로 인정심사를 하여야 한다.

④ 제16조제4항에 따른 도급사업장의 인정심사는 도급사업장과 인정을 신

청한 수급사업장(건설공사의 수급사업장은 제외한다)에 대하여 각각 실시하여야 한다. 이 경우 도급사업장의 인정심사는 사업장 내의 모든 수급사업장을 포함한 사업장 전체를 종합적으로 실시하여야 한다.
⑤ 인정심사의 세부항목 및 배점 등 인정심사에 관하여 필요한 사항은 공단 이사장이 정한다. 이 경우 사업장의 업종별, 규모별 특성 등을 고려하여 심사기준을 달리 정할 수 있다.

3) 제18조(인정심사위원회의 구성·운영)
① 공단은 위험성평가 인정과 관련한 다음 각 호의 사항을 심의·의결하기 위하여 각 광역본부·지역본부·지사에 위험성평가 인정심사위원회를 두어야 한다.
1. 인정 여부의 결정
2. 인정취소 여부의 결정
3. 인정과 관련한 이의신청에 대한 심사 및 결정
4. 심사항목 및 심사기준의 개정 건의
5. 그 밖에 인정 업무와 관련하여 위원장이 회의에 부치는 사항
② 인정심사위원회는 공단 광역본부장·지역본부장·지사장을 위원장으로 하고, 관할 지방고용노동관서 산재예방지도과장(산재예방지도과가 설치되지 않은 관서는 근로개선지도과장)을 당연직 위원으로 하여 10명 이내의 내·외부 위원으로 구성하여야 한다.
③ 그 밖에 인정심사위원회의 구성 및 운영에 관하여 필요한 사항은 공단 이사장이 정한다.

4) 제19조(위험성평가의 인정)
① 공단은 인정신청 사업장에 대한 현장심사를 완료한 날부터 1개월 이내에 인정심사위원회의 심의·의결을 거쳐 인정 여부를 결정하여야 한다. 이 경우 다음의 기준을 충족하는 경우에만 인정을 결정하여야 한다.
 1. 제2장에서 정한 방법, 절차 등에 따라 위험성평가 업무를 수행한 사업장

2. 현장심사 결과 제17조제1항 각 호의 평가점수가 100점 만점에 50점을 미달하는 항목이 없고 종합점수가 100점 만점에 70점 이상인 사업장

② 인정심사위원회는 제1항의 인정 기준을 충족하는 사업장의 경우에도 인정심사위원회를 개최하는 날을 기준으로 최근 1년 이내에 제22조제1항 각 호에 해당하는 사유가 있는 사업장에 대하여는 인정하지 아니 한다.

③ 공단은 제1항에 따라 인정을 결정한 사업장에 대해서는 별지 제2호서식의 인정서를 발급하여야 한다. 이 경우 제17조제4항에 따른 인정심사를 한 경우에는 인정심사 기준을 만족하는 도급사업장과 수급사업장에 대해 각각 인정서를 발급하여야 한다.

④ 위험성평가 인정 사업장의 유효기간은 제1항에 따른 인정이 결정된 날부터 3년으로 한다. 다만, 제22조에 따라 인정이 취소된 경우에는 인정취소 사유 발생일 전날까지로 한다.

⑤ 위험성평가 인정을 받은 사업장 중 사업이 법인격을 갖추어 사업장관리번호가 변경되었으나 다음 각 호의 사항을 증명하는 서류를 공단에 제출하여 동일 사업장임을 인정받을 경우 변경 후 사업장을 위험성평가 인정 사업장으로 한다. 이 경우 인정기간의 만료일은 변경 전 사업장의 인정기간 만료일로 한다.

1. 변경 전·후 사업장의 소재지가 동일할 것
2. 변경 전 사업의 사업주가 변경 후 사업의 대표이사가 되었을 것
3. 변경 전 사업과 변경 후 사업간 시설·인력·자금 등에 대한 권리·의무의 전부를 포괄적으로 양도·양수하였을 것

5) 제20조(재인정)

① 사업주는 제19조제4항 본문에 따른 인정 유효기간이 만료되어 재인정을 받으려는 경우에는 제16조제2항에 따른 인정신청서를 제출하여야 한다. 이 경우 인정신청서 제출은 유효기간 만료일 3개월 전부터 할 수 있다.

② 제1항에 따른 재인정을 신청한 사업장에 대한 심사 등은 제16조부터 제19조까지의 규정에 따라 처리한다.

③ 재인정 심사의 범위는 직전 인정 또는 사후심사와 관련한 현장심사 다음 날부터 재인정신청에 따른 현장심사 전일까지 실시한 정기평가 및 수시평가를 그 대상으로 한다.
④ 재인정 사업장의 인정 유효기간은 제19조제4항에 따른다. 이 경우, 재인정 사업장의 인정 유효기간은 이전 위험성평가 인정 유효기간의 만료일 다음날부터 새로 계산한다.

6) 제21조(인정사업장 사후심사)
① 공단은 제19조제3항 및 제20조에 따라 인정을 받은 사업장이 위험성평가를 효과적으로 유지하고 있는지 확인하기 위하여 매년 인정사업장의 20퍼센트 범위에서 사후심사를 할 수 있다.
② 제1항에 따른 사후심사는 다음 각 호의 어느 하나에 해당하는 사업장으로 인정심사위원회에서 사후심사가 필요하다고 결정한 사업장을 대상으로 한다. 이 경우 제1호에 해당하는 사업장은 특별한 사정이 없는 한 대상에 포함하여야 한다.
 1. 공사가 진행 중인 건설공사. 다만, 사후심사일 현재 잔여공사기간이 3개월 미만인 건설공사는 제외할 수 있다.
 2. 제19조제1항제2호 및 제20조제2항에 따른 종합점수가 100점 만점에 80점 미만인 사업장으로 사후심사가 필요하다고 판단되는 사업장
 3. 그 밖에 무작위 추출 방식에 의하여 선정한 사업장(건설공사를 제외한 연간 사후심사 사업장의 50퍼센트 이상을 선정한다)
③ 사후심사는 직전 현장심사를 받은 이후에 사업장에서 실시한 위험성평가에 대해 현장심사를 하는 것으로 하며, 해당 사업장이 제19조에 따른 인정 기준을 유지하는지 여부를 심사하여야 한다.

7) 제22조(인정의 취소)
① 위험성평가 인정사업장에서 인정 유효기간 중에 다음 각 호의 어느 하나에 해당하는 사업장은 인정을 취소하여야 한다.

1. 거짓 또는 부정한 방법으로 인정을 받은 사업장
2. 직·간접적인 법령 위반에 기인하여 다음의 중대재해가 발생한 사업장(규칙 제2조)
 가. 사망재해
 나. 3개월 이상 요양을 요하는 부상자가 동시에 2명 이상 발생
 다. 부상자 또는 직업성질병자가 동시에 10명 이상 발생
3. 근로자의 부상(3일 이상의 휴업)을 동반한 중대산업사고 발생사업장
4. 법 제10조에 따른 산업재해 발생건수, 재해율 또는 그 순위 등이 공표된 사업장(영 제10조제1항제1호 및 제5호에 한정한다)
5. 제21조에 따른 사후심사 결과, 제19조에 의한 인정기준을 충족하지 못한 사업장
6. 사업주가 자진하여 인정 취소를 요청한 사업장
7. 그 밖에 인정취소가 필요하다고 공단 광역본부장·지역본부장 또는 지사장이 인정한 사업장

② 공단은 제1항에 해당하는 사업장에 대해서는 인정심사위원회에 상정하여 인정취소 여부를 결정하여야 한다. 이 경우 해당 사업장에는 소명의 기회를 부여하여야 한다.
③ 제2항에 따라 인정취소 사유가 발생한 날을 인정취소일로 본다.

8) 제23조(위험성평가 지원사업)
① 장관은 사업장의 위험성평가를 지원하기 위하여 공단 이사장으로 하여금 다음 각 호의 위험성평가 사업을 추진하게 할 수 있다.
 1. 추진기법 및 모델, 기술자료 등의 개발·보급
 2. 우수 사업장 발굴 및 홍보
 3. 사업장 관계자에 대한 교육
 4. 사업장 컨설팅
 5. 전문가 양성
 6. 지원시스템 구축·운영

7. 인정제도의 운영
8. 그 밖에 위험성평가 추진에 관한 사항

② 공단 이사장은 제1항에 따른 사업을 추진하는 경우 고용노동부와 협의하여 추진하고 추진결과 및 성과를 분석하여 매년 1회 이상 장관에게 보고하여야 한다.

9) 제24조(위험성평가 교육지원)

① 공단은 제21조제1항에 따라 사업장의 위험성평가를 지원하기 위하여 다음 각 호의 교육과정을 개설하여 운영할 수 있다.
1. 사업주 교육
2. 평가담당자 교육
3. 전문가 양성 교육

② 공단은 제1항에 따른 교육과정을 광역본부・지역본부・지사 또는 산업안전보건교육원(교육원)에 개설하여 운영하여야 한다.

③ 제1항제2호 및 제3호에 따른 평가담당자 교육을 수료한 근로자에 대해서는 해당 시기에 사업주가 실시해야 하는 관리감독자 교육을 수료한 시간만큼 실시한 것으로 본다.

10) 제25조(위험성평가 컨설팅지원)

① 공단은 근로자 수 50명 미만 소규모 사업장(건설업의 경우 전년도에 공시한 시공능력 평가액 순위가 200위 초과인 종합건설업체 본사 또는 총 공사금액 120억원(토목공사는 150억원)미만인 건설공사를 말한다)의 사업주로부터 제5조제3항에 따른 컨설팅지원을 요청 받은 경우에 위험성평가 실시에 대한 컨설팅지원을 할 수 있다.

② 제1항에 따른 공단의 컨설팅지원을 받으려는 사업주는 사업장 관할의 공단 광역본부장・지역본부장・지사장에게 지원 신청을 하여야 한다.

③ 제2항에도 불구하고 공단광역본부장・지역본부・지사장은 재해예방을 위해 필요하다고 판단되는 사업장을 직접 선정하여 컨설팅을 지원할 수 있다.

4.4.4 지원사업의 추진 등(제4장)

1) 제26조(지원 신청 등)
① 제24조에 따른 교육지원 및 제25조에 따른 컨설팅지원의 신청은 별지 제3호서식에 따른다. 다만, 제24조제1항제3호에 따른 교육의 신청 및 비용 등은 교육원이 정하는 바에 따른다.
② 교육기관의장은 제1항에 따른 교육신청자에 대하여 교육을 실시한 경우에는 별지 제4호서식 또는 별지 제5호서식에 따른 교육확인서를 발급하여야 한다.
③ 공단은 예산이 허용하는 범위에서 사업장이 제24조에 따른 교육지원과 제25조에 따른 컨설팅지원을 민간기관에 위탁하고 그 비용을 지급할 수 있으며, 이에 필요한 지원 대상, 비용지급 방법 및 기관 관리 등 세부적인 사항은 공단 이사장이 정할 수 있다.
④ 공단은 사업주가 위험성평가 감소대책의 실행을 위하여 해당 시설 및 기기 등에 대하여 「산업재해예방시설자금 융자 및 보조업무처리규칙」에 따라 보조금 또는 융자금을 신청한 경우에는 우선하여 지원할 수 있다.
⑤ 공단은 제19조에 따른 위험성평가 인정 또는 제20조에 따른 재인정, 제22조에 따른 인정 취소를 결정한 경우에는 결정일부터 3일 이내에 인정일 또는 재인정일, 인정취소일 및 사업장명, 소재지, 업종, 근로자 수, 인정 유효기간 등의 현황을 지방고용노동관서 산재예방지도과(산재예방지도과가 설치되지 않은 관서는 근로개선지도과)로 보고하여야 한다. 다만, 위험성평가 지원시스템 또는 그 밖의 방법으로 지방고용노동관서에서 인정사업장 현황을 실시간으로 파악할 수 있는 경우에는 그러하지 아니한다.

2) 제27조(인정사업장 등에 대한 혜택)
① 장관은 위험성평가 인정사업장에 대하여는 제19조 및 제20조에 따른 인정 유효기간 동안 사업장 안전보건 감독을 유예할 수 있다.
② 제1항에 따라 유예하는 안전보건 감독은 「근로감독관 집무규정(산업안

전보건)」 제10조제2항에 따른 기획감독 대상 중 장관이 별도로 지정한 사업장으로 한정한다.

③ 장관은 위험성평가를 실시하였거나, 위험성평가를 실시하고 인정을 받은 사업장에 대해서는 정부 포상 또는 표창의 우선 추천 및 그 밖의 혜택을 부여할 수 있다.

3) 제28조(재검토기한)

고용노동부장관은 이 고시에 대하여 2020년 1월 1일 기준으로 매3년이 되는 시점(매 3년째의 12월 31일까지를 말한다)마다 그 타당성을 검토하여 개선 등의 조치를 하여야 한다.

4.5 위험성평가 실시 규정(절차서) 예

사업장 표준문서로서 위험성평가 실시규정(절차서) 예는 다음과 같다.

4.5.1 안전경영방침 및 추진목표

안전보건방침

- 근로자의 안전과 건강을 최우선으로 하여 무재해 사업장을 이룩한다.
- 안전보건법규를 준수하고 위험성평가 활동을 지속적으로 실시한다.
- 우리 회사 안전보건관리는 위험성평가로 완성한다.

추진목표

- 산업재해 발생 제로(zero)화 (또는 산업재해 50% 감소)
  - 지속적인 안전보건개선 활동 실시
  - 작업장 안전보건관리 철저
- 노·사가 협력하여 「위험성평가」 우수사업장 인정을 획득한다.
- 매년 위험성평가 실시
  - 감소대책을 수립하여 유해위험요인 50% 이상 감소
  - 개선 후 남아있는 위험성에 대해 근로자에게 교육, 게시, 전달
  - 근로자에 대해 안전보건(위험성평가) 교육 실시

승 인	단위사업장 대표
기 안	위험성평가 담당

사업장명(단위사업장명) : ○○ (주) (○○공장)	제정 : (처음만든 날짜)
문서번호 :	개정 : (수정한 날짜)

1) 제1조(목적)

이 실시규정은 우리 회사 전체의 유해·위험요인을 파악하고 위험성을 추정·결정한 후 위험성을 감소시키기 위해 필요한 조치를 실시함을 목적으로 한다.

2) 제2조(적용)

이 실시규정은 우리 회사에서 수행하는 모든 작업, 설비 및 공정의 위험성평

가에 대한 범위, 절차, 책임과 권한에 대하여 적용한다.

3) 제3조(조직의 구성)

위험성평가 조직의 구성은 다음 표와 같이 한다

4.5.2 규정(절차서) 예

1) 제1조(목적)

이 실시규정은 우리 회사 전체의 유해·위험요인을 파악하고 위험성을 추정·결정한 후 위험성을 감소시키기 위해 필요한 조치를 실시함을 목적으로 한다.

2) 제2조(적용)

이 실시규정은 우리 회사에서 수행하는 모든 작업, 설비 및 공정의 위험성평가에 대한 범위, 절차, 책임과 권한에 대하여 적용한다.

3) 제3조(조직의 구성)

위험성평가 조직의 구성은 다음 표와 같이 한다

표. 위험성평가 조직(예시)

10명 미만 소규모 사업장	10명 이상 사업장(작업장 상황에 따라 수정 가능)
안전보건관리책임자(사업주 또는 현장소장) - 성명 / 관리감독자(위험성평가 담당자) - 직위, 성명 / 근로자 - 직위, 성명	안전보건관리책임자(사업주 또는 현장소장) - 성명 / 위험성평가 담당자 - 성명 / 관리감독자 - 직위, 성명 (3개 조직) / 근로자 - 직위, 성명 (3개 조직)

4) 제4조(역할과 책임)

위험성평가 조직의 역할과 책임은 다음 표와 같이 한다.

표. 조직의 역할과 책임

조 직	역할과 책임(권한)
안전보건관리 책임자 (사업주 또는 공장장)	《위험성평가의 총괄 관리》 • 사업주의 의지 구현 - 방침과 추진목표를 문서화하고 게시 - 실시계획서 작성 지원 - 위험성평가 실행을 위한 조직구성과 역할 부여 • 위험성평가 사업주 교육 이수 • 예산지원 및 산업재해예방 노력 • 무재해 운동 참여 및 작업전 안전점검 활동 독려
관리감독자 (위험성평가담당자와 겸직가능)	《위험성평가 실시》 • 유해·위험요인을 파악하고 위험성 추정 및 결정 • 위험성 감소대책의 수립 및 실행 • 위험성평가 실시시기, 절차와 내용 • 책임과 권한 인지 및 이행
근로자(작업자) (위험성평가담당자와 겸직가능)	《위험성평가 참여》 • 담당업무와 관련된 위험성평가 활동에 참여 • 담당업무에 대한 안전보건수칙 및 위험성평가결과 감소대책 확인 • 비상상황에 대한 대비 및 대응방법 숙지 • 출입허가절차 및 위험한 장소 인지
위험성평가 담당자 (관리감독자 및 근로 자와 겸직가능)	《위험성평가의 실행 관리 및 지원》 • 위험성평가 담당자 교육 이수 • 위험성평가 실시규정 수립 및 실행 • 안전보건정보 수집 및 재해조사관련 자료 등을 기록 • 근로자에게 위험성평가 교육을 실시하고 기록유지 • 위험성평가 검토 및 결과에 대한 기록, 보관

※ 구체적인 실시 방법은 사업장의 규모에 따라 조정할 필요가 있지만, 중소규모의 사업장에서는 인력의 사정을 감안하여 1인 2역의 업무분담을 할 수 있다.

5) 제5조(평가대상)

근로자(협력업체, 방문객 포함)에게 안전·보건상 영향을 주는 다음 사항 등을 평가대상으로 한다.

① 회사 내부 또는 외부에서 작업장에 제공되는 모든 기계·기구 및 설비

② 작업장에서 보유 또는 취급하고 있는 모든 유해물질
③ 일상적인 작업(협력업체 포함) 및 비일상적인 작업(수리 또는 정비 등)
④ 발생할 수 있는 비상조치 작업

6) 제6조(실시시기)
우리 회사 위험성평가 실시 시기는 다음과 같다.
① 최초 평가 : 처음으로 실시하는 위험성평가를 말하며 전체작업을 대상으로 ○○○○년 ○월 ○일까지 실시한다.
② 정기평가 : 최초 평가 후 사업장 전반에 대해 매년 ○월에 정기적으로 실시한다.
③ 수시평가 : 해당 계획의 실행을 착수하기 전 또는 작업 개시(재개) 전에 실시한다.
　가. 중대산업사고 또는 산업재해가 발생한 때
　나. 작업장 변경 시(작업자, 설비, 작업방법 및 절차 등의 변경)
　다. 건설물, 기계·기구, 설비 등의 정비 또는 보수 작업시

7) 제7조(실시방법)
위험성평가 실시 방법은 다음과 같다.
① 사업주가 위험성평가 실시를 총괄 관리한다.
② 위험성평가 전담직원을 지정하는 등 위험성평가를 위한 체제를 구축한다.
③ 작업내용 등을 상세하게 파악하고 있는 관리감독자가 유해·위험요인을 파악하고 그 결과에 따라 개선조치를 실행한다.
④ 유해·위험요인을 파악하거나 감소대책을 수립하는 경우 특별한 사정이 없는 한 해당 작업에 종사하고 있는 근로자를 참여하게 한다.
⑤ 기계·기구, 설비 등과 관련된 위험성평가에는 해당 기계·기구, 설비 등에 전문지식을 갖춘 사람을 참여하게 한다.
⑥ 위험성평가를 실시하기 위한 필요한 회의 및 교육 등을 실시한다.

8) 제8조(추진절차)

위험성평가 절차는 아래 그림과 같이 한다.

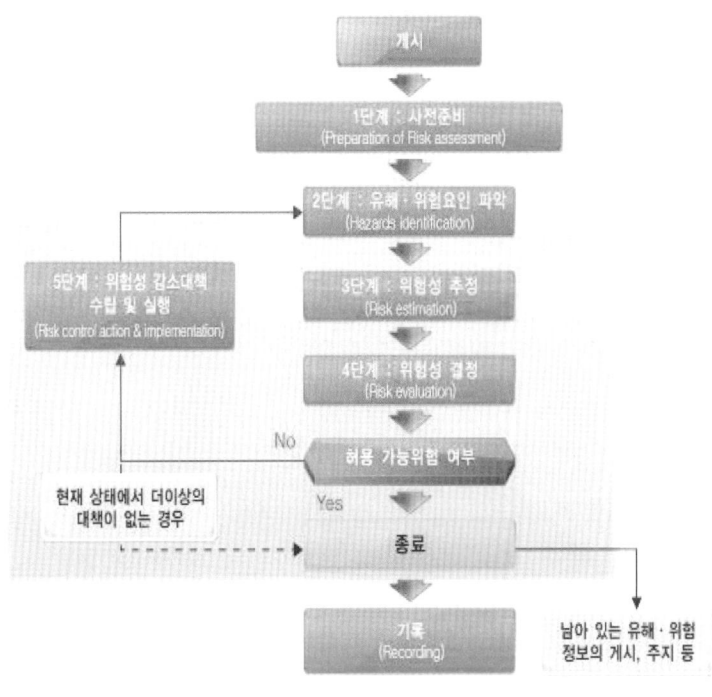

- 위험성평가는 【1단계】 사전준비→【2단계】 유해·위험요인 파악→【3단계】 위험성 추정→【4단계】 위험성 결정→【5단계】 위험성 감소대책 수립 및 실행의 절차에 따라 실시한다.

※ 위험성평가는 1회성으로 완료되는 것이 아니므로, 위험성이 허용 가능한 수준이 될 때까지 다음 순서를 반복함

① 1단계 : 사전준비[평가대상 작업(공정) 선정 및 안전보건정보 조사]
  ☞ 정확한 작업(공정)의 분류가 중요, 작업(공정) 흐름도에 따라 평가대상 작업(공정)이 결정되면 평가대상 및 범위를 확정
  ☞ 위험성평가 담당자는 위험성평가에 필요한 정보를 수집하여 정리
② 2단계 : 유해·위험요인 파악(도출)
  ☞ 가장 중요한 단계, 작업공정(단위작업)별 유해·위험요인 상세히 파악
③ 3단계 : 위험성 추정
  ☞ 유해·위험요인을 심사하여 정량화하는 단계, 가능성과 중대성 조합

| 위험성(Risk) = 사고발생의 가능성 × 사고결과의 중대성 |

※ 위험성 추정은 가능성과 중대성을 조합 또는 곱하거나 더하여 산출할 수 있음.

표. 가능성(빈도)

구분	가능성	기준
상	3	• 발생 가능성이 높음 (자주 발생) • 안전장치가 설치되지 않고, 안전수칙, 작업표준 등이 없으며, 표시·표지가 부착되지 않음
중	2	• 발생 가능성이 있음 (가끔 발생) • 안전장치, 안전수칙 등은 마련되어 있으나, 근로자들이 작업불편 등으로 해제하거나 안전수칙을 무시할 가능성이 있음
하	1	• 발생 가능성이 낮음 (거의 없음, 무시할 수 있을 정도) • 방호덮개, 안전장치 등이 설치되어 있으며, 근로자의 불안전한 행동에 대비한 안전조치가 전반적으로 잘 되어 있음

표. 가능성(강도)

구분	가능성	기준
대	3	• 사망, 실명, 장애 등을 초래할 수 있는 사고 • 화학물질, 분진 등의 노출기준(권고기준)의 50% 초과인 경우 • 발암성, 변이원성, 생식독성 물질 취급 • 직업병 유소견자 발생
중	2	• 업무복귀가 가능하고, 완치할 수 있는 상해를 초래할 수 있는 사고 • 의료기관의 치료를 요하는 사고 • 화학물질, 분진 등의 노출기준(권고기준)의 10% 초과~50% 이하인 경우
소	1	• 아차사고를 초래할 수 있는 경우 • 화학물질, 분진 등의 노출기준(권고기준)의 10%이하인 경우

표. 위험성 추정

가능성빈도 \ 중대성강도	대	중	소
상	높음 (9)	높음 (6)	보통 (3)
중	높음 (9)	보통 (4)	낮음 (2)
하	보통 (3)	낮음 (2)	낮음 (1)

④ 4단계 : 위험성 결정
☞ 위험성 수준은 유해·위험요인의 발생 가능성과 중대성을 평가하여 3단계의 낮음(1~2), 보통(3~4), 높음(6~9)으로 구분하였고, 위험성 수준이 높은 순서대로 우선적으로 개선할 수 있도록 우선순위 결정

표. 위험성 결정

위험성 수준		관리기준비고	비고
1~2	낮음	현재 상태 유지	·근로자에게 유해위험 정보를 제공 및 교육
3~4	보통	개선	·안전보건대책을 수립하여 개선 필요한 상태
6~9	높음	즉시 개선	·작업을 지속하려면 즉시개선이 필요한 상태

⑤ 5단계 : 위험성 감소대책 수립 및 실행
☞ 위험성 수준이 높음 또는 보통으로 판정된 위험성에 대해서는 위험성 감소대책을 수립·실행하여 허용가능 위험의 범위로 들어오도록 하고, 필요시 추가 감소대책 수립·실행
※ 남아있는 유해·위험요인에 대해서는 게시, 주지 등의 방법으로 알림
⑥ 6단계 : 기록
☞ 위험성평가를 수행한 결과를 관계자들에게 교육하거나 공유하기 위하여 기록

9) 제9조(주지방법)

　사업주는 구성원들이 알 수 있도록 위험성평가 방침, 추진목표 및 그 밖의 주지사항을 회의 또는 행사 등에서 홍보·주지시키고, 읽을 수 있도록 사내에 공지한다.

10) 제10조(유의사항)

① 위험성평가 담당자는 산업안전보건법 기타 요구사항에 적합한 상태인지를 확인하고 미달하고 있는 경우에는 사업주에게 보고한 후 위험성 수준이 높은 것부터 우선적으로 위험성 감소대책을 반영하여 개선한다.

② 사업주는 제1항에 따른 감소조치 결과 당해 위험성 감소조치가 충분하지 않다고 판단하는 경우에는 담당자에게 조치의 재검토를 지시할 수 있다.

③ 사업주는 감소대책을 수립 실행할 때 소요되는 예산을 지원하여야 한다.

[감소대책 수립 시 주의사항]
1. 새로운 위험성의 유무를 확인하고 위험성 감소조치 전의 위험성보다 커지지 않는가를 확인
2. 작업자의 판단, 행동에만 의존하는 대책에 의한 조치, 위험성 감소의 근거가 불분명한 조치 등에 의해 위험성을 낮게 판단하고 있지 않은가를 확인
3. 작업성·생산성에 지장이 없는지, 품질에 문제가 없는지 등을 의견청취에 의해 작업자에게 확인
4. 각 단계에서는 현장에서의 노하우, 아이디어를 적극적으로 활용
   (기술면, 비용면, 운영면 등을 고려한 현실성은 다음 단계에서 검토)

11) 제11조(기록)

① 위험성평가 기록은 출력하여 사업주에게 승인을 받는다.

② 위험성평가 기록은 우리 회사 안전보건 기록관련 규정에 준하여 보관하되 3년 이상 보관한다.

③ 위험성평가 기록물은 연 1회 정도 정기적으로 검토하고, 수정·보완이 필요한 경우에는 근로자의 의견을 반영한 후에 변경 여부를 결정하며, 모든 근로자가 알 수 있도록 배부 또는 게시한다.

12) 양식 1 : 위험성평가 교육 결과

교육일시	20 년 월 일 : ~ :
교육장소	(교육장)

☐ **교육내용**

「위험성평가」를 위한 사업주의 방침과 추진목표

「위험성평가」를 위한 사전준비 및 유해 · 위험요인 파악 방법

 유해·위험요인에 대한 위험성 추정 및 결정방법

 위험성 감소대책 수립 및 실행의 절차와 기록유지 방법

위험성평가 교육실시 사진 또는 교육자료 등

☐ **참석자 명단**

소속/직책	성 명	서명	소속/직책	성 명	서명

13) 양식 2 : 위험성평가 회의 결과

회의일시	20 년 월 일 : ~ :
회의장소	(회의실)

☐ 교육내용

- 위험성평가 추진을 위한 계획수립의 적정성
- 위험성평가 실시에 따른 책임과 역할 부여
- 위험성평가와 관련한 관심사항 토론 등

위험성평가 회의 사진 또는 회의자료 등

☐ 참석자 명단

소속/직책	성 명	서명	소속/직책	성 명	서명

14) 참고자료 1 : 출입허가 절차

가. 출입허가 지역
① (위험지역) 인화성 액체의 증기, 인화성 가스 또는 인화성 고체가 존재하여 폭발이나 화재가 발생할 우려가 있는 장소
② (밀폐공간) 환기가 잘되지 않는 장소로서 부식성물질이 들어 있거나 질식성 가스가 발생하는 등 산소결핍위험이 있는 장소 또는 유해가스로 인한 화재, 폭발, 중독 등의 위험이 있는 장소

나. 출입허가 절차

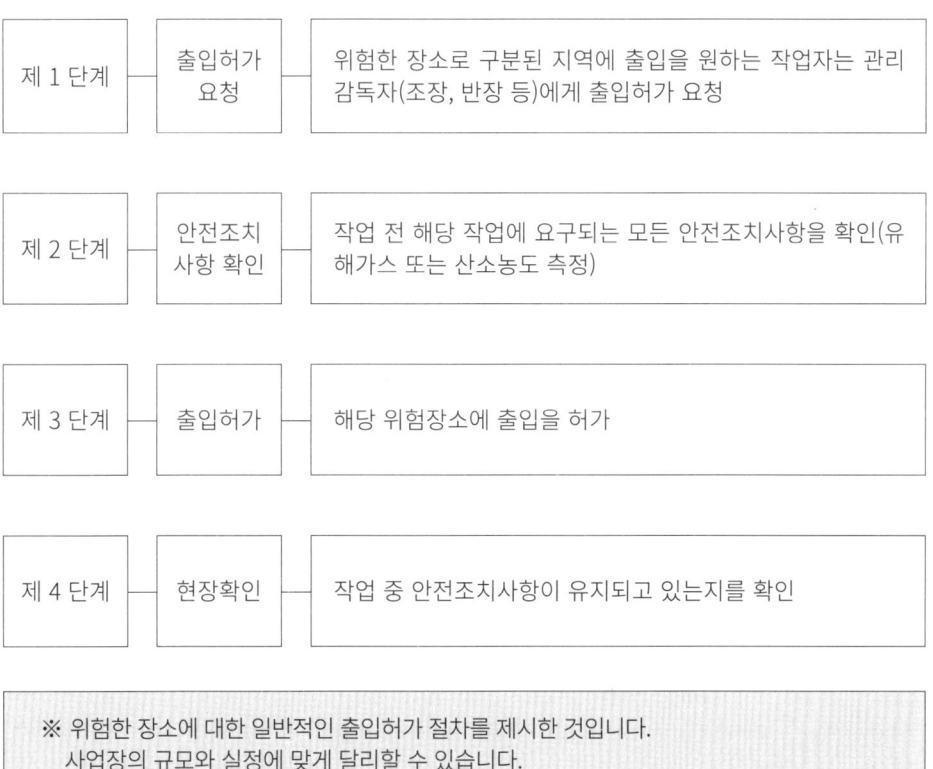

제1단계	출입허가 요청	위험한 장소로 구분된 지역에 출입을 원하는 작업자는 관리감독자(조장, 반장 등)에게 출입허가 요청
제2단계	안전조치 사항 확인	작업 전 해당 작업에 요구되는 모든 안전조치사항을 확인(유해가스 또는 산소농도 측정)
제3단계	출입허가	해당 위험장소에 출입을 허가
제4단계	현장확인	작업 중 안전조치사항이 유지되고 있는지를 확인

※ 위험한 장소에 대한 일반적인 출입허가 절차를 제시한 것입니다.
  사업장의 규모와 실정에 맞게 달리할 수 있습니다.

15) 참고자료 2 : 비상시 대비 및 대응방법

가. 비상상황의 구분
① 비상상황은 조업상의 비상사태와 자연재해로 구분한다.
② 조업상의 비상사태는 다음의 경우를 말한다.
 ㉮ 중대한 화재사고가 발생한 경우
 ㉯ 중대한 폭발사고가 발생한 경우
 ㉰ 독성화학물질의 누출사고 또는 환경오염 사고가 발생한 경우
 ㉱ 인근지역의 비상사태 영향이 사업장으로 파급될 우려가 있는 경우
③ 자연재해는 태풍, 폭우 및 지진 등 천재지변이 발생한 경우를 말한다.

나. 비상대응체계

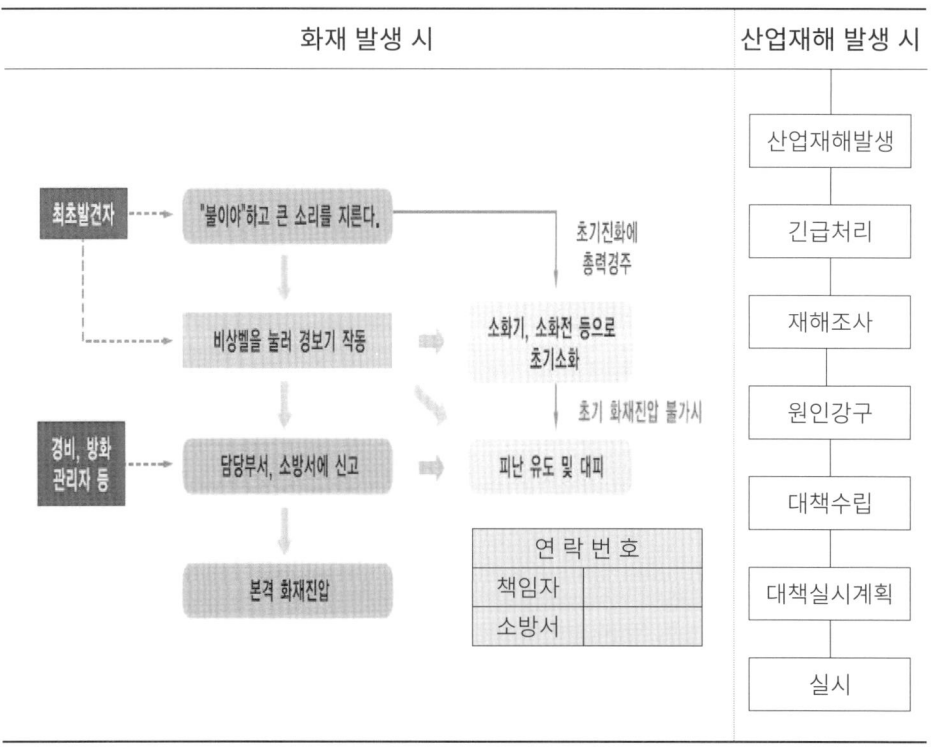

※ 비상대응체계는 사업장의 규모와 실정에 맞게 달리할 수 있습니다.

16) 참고자료 3 : 작업 전 안전점검 절차

누 가	사업주, 관리감독자, 근로자

- 사업주 : 작업 전 안전점검 문화 조성 및 지원
- 근로자 : 수행 작업의 위험요인 파악, 보고 및 대응
- 관리감독자 : 해당 작업의 안전점검 및 개선대책 수립

언 제	일상작업은 매일 작업 전, 비 일상작업은 당해 작업 전

- 일상작업은 매일매일 작업 전, 정비·보수 등 비 일상작업은 해당 작업이 시작되기 전에 안전점검 실시

무엇을	점검포인트 + 산업현장 4대 필수안전수칙

- 기계, 기구, 물질, 작업장소를 토대로 위험요인 및 안전조치방안을 찾아내고, 이에 따라 적절한 보호구, 표지, 작업절차 수립 및 공유를 위한 안전보건교육 실시여부 점검

점검포인트	산업현장 4대 필수 안전수칙
① 기계·기구 및 설비 - 기계·기구 정상작동 유무 - 방호장치 설치 및 기능유지 여부 ② 유해·위험물질 - 유해·위험물질의 누출 및 관리 여부 ③ 작업장소 - 무너짐, 떨어짐 등으로 인한 작업장소의 안전성 확보 여부	① 근로자의 보호구 지급·착용 - 작업에 적합한 보호구 지급·착용여부 ② 안전·보건표지 부착 - 위험장소, 설비, 작업별 안전·보건 표지 부착 ③ 안전작업절차 지키기 - 안전작업절차 제정 및 적정유무 ④ 안전보건 교육 실시 - 위험요인, 안전작업방법 인지여부

어떻게	안전점검 ⇒ 확인(관리감독자) ⇒ 조치 ⇒ 공유(해당 근로자)

- 수행 작업에 대해 안전점검표로 안전점검 실시
- 유해·위험요인을 확인하여 제거 또는 통제
- 유해·위험요인 및 조치내용을 근로자에게 공유

- 작업 전 안전점검표(예시)는 안전보건공단 홈페이지에서 다운로드 받아서 사업장 실정에 맞게 작성하여 활용한다.

홈페이지

- http://www.kosha.or.kr ➡ 알림마당 ➡ 작업 전 안전점검정보 ➡ 계절별, 설비별, 작업별, 직종별

◎ 작업전 안전점검 예시표

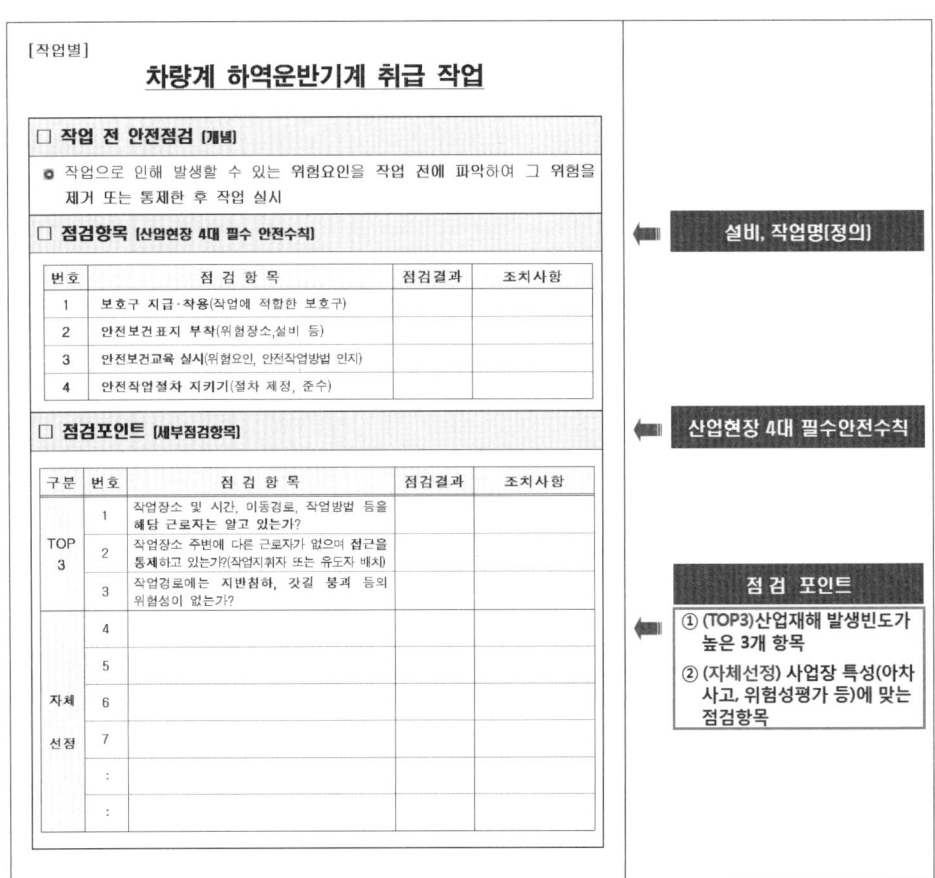

17) 참고자료 : 화학물질의 "위험성 추정 및 결정" 방법

가. 위험성 추정(3단계) : 노출수준(가능성)과 유해성(중대성)을 곱하여 산출

$$위험성(Risk) = 노출수준(Probability) \times 유해성(Severity)$$

표. 노출수준(가능성)

구분	가능성	내 용
최상	4	화학물질(분진)의 노출수준이 100% 초과(노출기준 초과)
상	3	화학물질(분진)의 노출수준이 50% 초과 ~ 100% 이하
중	2	화학물질(분진)의 노출수준이 10% 초과 ~ 50% 이하
하	1	화학물질(분진)의 노출수준이 10% 이하

표. 유해성(중대성)

구분	가능성	노 출 기 준 (TLV-TWA)	
최상	4	0.01 이하	0.5 이하
상	3	0.01 초과 ~ 0.1 이하	0.5 초과 ~ 5 이하
중	2	0.1 초과 ~ 1 이하	5 초과 ~ 50 이하
하	1	1 초과 ~ 10 이하	50 초과 ~ 500 이하

표. 위험성 추정

유해성(중대성) 노출수준(가능성)	최대	대	중	소
최상(4)	매우 높음 (16)	매우 높음 (12)	높음 (8)	보통 (4)
상(3)	매우 높음 (12)	높음 (9)	높음 (6)	보통 (3)
중(2)	높음 (8)	높음 (8)	보통 (4)	낮음 (2)
하(1)	보통 (4)	보통 (3)	낮음 (2)	낮음 (1)

나. 위험성 결정(4단계) : 위험성이 높은 순서대로 개선할 수 있도록 우선순위 결정

표. 위험성 결정

위험성 크기		허용 가능 여부	개선의 정도
12~16	매우 높음	허용 불가능	즉시 개선
5~11	높음		가능한 한 빨리 개선
3~4	보통	허용 가능	연간계획에 따라 개선
1~2	낮음		현재 상태 유지

4.6 위험성평가 이행, 점검

고용노동부에서 제시한 위험성평가 이행·점검 매뉴얼(2020.06)을 참고로 하여 위험성평가에 대한 이행·점검을 수립하면 될 것 같다. 주요내용은 다음과 같다.

4.6.1 일반사항

1) 「산업안전보건법」에 따라 위험성평가를 실시하고 위험요인을 발굴하여 필요한 조치를 하여야 한다.
2) 건설공사를 하도급 하는 경우에는 도급인의 사업장과 수급업체의 현장에 대해서는 계약의 조건을 통하여 수급인(하청 사업주를 포함)이 실시하는 위험성평가 결과를 점검하고 필요한 보완 조치를 요구하여야 한다.
3) 제1항에 따른 위험성평가 결과, 제2항에 따른 조치 결과에 대한 기록을 유지관리 하여야 한다. 다만, 최근 3년간 안전관리 대상 사업·시설에서 사고 사망자가 발생한 사업장은 안전관리 전문기관의 검토를 받은 후 기록을 유지관리 하여야 한다. 위험성평가 실시규정, 위험성평가 결과 및 수급업체의 위험성평가 점검·조치결과, 사전 조사한 안전보건정보, 위험성평가 교육일지 등의 보존대상 기록물과 기타 위험성평가 관련 서류를 보관하여야 한다.
4) 「위험성평가 이행·점검 검토보고서」및 「위험성평가 결과 및 점검·조치결과 총괄표」를 작성하고 분석하여 점검대상 현장과 그 수급업체에서 도출된 문제점에 대하여 반드시 모두 개선하도록 조치를 실시하여야 한다. 필요한 경우 도출된 문제점에 대하여 개선여부 등의 확인 또는 개선요구, 기타 이행점검에 필요한 안내 등을 실시하여야 한다.
5) 총괄표에는 본사·현장의 위험성평가 결과와 수급업체의 위험성평가 결과에 대한 점검 및 보완조치 여부를 기재하여야 한다. 건설회사 본사, 모든 현장 및 수급업체에 대하여 작성하여야 한다. 위험성평가 결과에 따른 개선대책 및 수급업체의 위험성평가 결과에 대해 보완 요구한 사항에 대해서는 반드시 개선이 이뤄져야 한다. 필요한 경우 도출된 문제점에 대하여

개선여부 등의 확인 또는 개선요구, 기타 이행점검에 필요한 안내 등을 실시해야 한다.

6) 다음 내용의 서류를 검토하고 우선순위의 일부 공정(업무)에 대한 현장 확인을 통하여 위험성평가 결과 및 수급업체의 위험성평가 점검·조치내역의 현장 작동성을 확인해야 한다.

표. 위험성평가 검토항목

검토분야	검토 항목
A. 계획	A.1. 위험성평가 실시규정 작성·관리
	A.2. 위험성평가 사전 준비·활용
B. 이행	B.1. 위험성평가 대상별 유해·위험요인 파악
	B.2. 위험성평가 추정·결정
	B.3. 감소대책 수립 및 개선활동
C. 지속관리	C.1. 위험성평가 수시·정기평가 실시
D. 기록	D.1. 위험성평가 기록 및 보존
E. 교육	E.1. 위험성평가 실시 전 교육
	E.2. 위험성평가 실시 후 교육
F. 수급업체 점검/보완조치	

4.6.2 위험성평가 결과 및 점검·조치결과 총괄표

위험성평가 결과 및 점검·조치결과 총괄표 양식은 다음과 같다.

총괄표는 본사·현장과 수급업체를 대상으로 작성한다. 본사·현장은 위험성평가 현황(정기평가, 수시평가, 개선대책 등)을 작성하고 수급업체는 수급업체 점검/조치 현황(점검/조치계약반영, 점검/조치 실시 등)을 작성한다. 점검/조치계약 반영은 원도급업체가 사업을 하도급하는 경우 계약조건에 위험성평가 결과 점검·보완 요구를 의미하며, 점검·조치실시는 원도급인이 하수급인의 위험성평가 점검·조치를 실시한 것을 의미한다.

당해 년도에 개선을 완료할 수 없는 사항은 차기년도 총괄표에 포함하여 관리한다. 예를들어 `21년도 총괄표 제출 이후 연말까지 기간에 발생한 도급 건은 `22년도 총괄표에 포함한다.

□ 위험성평가 결과 및 점검·조치결과 총괄표(예)

○ 전체현황(단위 : 개소)

구분	대상(전체)	실시	비고
본사/현장 위험성평가			
수급업체 점검/조치			

○ 세부 추진현황

구분			본사	현장	수급업체 A	수급업체 B
사업장명						
사업장관리번호						
사업개시번호						
도급사업장명						
소재지(현장)						
위험성 평가현황	정기평가(○, ×)					
	수시평가(○, ×)					
	개선대책	'20년 미개선(건)				
		'21년 개선대책(건)				
	'21년 개선완료9건)					
	개선완료 예정일					
수급업체 점검/조치 현황	점검/조치계약 반영(○, ×)					
	점검/조치 실시(○, ×)					
	보완완료여부(○, ×)					
	보완완료예정일					
담당자명						
담당자 연락처						
방문대상 선정 우선순위						
최근 3년 사망 사고 현황	사망자수					
	발생일자					
	발생공종(작업)					
비고						

○ 방문대상 선정 우선 순위
① 순위 : 직전년도부터 최근 3년 내(필요시 10년까지 확장) 사고사망 발생 사업장
② 순위 : 직전년도부터 최근 3년 내(필요시 10년까지 확장) 사고사망 발생 공정·업무와 동종 또는 유사한 공정·업무를 보유한 사업장(사고사망 미발생)
③ 순위 : 사고사망 발생 우려가 높은 추락, 끼임, 질식 등의 유해위험요인이 있는 공정·업무를 보유한 사업장
④ 순위 : 직전년도부터 최근 3년 내(필요시 10년까지 확장) 사고부상 발생 사업장
⑤ 순위 : 위험성 총합, 유해위험요인 건수, 합리적인 자체선정기준 등에 따른 사업장

4.6.3 위험성평가 이행·점검 검토보고서

위험성평가 이행·점검 검토보고서 양식은 다음과 같다.

☐ 위험성평가 이행·점검 검토보고서(예)

(갑지)

1. 회사 개요					
회사명				대표자	
소재지				전화	
2. 방문현장					
구분	방문일	사업장명	소재지		전화번호
본사					
현장					
수급업체					
수급업체					
3. 검토 참여자					
구분	소속		직책		성명
검토자					
사업장 참여자					

(을지)

4. 검토 의견

<종합의견> ※ 자유롭게 기술하고, 해당없는 경우는 항목 삭제 가능

A. 계획

B. 이행

C. 지속관리

D. 기록

E. 교육

F. 수급업체 점검/보완 조치

※ 첨부서류: 현장별 위험성평가 이행·점검 검토결과 00부.

☐ 현장별 위험성평가 이행·점검 검토결과(예)

현장별 위험성평가 이행·점검 검토결과 양식은 다음과 같다.

확인 현장명		확인일	
소재지		연락처	
<종합의견> ※ 자유롭게 기술하고, 해당없는 경우는 항목 삭제 가능 A. 계획 B. 이행 C. 지속관리 D. 기록 E. 교육 F. 수급업체 점검/보완 조치			

4.7 고용노동부 특별감독을 통한 위험성요인 관리체계 수준

본사의 위험성요인 관리체계는 고용노동부의 특별감독 시 중점점검사항이기도 하다. '21년에 시행된 고용노동부 특별감독결과 위험성요인 관리체계에 대한 내용을 살펴보면 다음과 같고, 이를 고려하여 개선방안을 마련하면 될 것으로 보인다.

고용노동부 특별감독 결과

① T사에 대한 특별감독 결과
○ (현황) 위험성 평가, 안전교육, 안전점검 등이 현장에서 형식적으로 운영
○ (권고) 위험성 평가에 대한 현장 관리감독자의 이해도가 낮고, 현장소장 대상 안전보건 교육 시간도 매우 부족(연 1.5~3시간)하여 개선노력 필요

② D사에 대한 특별감독 결과
○ (현황) 협력업체의 위험성 평가활동 적정 수행 여부를 원청 차원에서 확인하지 않고, 현장점검 결과 후속 조치도 미흡
○ (권고) 협력업체 위험성 평가활동의 적절성을 반드시 확인하고, 위험성 평가의 기준·방법 등을 주기적으로 검토, 해당 작업의 근로자 참여 검토 등을 통해 위험성 평가의 현장 작동성·신뢰성 확보

③ H사에 대한 특별감독 결과
○ (현황) 주간 단위로 안전점검회의를 진행하는 등 현장의 위험성평가를 수시로 실시함에도
 - 위험공정을 누락시키거나 개선까지 이어지지 않아 위험성평가 시마다 동일 위험이 반복 발견되고 본부 차원의 모니터링도 부재
 - 그 외 안전보건대장 검토 등은 현장에서만 수행, 담당별 일일 점검항목 과다 등
○ (권고) 현장을 기반으로 위험요인을 파악토록 하고, 본사는 현장에서 파악된 위험요인이 모두 개선되도록 관리하는 체계를 마련

4.8 위험성평가 이행·점검 검토 기준

위험성평가 이행·점검 검토기준은 다음과 같다.

4.8.1 A. 계획
가. A.1 위험성평가 실시 규정 작성·관리

A.1	▶ 위험성평가 실시 규정 작성·관리
주요착안사항	▶ 위험성평가 실시 규정 확인(개정 여부 포함)

○ 위험성평가 실시규정 문서화 및 관리 여부 확인(규정, 지침 등 확인)
- (문서화) 평가목적 등 위험성평가 실시 규정은 사업장 최고책임자의 결재를 득한 후 사업장 내부절차에 따라 서류 또는 전산으로 문서화되어 있어야 함
 * 기록물을 생산 또는 접수한 내용을 기록물등록대장에 당해 기록물을 등록하여 생산등록번호 또는 접수등록번호를 부여한 후 당해 생산등록번호 또는 접수등록번호를 기록물에 표기한 것만 인정
- (관리) 위험성평가 실시 규정 개정 사유 발생 시 개정되고 문서화 되어 있어야 함
○ 위험성평가 실시규정 수립의 적정(아래 필수 항목이상 포함한 별도 운영표준(지침 등)도 가능)
- (필수 항목) ①평가의 목적 및 방법, ②평가담당자 및 책임자의 역할, ③평가시기 및 절차, ④주지방법 및 유의사항, ⑤결과의 기록·보존
 * "기록"이란 사업장에서 위험성평가 활동을 수행한 근거와 그 결과를 문서로 작성하여 보존하는 것
○ 위험성평가 평가팀 구성 대상
- (총괄관리자) 사업주 또는 안전보건관리책임자(위험성평가 실시 총괄 관리하는 자)
- (안전·보건관리자) 위험성평가 실시에 관한 안전보건관리책임자 보좌하고 지도·조언
 * 선임의무가 없는 경우 상기 업무 수행자를 지정하여 평가팀 구성·운영해야 함
- (관리감독자) 부서장 또는 현장감독자(유해·위험요인 파악 및 그 결과에 따라 개선조치 시행하는 자)
- (근로자) 해당 작업 종사 근로자(유해·위험요인 파악 또는 감소대책 수립 시 참여해야 함)
- (전문지식 갖춘 자) 기계·기구, 설비 등 관련 위험성평가 시 해당 분야 전문지식 갖춘 자
 * 해당될 경우 평가팀 구성·운영해야 함
○ 관련근거 : 고용노동부고시 제2017-36호 사업장 위험성평가에 관한 지침제3조(정의)제1항8호, 제5조(위험성평가의 방법)제1항, 제7조(사전준비)제1항

그림. 평가팀 구성, 운영예시

나. A.2 위험성평가 사전 준비·활용

A.2	▶ 위험성평가 사전 준비·활용
주요착안사항	▶ 안전정보 사전조사서 등 확인(수급업체인 경우 사전 정보전달 확인) ▶ 사전 안전보건정보 파악 및 활용 여부 확인

○ 위험성평가 안전보건정보 사전조사서 등 관련 서류 확인(수급업체의 경우 사전 정보전달 여부 확인)

그림. 안전보건정보 사전 조사서 예시

○ 안전보건정보 사전 조사 대상 및 활용 항목(각 항목별 해당될 경우만 필요)
- (작업표준, 작업절차 등 정보) 작업방법, 공정(작업)분류, 절차서 등에 관한 정보
- (사양서) 기계·기구, 설비 등의 사양서(유해·위험요인 정보 포함)
- (물질안전보건자료) 위험성평가 대상 작업에 제조·사용·운반·저장하는 화학물질에 대한 물질안전보건자료(MSDS)
- (공정 및 작업 주변 환경 정보) 공정(작업) 흐름, 공정 주변 설비 등 주변 환경
- (재해사례 등) 해당 작업 등에 대한 재해사례, 재해통계 등 정보
- (작업환경측정결과) 최근 작업환경측정 결과로 노출수준 등 파악
- (건강진단결과) 최근 건강진단결과로 건강이상자(요관찰자, 유소견자) 등 파악
- (혼재 작업의 위험성 등 정보) 일부 또는 전부 도급을 주어 행하는 작업일 경우 혼재 작업의 위험성 및 작업상황 등에 관한 정보
- (기타) 위험성평가 참고가 되는 자료 등

○ 관련근거 : 고용노동부고시 제2017-36호 「사업장 위험성평가에 관한 지침」 제7조(사전 준비)제3항

4.8.2 B. 이행
가. B.1 위험성평가 대상별 유해·위험요인 파악

B.1	▶ 위험성평가 대상별 유해·위험요인 파악
주요착안사항	▶ 위험성평가 결과서와 해당 작업(공정) 현장 확인을 통해 유해·위험요인 파악 적정성 확인(위험성 평가 대상의 누락 여부 확인) ▶ 해당 작업 종사 근로자 위험성평가 참여 확인(규정, 평가서, 회의록 등) ▶ 사업장 순회점검 실시여부 확인(회의록 등)

○ 위험성 평가자(참여자)의 모두 참여 여부 확인(위험성평가 결과, 회의록, 교육일지 등 서류 확인)
- (관리감독자 참여) 유해요인 파악 및 결과 개선 참여 여부
- (해당 작업 종사 근로자 참여) 유해요인 파악 및 감소대책 수립 참여 여부
- (전문지식 갖춘 자) 기계·기구, 설비 등 관련 위험성평가 시 해당 분야 전문지식 갖춘 자
  * 해당될 경우만 참여
○ (위험성평가 대상) 과거 산업재해 발생작업, 위험한 일이 발생한 작업 등 근로자의 근로에 관계되는 유해·위험요인에 의한 부상 또는 질병 발생이 합리적으로 예견 가능한 것
○ (유해·위험요인 파악 방법) 사업장 순회점검 포함 여부 확인(회의록 등 확인)
- (사업장 순회점검) 사업장 순회 점검하여 유해·위험요인 파악(특별한 사정이 없는 한 사업장 순회점검 포함되야 함)
- (청취조사) 현장 근로자와 면담을 통해 직접 경험한 기계·기구 및 설비나 작업의 유해·위험요인을 파악
- (안전보건자료) 재해 조사보고서, 건강진단, 아차사고 등 안전보건자료를 활용한 조사
- (안전보건 체크리스트) 유해·위험요인별 체크리스트 활용한 조사
- (기타) 사업장 특성에 적합한 방법(사업장 순회점검을 포함한 고시 외의 방법도 가능)
○ 관련근거 : 고용노동부고시 제2017-36호「사업장 위험성평가에 관한 지침」제5조(위험성평가의 방법)제1항, 제7조(사전준비)제2항, 제8조(유해·위험요인 파악)

나. B.2 위험성평가 추정·결정

B.2	▶ 위험성평가 추정·결정
주요착안사항	▶ 위험성평가 추정·결정 확인(실시규정, 지침 등) ▶ 위험성평가 추정·결정한 위험성 크기가 허용 가능한 범위 여부 확인 - 현장 확인으로 해당 공정(작업)의 유해·위험요인별 위험성의 크기가 허용 가능한 위험성 기준인지 확인

○ 위험성평가 추정방법 중 1가지이상 적용 여부 확인(실시규정, 지침 등 확인)
 - (추정방법) ①가능성과 중대성을 행렬을 이용한 조합, ②가능성과 중대성을 곱하는 방법, ③가능성과 중대성을 더하는 방법, ④기타 사업장의 특성에 적합한 방법
  * 단, 상시 근로자수 20인 미만(또는 총공사 금액 20억 미만 건설공사)인 경우 추정방법 제외 가능
○ 위험성 추정 시 유의사항 준수 여부 확인(실시규정, 지침 등)
 - (유의사항) ①예상되는 부상 또는 질병 대상자 및 내용을 명확하게 예측, ②최악의 상황에서 가장 큰 부상 또는 질병의 중대성 추정, ③부상 또는 질병의 중대성은 공통의 척도 사용(요양기간 또는 근로손실 일수 등 척도로 사용), ④유해성에 일정한 근거가 있는 경우는 유해성 존재로 추정, ⑤기계·기구, 설비, 작업 등의 특성과 부상 또는 질병의 유형 고려
○ 위험성평가 결과의 위험성크기가 「허용 가능한 위험성」인지 확인(실시규정(지침), 위험성평가 결과 및 현장 확인)
 - 위험성평가 실시규정(지침 등) 상의 허용 가능한 위험성 기준을 위험성평가 결과에 동일하게 적용한 것인지 확인
 - 해당 공정(작업) 현장을 방문하여 위험성평가 결과 서류에서 나타난 유해·위험요인별 위험성 크기가 허용 가능한 위험성 기준인지 확인(ex, 현장 확인 결과 산업안전보건법에서 정한 기준 이하인데도 허용 가능한 위험성으로 분류한 경우 결정 미흡)
 - (허용 가능한 위험성 기준) 「산업안전보건법」에서 정한 기준 이상이어야 함
  * 현장 확인 시 해당 유해·위험요인별 위험성의 크기가 허용 가능할 경우는 최소 「산업안전보건법」이 준수되는 경우
○ 관련근거: 고용노동부고시 제2017-36호 「사업장 위험성평가에 관한 지침」 제9조(위험성추정), 제10조(위험성결정)

그림. 행렬 조합 위험성 추정·결정 예시

다. B.3 감소대책 수립 및 개선활동

B.3	▶ 감소대책 수립 및 개선활동
주요착안사항	▶ 위험성평가 결과 및 현장(개선 실행) 확인

○ 위험성 결정 결과의 대책 수립 고려사항을 바탕으로 허용 불가능한 위험성을 합리적으로 실천 가능한 위험성 감소 대책 수립으로 가능한 낮은 수준으로 감소시키는 방향인지 확인 (위험성평가 결과와 해당 공정(작업) 현장 확인)
- (대책 수립 고려 우선 사항) ①본질적(근원적) 대책, ②공학적 대책, ③관리적 대책, ④개인보호구 사용

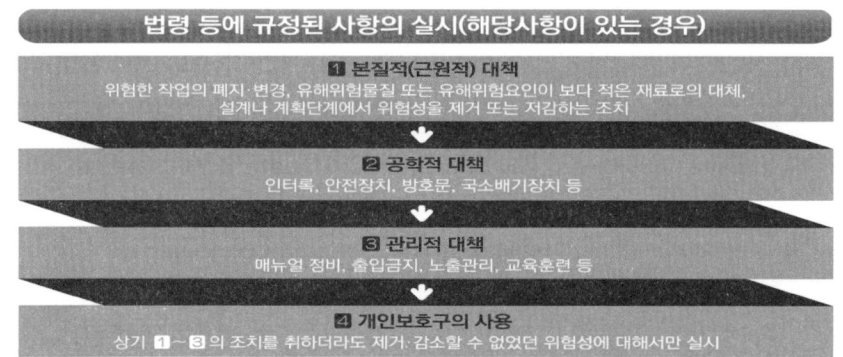

○ 개선활동 확인(위험성평가 결과에 따른 위험성 감소대책 실행 여부 현장 확인)
- 감소대책 실행(개선 실행) 후 해당 공정 또는 작업의 위험성 크기가 사전에 자체 설정한 「허용 가능한 위험성」의 범위인지 확인
 * 허용 가능한 위험성 : 「산업안전보건법」에서 정한 기준 이상이어야 함
○ 관련근거 : 고용노동부고시 제2017-36호 「사업장 위험성평가에 관한 지침」 제11조(위험성 감소대책 및 실행)

4.8.3 C. 지속적 관리
가. C.1 위험성평가 수시·정기평가 실시

C.1	▶ 위험성평가 수시·정기평가 실시
주요착안사항	▶ 위험성평가 결과 서류 확인

○ 위험성평가 최초평가, 정기평가, 수시평가 실시 여부 확인(위험성평가 결과 서류 확인)
- (최초평가) 대상은 전체 작업장, 모든 사업장은 2015년 3월 12일까지 최초평가를 실시하여야 하며, 2014년 3월 13일 이후 설립사업장은 설립일로부터 1년 이내 실시

○ 위험성평가 최초평가, 정기평가, 수시평가 실시 여부 확인(위험성평가 결과 서류 확인)
- (최초평가) 대상은 전체 작업장, 모든 사업장은 2015년 3월 12일까지 최초평가를 실시하여야 하며, 2014년 3월 13일 이후 설립사업장은 설립일로부터 1년 이내 실시
- (정기평가) 대상은 전체 작업장, 다음사항 고려하여 최초 평가 후 매년 정기적 실시
  ① 기계·기구, 설비 등의 기간 경과에 의한 성능 저하, ②근로자의 교체 등에 수반하는 안전·보건과 관련되는 지식 또는 경험의 변화, ③안전·보건과 관련되는 새로운 지식의 습득, ④현재 수립되어 있는 위험성 감소대책의 유효성 등
- (수시평가) 다음의 계획이 있는 경우로 해당 계획의 실행 착수 전에 실시(단, ⑤의 경우는 재해발생 작업 대상으로 작업 재개 전 실시)
  ① 사업장 건설물 설치·이전·변경 또는 해체, ②기계·기구, 설비, 원재료 등의 신규 도입 또는 변경, ③건설물, 기계·기구, 설비 등의 정비 또는 보수(주기적·반복적 작업으로 정기평가를 실시한 경우 제외), ④작업방법 또는 작업절차의 신규 도입 또는 변경, ⑤중대산업사고 또는 산업재해(휴업 이상의 요양을 요하는 경우로 한정) 발생, ⑥그 밖에 사업주가 필요하다고 판단
* (수시평가 예시) 사업장 내 300KW 전기로를 신규로 설치하고자 하는 경우, 전기로 설치 계획을 수립하고, 전기로 설치 계획에 따른 전기로 설치에 대한 위험성평가를 설치 작업 착수 전에 실시하고, 설치가 완료된 경우 전기로를 이용하여 제조 작업을 개시 전까지 정상적인 철강 등을 제조 작업(공정)에 대한 위험성평가 실시(일반적으로 시운전 단계에서 실시)
○ 관련근거 : 고용노동부고시 제2017-36호 「사업장 위험성평가에 관한 지침」 제13조(위험성평가의 실시 시기)

4.8.4 D. 기록

가. D.1 위험성평가 기록 및 보존

D.1	▶ 위험성평가 기록 및 보존
주요착안사항	▶ 위험성평가 실시규정, 결과 서류 등 확인

○ 위험성평가 실시내용 및 결과 기록·보존 대상인 아래사항 확인
- 위험성평가 실시규정
- 위험성평가 대상의 유해·위험요인
- 위험성 결정 내용
- 위험성 결정에 따른 조치 내용
- 위험성평가를 위해 사전조사 한 안전보건정보
- 그 밖에 사업장에서 필요하다고 정한 사항
○ 위험성평가 실시내용 및 결과를 문서로 작성하여 3년간 보존(실시 시기별 위험성평가를 완료한 날부터 기산)
○ 관련근거 : 산업안전보건법 시행규칙 제92조의 11(위험성평가 실시내용 및 결과의 기록·보존) 및 고용노동부고시 제2017-36호 「사업장 위험성평가에 관한 지침」 제3조(정의), 제7조(사전준비), 제12조(기록 및 보존)

4.8.5 E. 교육
가. E.1 위험성평가 실시 전 교육

E.1	▶ 위험성평가 실시 전 교육
주요착안사항	▶ 관리감독자, 해당 작업 종사 근로자 등에게 실시한 위험성평가 교육일지 등 확인

○ 아래 대상에 대해 위험성평가 실시를 위한 사전 교육을 실시하였는지 확인(교육일지 등 확인)
  * 위험성평가에 대해 외부에서 교육을 받았거나, 관련학문을 전공하여 관련 지식이 풍부한 경우는 필요한 부분만 교육을 실시하거나 교육을 생략할 수 있음.
  - 관리감독자(부서장 등)
  - 해당 작업 종사 근로자
  - 기계·기구, 설비 등과 관련된 위험성평가에 참여한 경우 해당 기계·기구, 설비 등에 전문 지식을 갖춘 사람
○ 관련근거 : 고용노동부고시 제2017-36호「사업장 위험성평가에 관한 지침」제5조(위험성평가의 방법)제2항

나. E.2 위험성평가 실시 후 교육

E.2	▶ 위험성평가 실시 후 교육
주요착안사항	▶ 위험성평가 결과 교육일지, 회의록, 게시 증빙자료 등 확인

○ 해당 작업 근로자에게 위험성평가 종료 후 남아 있는 유해위험요인에 대해 게시, 주지 등을 실시하였는지 확인(교육일지, 회의록, 공람 등)
  - 게시한 경우 : 근로자가 읽을 수 있도록 사내 공지한 관련 증빙 자료
  - 주지한 경우 : 관련 회의, 행사 등에서 홍보한 근거 또는 교육자료 확인
  * 필요 시 근로자 면담 확인으로 갈음
○ 관련근거 : 고용노동부고시 제2017-36호「사업장 위험성평가에 관한 지침」제11조(위험성 감소대책 수립 및 실행)제5항

4.8.6 F. 수급업체 점검/보완 조치
가. F.1 수급업체 점검/보완 조치

F.1	▶ 수급업체 점검/보완
주요착안사항	▶ 위험성평가 점검/보완 조치 서류 확인

○ 위험성평가를 위하여 사전에 안전보건정보를 수급업체에 전달하였는가?
 - 작업표준 등 정보(작업방법 등 정보), 사양서(기계・기구, 설비 등 사양서), 공정 및 작업 주변 환경정보(공정 주변 설비 등 주변 환경) 등
○ 수급업체 위험성 평가자(참여자) 중 해당 작업 종사 근로자가 참여했는지 확인했는가?
○ 수급업체의 위험성평가 대상 누락 여부를 확인 했는가?
 - 대상 누락 파악 시 조치를 취했는가?
  * (위험성평가 대상) 과거 산업재해 발생작업, 위험한 일이 발생한 작업 등 근로자의 근로에 관계되는 유해・위험요인에 의한 부상 또는 질병 발생이 합리적으로 예견 가능한 것
○ 수급업체의 위험성평가 결정 결과 대책 수립 우선사항을 고려하여 허용 불가능한 위험성을 가능한 낮은 수준으로 감소시키는 대책을 수립하여 실행했는지 확인했는가?
○ 수급업체의 위험성평가 결과 남아 있는 유해위험요인을 근로자에게 알렸는지 확인했는가?
○ 관련근거 : 고용노동부고시 제2017-36호 「사업장 위험성평가에 관한 지침」 제5조(위험성평가의 방법), 제7조(사전준비), 제10조(위험성 결정), 제11조(위험성 감소대책 및 실행)

5. 안전 및 보건에 관한 전문인력

5. 안전 및 보건에 관한 전문인력

5.1 개요

중대재해처벌법 시행령 제4조에서는 전문인력을 다음 각 목에 따라 배치하고, 「산업안전보건법」 제15조, 제16조 및 제62조에 따라 지정된 자가 안전 및 보건에 관한 업무를 충실하게 수행할 수 있도록 하고 있다.

1) 「산업안전보건법」 제17조부터 제19조까지 및 제22조에 따라 업종 및 규모를 고려하여 정해진 수 이상으로 배치할 것
2) 가목에 따라 배치하는 전문인력이 다른 업무를 겸직하는 경우에는 고용노동부장관이 정하는 기준에 따라 해당 업무를 수행하기 위한 업무시간을 보장할 것

5.2 산업안전보건법상 안전보건 전문인력

5.2.1 안전보건관리체계

산업안전보건법 제14조에서부터 제24조에서는 안전보건관리체계를 규정하고 있다.

구분	주요 구성체계
제2장 안전보건관리체제 등	제1절 안전보건관리체제 　제14조 이사회 보고 및 승인 등 　제15조 안전보건관리책임자 　제16조 관리감독자 　제17조 안전관리자 　제18조 보건관리자 　제19조 안전보건관리담당자 　제20조 안전관리자 등의 지도·조언 　제21조 안전관리전문기관 등 　제22조 산업보건의 　제23조 명예산업안전감독관 　제24조 산업안전보건위원회

5.2.2 이사회 보고 및 승인 등(제14조)

1) 「상법」 제170조에 따른 주식회사 중 대통령령으로 정하는 회사의 대표이사는 대통령령으로 정하는 바에 따라 매년 회사의 안전 및 보건에 관한 계획을 수립하여 이사회에 보고하고 승인을 받아야 한다.
2) 제1항에 따른 대표이사는 제1항에 따른 안전 및 보건에 관한 계획을 성실하게 이행하여야 한다.
3) 제1항에 따른 안전 및 보건에 관한 계획에는 안전 및 보건에 관한 비용, 시설, 인원 등의 사항을 포함하여야 한다.

5.2.3 안전보건관리책임자(제15조)

1) 사업주는 사업장을 실질적으로 총괄하여 관리하는 사람에게 해당 사업장의 다음 각 호의 업무를 총괄하여 관리하도록 하여야 한다.
   ① 사업장의 산업재해 예방계획의 수립에 관한 사항
   ② 제25조 및 제26조에 따른 안전보건관리규정의 작성 및 변경에 관한 사항
   ③ 제29조에 따른 안전보건교육에 관한 사항
   ④ 작업환경측정 등 작업환경의 점검 및 개선에 관한 사항
   ⑤ 제129조부터 제132조까지에 따른 근로자의 건강진단 등 건강관리에 관한 사항
   ⑥ 산업재해의 원인 조사 및 재발 방지대책 수립에 관한 사항
   ⑦ 산업재해에 관한 통계의 기록 및 유지에 관한 사항
   ⑧ 안전장치 및 보호구 구입 시 적격품 여부 확인에 관한 사항
   ⑨ 그 밖에 근로자의 유해·위험 방지조치에 관한 사항으로서 고용노동부령으로 정하는 사항
2) 제1항 각 호의 업무를 총괄하여 관리하는 사람(이하 "안전보건관리책임자"라 한다)은 제17조에 따른 안전관리자와 제18조에 따른 보건관리자를 지휘·감독한다.

3) 안전보건관리책임자를 두어야 하는 사업의 종류와 사업장의 상시근로자 수, 그 밖에 필요한 사항은 대통령령으로 정한다.

5.2.4 관리감독자(제16조)

1) 사업주는 사업장의 생산과 관련되는 업무와 그 소속 직원을 직접 지휘·감독하는 직위에 있는 사람(이하 "관리감독자"라 한다)에게 산업 안전 및 보건에 관한 업무로서 대통령령으로 정하는 업무를 수행하도록 하여야 한다.
2) 관리감독자가 있는 경우에는 「건설기술 진흥법」 제64조제1항제2호에 따른 안전관리책임자 및 같은 항 제3호에 따른 안전관리담당자를 각각 둔 것으로 본다.

5.2.5 안전관리자(제17조)

1) 사업주는 사업장에 제15조제1항 각 호의 사항 중 안전에 관한 기술적인 사항에 관하여 사업주 또는 안전보건관리책임자를 보좌하고 관리감독자에게 지도·조언하는 업무를 수행하는 사람(이하 "안전관리자"라 한다)을 두어야 한다.
2) 안전관리자를 두어야 하는 사업의 종류와 사업장의 상시근로자 수, 안전관리자의 수·자격·업무·권한·선임방법, 그 밖에 필요한 사항은 대통령령으로 정한다.
3) 대통령령으로 정하는 사업의 종류 및 사업장의 상시근로자 수에 해당하는 사업장의 사업주는 안전관리자에게 그 업무만을 전담하도록 하여야 한다.
4) 고용노동부장관은 산업재해 예방을 위하여 필요한 경우로서 고용노동부령으로 정하는 사유에 해당하는 경우에는 사업주에게 안전관리자를 제2항에 따라 대통령령으로 정하는 수 이상으로 늘리거나 교체할 것을 명할 수 있다
5) 대통령령으로 정하는 사업의 종류 및 사업장의 상시근로자 수에 해당하

는 사업장의 사업주는 제21조에 따라 지정받은 안전관리 업무를 전문적으로 수행하는 기관(이하 "안전관리전문기관"이라 한다)에 안전관리자의 업무를 위탁할 수 있다.

5.2.6 보건관리자(제18조)

1) 사업주는 사업장에 제15조제1항 각 호의 사항 중 보건에 관한 기술적인 사항에 관하여 사업주 또는 안전보건관리책임자를 보좌하고 관리감독자에게 지도·조언하는 업무를 수행하는 사람(이하 "보건관리자"라 한다)을 두어야 한다.
2) 보건관리자를 두어야 하는 사업의 종류와 사업장의 상시근로자 수, 보건관리자의 수·자격·업무·권한·선임방법, 그 밖에 필요한 사항은 대통령령으로 정한다.
3) 대통령령으로 정하는 사업의 종류 및 사업장의 상시근로자 수에 해당하는 사업장의 사업주는 보건관리자에게 그 업무만을 전담하도록 하여야 한다.
4) 고용노동부장관은 산업재해 예방을 위하여 필요한 경우로서 고용노동부령으로 정하는 사유에 해당하는 경우에는 사업주에게 보건관리자를 제2항에 따라 대통령령으로 정하는 수 이상으로 늘리거나 교체할 것을 명할 수 있다.
5) 대통령령으로 정하는 사업의 종류 및 사업장의 상시근로자 수에 해당하는 사업장의 사업주는 제21조에 따라 지정받은 보건관리 업무를 전문적으로 수행하는 기관(이하 "보건관리전문기관"이라 한다)에 보건관리자의 업무를 위탁할 수 있다.

5.2.7 안전보건관리담당자(제19조)

1) 사업주는 사업장에 안전 및 보건에 관하여 사업주를 보좌하고 관리감독

자에게 지도·조언하는 업무를 수행하는 사람(이하 "안전보건관리담당자"라 한다)을 두어야 한다. 다만, 안전관리자 또는 보건관리자가 있거나 이를 두어야 하는 경우에는 그러하지 아니하다.
2) 안전보건관리담당자를 두어야 하는 사업의 종류와 사업장의 상시근로자 수, 안전보건관리담당자의 수·자격·업무·권한·선임방법, 그 밖에 필요한 사항은 대통령령으로 정한다.
3) 고용노동부장관은 산업재해 예방을 위하여 필요한 경우로서 고용노동부령으로 정하는 사유에 해당하는 경우에는 사업주에게 안전보건관리담당자를 제2항에 따라 대통령령으로 정하는 수 이상으로 늘리거나 교체할 것을 명할 수 있다.
4) 대통령령으로 정하는 사업의 종류 및 사업장의 상시근로자 수에 해당하는 사업장의 사업주는 안전관리전문기관 또는 보건관리전문기관에 안전보건관리담당자의 업무를 위탁할 수 있다.

5.2.8 안전관리자 등의 지도·조언(제20조)

사업주, 안전보건관리책임자 및 관리감독자는 다음 각 호의 어느 하나에 해당하는 자가 제15조제1항 각 호의 사항 중 안전 또는 보건에 관한 기술적인 사항에 관하여 지도·조언하는 경우에는 이에 상응하는 적절한 조치를 하여야 한다.
  ① 안전관리자
  ② 보건관리자
  ③ 안전보건관리담당자
  ④ 안전관리전문기관 또는 보건관리전문기관(해당 업무를 위탁받은 경우에 한정한다)

5.2.9 안전관리전문기관 등(제21조)

1) 안전관리전문기관 또는 보건관리전문기관이 되려는 자는 대통령령으로 정하는 인력·시설 및 장비 등의 요건을 갖추어 고용노동부장관의 지정을 받아야 한다.
2) 고용노동부장관은 안전관리전문기관 또는 보건관리전문기관에 대하여 평가하고 그 결과를 공개할 수 있다. 이 경우 평가의 기준·방법 및 결과의 공개에 필요한 사항은 고용노동부령으로 정한다.
3) 안전관리전문기관 또는 보건관리전문기관의 지정 절차, 업무 수행에 관한 사항, 위탁받은 업무를 수행할 수 있는 지역, 그 밖에 필요한 사항은 고용노동부령으로 정한다.
4) 고용노동부장관은 안전관리전문기관 또는 보건관리전문기관이 다음 각 호의 어느 하나에 해당할 때에는 그 지정을 취소하거나 6개월 이내의 기간을 정하여 그 업무의 정지를 명할 수 있다. 다만, 제1호 또는 제2호에 해당할 때에는 그 지정을 취소하여야 한다.
   ① 거짓이나 그 밖의 부정한 방법으로 지정을 받은 경우
   ② 업무정지 기간 중에 업무를 수행한 경우
   ③ 제1항에 따른 지정 요건을 충족하지 못한 경우
   ④ 지정받은 사항을 위반하여 업무를 수행한 경우
   ⑤ 그 밖에 대통령령으로 정하는 사유에 해당하는 경우
5) 제4항에 따라 지정이 취소된 자는 지정이 취소된 날부터 2년 이내에는 각각 해당 안전관리전문기관 또는 보건관리전문기관으로 지정받을 수 없다.

5.2.10 산업보건의(제22조)

1) 사업주는 근로자의 건강관리나 그 밖에 보건관리자의 업무를 지도하기 위하여 사업장에 산업보건의를 두어야 한다. 다만, 「의료법」 제2조에 따른 의사를 보건관리자로 둔 경우에는 그러하지 아니하다.

2) 제1항에 따른 산업보건의(이하 "산업보건의"라 한다)를 두어야 하는 사업의 종류와 사업장의 상시근로자 수 및 산업보건의의 자격·직무·권한·선임 방법, 그 밖에 필요한 사항은 대통령령으로 정한다.

5.2.11 명예산업안전감독관(제23조)

1) 고용노동부장관은 산업재해 예방활동에 대한 참여와 지원을 촉진하기 위하여 근로자, 근로자단체, 사업주단체 및 산업재해 예방 관련 전문단체에 소속된 사람 중에서 명예산업안전감독관을 위촉할 수 있다.
2) 사업주는 제1항에 따른 명예산업안전감독관(이하 "명예산업안전감독관"이라 한다)에 대하여 직무 수행과 관련한 사유로 불리한 처우를 해서는 아니 된다.
3) 명예산업안전감독관의 위촉 방법, 업무, 그 밖에 필요한 사항은 대통령령으로 정한다.

5.2.12 산업안전보건위원회(제24조)

1) 사업주는 사업장의 안전 및 보건에 관한 중요 사항을 심의·의결하기 위하여 사업장에 근로자위원과 사용자위원이 같은 수로 구성되는 산업안전보건위원회를 구성·운영하여야 한다.
2) 사업주는 다음 각 호의 사항에 대해서는 제1항에 따른 산업안전보건위원회(이하 "산업안전보건위원회"라 한다)의 심의·의결을 거쳐야 한다.
   ① 제15조제1항제1호부터 제5호까지 및 제7호에 관한 사항
   ② 제15조제1항제6호에 따른 사항 중 중대재해에 관한 사항
   ③ 유해하거나 위험한 기계·기구·설비를 도입한 경우 안전 및 보건 관련 조치에 관한 사항
   ④ 그 밖에 해당 사업장 근로자의 안전 및 보건을 유지·증진시키기 위하여 필요한 사항

3) 산업안전보건위원회는 대통령령으로 정하는 바에 따라 회의를 개최하고 그 결과를 회의록으로 작성하여 보존하여야 한다.

4) 사업주와 근로자는 제2항에 따라 산업안전보건위원회가 심의·의결한 사항을 성실하게 이행하여야 한다.

5) 산업안전보건위원회는 이 법, 이 법에 따른 명령, 단체협약, 취업규칙 및 제25조에 따른 안전보건관리규정에 반하는 내용으로 심의·의결해서는 아니 된다.

6) 사업주는 산업안전보건위원회의 위원에게 직무 수행과 관련한 사유로 불리한 처우를 해서는 아니 된다.

7) 산업안전보건위원회를 구성하여야 할 사업의 종류 및 사업장의 상시근로자 수, 산업안전보건위원회의 구성·운영 및 의결되지 아니한 경우의 처리방법, 그 밖에 필요한 사항은 대통령령으로 정한다.

5.3 안전보건 전문인력 배치

5.3.1 안전관리자 선임(시행령 제16조)

산업안전보건법 시행령 제16조(안전관리자의 선임 등)에서는 안전관리자를 다음과 같이 선임하도록 규정하고 있다.

1) 법 제17조제1항에 따라 안전관리자를 두어야 하는 사업의 종류와 사업장의 상시근로자 수, 안전관리자의 수 및 선임방법은 별표 3(안전관리자를 두어야 하는 사업의 종류, 사업장의 상시근로자 수, 안전관리자의 수 및 선임방법)과 같다.

표. (시행령 별표 3)안전관리자를 두어야 하는 사업의 종류, 사업장의 상시근로자 수, 안전관리자의 수 및 선임방법(제16조제1항 관련)

사업의 종류	사업장의 상시근로자 수	안전관리자 수	안전관리자의 선임방법
46. 건설업	공사금액 50억원 이상(관계수급인은 100억원 이상) 120억원 미만 (「건설산업기본법 시행령」 별표 1의 종합공사를 시공하는 업종의 건설업종란 제1호에 따른 토목공사업의 경우에는 150억원 미만)	1명 이상	별표 4 제1호부터 제7호까지 또는 제10호에 해당하는 사람을 선임해야 한다.
	공사금액 120억원 이상(「건설산업기본법 시행령」 별표 1의 종합공사를 시공하는 업종의 건설업종란 제1호에 따른 토목공사업의 경우에는 150억원 이상) 800억원 미만		

	공사금액 800억원 이상 1,500억원 미만	2명 이상. 다만, 전체 공사기간을 100으로 할 때 공사 시작에서 15에 해당하는 기간과 공사 종료 전의 15에 해당하는 기간(이하 "전체 공사기간 중 전·후 15에 해당하는 기간"이라 한다) 동안은 1명 이상으로 한다.	별표 4 제1호부터 제7호까지 또는 제10호에 해당하는 사람을 선임하되, 같은 표 제1호부터 제3호까지의 어느 하나에 해당하는 사람이 1명 이상 포함되어야 한다.
	공사금액 1,500억원 이상 2,200억원 미만	3명 이상. 다만, 전체 공사기간 중 전·후 15에 해당하는 기간은 2명 이상으로 한다.	별표 4 제1호부터 제7호까지의 어느 하나에 해당하는 사람을 선임하되, 같은 표 제1호 또는 「국가기술자격법」에 따른 건설안전기술사(건설안전기사 또는 산업안전기사의 자격을 취득한 후 7년 이상 건설안전 업무를 수행한 사람이거나 건설안전산업기사 또는 산업안전산업기사의 자격을 취득한 후 10년 이상 건설안전 업무를 수행한 사람을 포함한다)자격을 취득한 사람(이하 "산업안전지도사등"이라 한다)이 1명 이상 포함되어야 한다.
	공사금액 2,200억원 이상 3천억원 미만	4명 이상. 다만, 전체 공사기간 중 전·후 15에 해당하는 기간은 2명 이상으로 한다.	
	공사금액 3천억원 이상 3,900억원 미만	5명 이상. 다만, 전체 공사기간 중 전·후 15에 해당하는 기간은 3명 이상으로 한다.	별표 4 제1호부터 제7호까지의 어느 하나에 해당하는 사람을 선임하되, 산업안전지도사등이 2명 이상 포함되어야 한다. 다만, 전체 공사기간 중 전·후 15에 해당하는 기간에는 산업안전지도사등이 1명 이상 포함되어야 한다.
	공사금액 3,900억원 이상 4,900억원 미만	6명 이상. 다만, 전체 공사기간 중 전·후 15에 해당하는 기간은 3명 이상으로 한다.	
	공사금액 4,900억원 이상 6천억원 미만	7명 이상. 다만, 전체 공사기간 중 전·후 15에 해당하는 기간은 4명 이상으로 한다.	별표 4 제1호부터 제7호까지의 어느 하나에 해당하는 사람을 선임하되, 산업안전지도사등이 2명 이상 포함되어야 한다. 다만, 전체 공사기간 중 전·후 15에 해당하는 기간에는 산업안전지도사등이 2명 이상 포함되어야 한다.
	공사금액 6천억원 이상 7,200억원 미만	8명 이상. 다만, 전체 공사기간 중 전·후 15에 해당하는 기간은 4명 이상으로 한다.	

공사금액 7,200억원 이상 8,500억원 미만	9명 이상. 다만, 전체 공사기간 중 전·후 15에 해당하는 기간은 5명 이상으로 한다.	별표 4 제1호부터 제7호까지의 어느 하나에 해당하는 사람을 선임하되, 산업안전지도사등이 3명 이상 포함되어야 한다. 다만, 전체 공사기간 중 전·후 15에 해당하는 기간에는 산업안전지도사등이 3명 이상 포함되어야 한다.
공사금액 8,500억원 이상 1조원 미만	10명 이상. 다만, 전체 공사기간 중 전·후 15에 해당하는 기간은 5명 이상으로 한다.	
1조원 이상	11명 이상[매 2천억원(2조원이상부터는 매 3천억원)마다 1명씩 추가한다]. 다만, 전체 공사기간 중 전·후 15에 해당하는 기간은 선임 대상 안전관리자 수의 2분의 1(소수점 이하는 올림한다) 이상으로 한다.	

※ 비고
1. 철거공사가 포함된 건설공사의 경우 철거공사만 이루어지는 기간은 전체 공사기간에는 산입되나 전체 공사기간 중 전·후 15에 해당하는 기간에는 산입되지 않는다. 이 경우 전체 공사기간 중 전·후 15에 해당하는 기간은 철거공사만 이루어지는 기간을 제외한 공사기간을 기준으로 산정한다.
2. 철거공사만 이루어지는 기간에는 공사금액별로 선임해야 하는 최소 안전관리자 수 이상으로 안전관리자를 선임해야 한다.

2) 제1항에 따른 사업 중 상시근로자 300명 이상을 사용하는 사업장[건설업의 경우에는 공사금액이 120억원(「건설산업기본법 시행령」 별표 1의 종합공사를 시공하는 업종의 건설업종란 제1호에 따른 토목공사업의 경우에는 150억원) 이상인 사업장]의 안전관리자는 해당 사업장에서 제18조제1항 각 호에 따른 업무만을 전담해야 한다.

> **산업안전보건법 시행령 제18조(안전관리자의 업무 등)**
> ① 안전관리자의 업무는 다음 각 호와 같다.
>   1. 법 제24조제1항에 따른 산업안전보건위원회 또는 법 제75조제1항에 따른 안전 및 보건에 관한 노사협의체에서 심의·의결한 업무와 해당 사업장의 법 제25조제1항에 따른 안전보건관리규정 및 취업규칙에서 정한 업무
>   2. 법 제36조에 따른 위험성평가에 관한 보좌 및 지도·조언
>   3. 법 제84조제1항에 따른 안전인증대상기계 등과 법 제89조제1항 각 호 외의 부분 본문에 따른 자율안전확인대상기계등 구입 시 적격품의 선정에 관한 보좌 및 지도·조언

4. 해당 사업장 안전교육계획의 수립 및 안전교육 실시에 관한 보좌 및 지도·조언
5. 사업장 순회점검, 지도 및 조치 건의
6. 산업재해 발생의 원인 조사·분석 및 재발 방지를 위한 기술적 보좌 및 지도·조언
7. 산업재해에 관한 통계의 유지·관리·분석을 위한 보좌 및 지도·조언
8. 법 또는 법에 따른 명령으로 정한 안전에 관한 사항의 이행에 관한 보좌 및 지도·조언
9. 업무 수행 내용의 기록·유지
10. 그 밖에 안전에 관한 사항으로서 고용노동부장관이 정하는 사항

② 사업주가 안전관리자를 배치할 때에는 연장근로·야간근로 또는 휴일근로 등 해당 사업장의 작업 형태를 고려해야 한다.
③ 사업주는 안전관리 업무의 원활한 수행을 위하여 외부전문가의 평가·지도를 받을 수 있다.
④ 안전관리자는 제1항 각 호에 따른 업무를 수행할 때에는 보건관리자와 협력해야 한다.
⑤ 안전관리자에 대한 지원에 관하여는 제14조제2항을 준용한다. 이 경우 "안전보건관리책임자"는 "안전관리자"로, "법 제15조제1항"은 "제1항"으로 본다.

3) 제1항 및 제2항을 적용할 경우 제52조에 따른 사업으로서 도급인의 사업장에서 이루어지는 도급사업의 공사금액 또는 관계수급인의 상시근로자는 각각 해당 사업의 공사금액 또는 상시근로자로 본다. 다만, 별표 3(안전관리자를 두어야 하는 사업의 종류, 사업장의 상시근로자 수, 안전관리자의 수 및 선임방법)의 기준에 해당하는 도급사업의 공사금액 또는 관계수급인의 상시근로자의 경우에는 그렇지 않다.

산업안전보건법 시행령 제52조(안전보건총괄책임자 지정 대상사업)
법 제62조제1항에 따른 안전보건총괄책임자를 지정해야 하는 사업의 종류 및 사업장의 상시근로자 수는 관계수급인에게 고용된 근로자를 포함한 상시근로자가 100명(선박 및 보트 건조업, 1차 금속 제조업 및 토사석 광업의 경우에는 50명) 이상인 사업이나 관계수급인의 공사금액을 포함한 해당 공사의 총공사금액이 20억원 이상인 건설업으로 한다.

4) 제1항에도 불구하고 같은 사업주가 경영하는 둘 이상의 사업장이 다음 각 호의 어느 하나에 해당하는 경우에는 그 둘 이상의 사업장에 1명의 안전관리자를 공동으로 둘 수 있다. 이 경우 해당 사업장의 상시근로자 수의 합계는 300명 이내[건설업의 경우에는 공사금액의 합계가 120억원(「건설산업기본법 시행령」 별표 1의 종합공사를 시공하는 업종의 건설업종란 제1호에 따른 토목공사업의 경우에는 150억원) 이내]이어야 한다.
  ① 같은 시·군·구(자치구를 말한다) 지역에 소재하는 경우
  ② 사업장 간의 경계를 기준으로 15킬로미터 이내에 소재하는 경우
5) 제1항부터 제3항까지의 규정에도 불구하고 도급인의 사업장에서 이루어지는 도급사업에서 도급인이 고용노동부령으로 정하는 바에 따라 그 사업의 관계수급인 근로자에 대한 안전관리를 전담하는 안전관리자를 선임한 경우에는 그 사업의 관계수급인은 해당 도급사업에 대한 안전관리자를 선임하지 않을 수 있다.
6) 사업주는 안전관리자를 선임하거나 법 제17조제4항에 따라 안전관리자의 업무를 안전관리전문기관에 위탁한 경우에는 고용노동부령으로 정하는 바에 따라 선임하거나 위탁한 날부터 14일 이내에 고용노동부장관에게 그 사실을 증명할 수 있는 서류를 제출해야 한다. 법 제17조제3항에 따라 안전관리자를 늘리거나 교체한 경우에도 또한 같다.

5.3.2 안전관리자의 자격(시행령 제17조)

산업안전보건법 시행령 제17조(안전관리자의 자격)에서는 안전관리자 자격을 별표 4와 같이 규정하고 있다.

> **산업안전보건법 시행령 제17조(안전관리자 자격) 별표 4**
> 안전관리자는 다음 각 호의 어느 하나에 해당하는 사람으로 한다.
> 1. 법 제143조제1항에 따른 산업안전지도사 자격을 가진 사람
> 2. 「국가기술자격법」에 따른 산업안전산업기사 이상의 자격을 취득한 사람
> 3. 「국가기술자격법」에 따른 건설안전산업기사 이상의 자격을 취득한 사람

4. 「고등교육법」에 따른 4년제 대학 이상의 학교에서 산업안전 관련 학위를 취득한 사람 또는 이와 같은 수준 이상의 학력을 가진 사람
5. 「고등교육법」에 따른 전문대학 또는 이와 같은 수준 이상의 학교에서 산업안전 관련 학위를 취득한 사람
6. 「고등교육법」에 따른 이공계 전문대학 또는 이와 같은 수준 이상의 학교에서 학위를 취득하고, 해당 사업의 관리감독자로서의 업무(건설업의 경우는 시공실무경력)를 3년(4년제 이공계 대학 학위 취득자는 1년) 이상 담당한 후 고용노동부장관이 지정하는 기관이 실시하는 교육(1998년 12월 31일까지의 교육만 해당한다)을 받고 정해진 시험에 합격한 사람. 다만, 관리감독자로 종사한 사업과 같은 업종(한국표준산업분류에 따른 대분류를 기준으로 한다)의 사업장이면서, 건설업의 경우를 제외하고는 상시근로자 300명 미만인 사업장에서만 안전관리자가 될 수 있다.
7. 「초·중등교육법」에 따른 공업계 고등학교 또는 이와 같은 수준 이상의 학교를 졸업하고, 해당 사업의 관리감독자로서의 업무(건설업의 경우는 시공실무경력)를 5년 이상 담당한 후 고용노동부장관이 지정하는 기관이 실시하는 교육(1998년 12월 31일까지의 교육만 해당한다)을 받고 정해진 시험에 합격한 사람. 다만, 관리감독자로 종사한 사업과 같은 종류인 업종(한국표준산업분류에 따른 대분류를 기준으로 한다)의 사업장이면서, 건설업의 경우를 제외하고는 별표 3 제28호 또는 제33호의 사업을 하는 사업장(상시근로자 50명 이상 1천명 미만인 경우만 해당한다)에서만 안전관리자가 될 수 있다.
8. 다음 각 목의 어느 하나에 해당하는 사람. 다만, 해당 법령을 적용받은 사업에서만 선임될 수 있다.
    가. 「고압가스 안전관리법」 제4조 및 같은 법 시행령 제3조제1항에 따른 허가를 받은 사업자 중 고압가스를 제조·저장 또는 판매하는 사업에서 같은 법 제15조 및 같은 법 시행령 제12조에 따라 선임하는 안전관리 책임자
    나. 「액화석유가스의 안전관리 및 사업법」 제5조 및 같은 법 시행령 제3조에 따른 허가를 받은 사업자 중 액화석유가스 충전사업·액화석유가스 집단공급사업 또는 액화석유가스 판매사업에서 같은 법 제34조 및 같은 법 시행령 제15조에 따라 선임하는 안전관리책임자
    다. 「도시가스사업법」 제29조 및 같은 법 시행령 제15조에 따라 선임하는 안전관리 책임자
    라. 「교통안전법」 제53조에 따라 교통안전관리자의 자격을 취득한 후 해당 분야에 채용된 교통안전관리자

마. 「총포·도검·화약류 등의 안전관리에 관한 법률」 제2조제3항에 따른 화약류를 제조·판매 또는 저장하는 사업에서 같은 법 제27조 및 같은 법 시행령 제54조·제55조에 따라 선임하는 화약류제조보안책임자 또는 화약류관리보안책임자
　　　바. 「전기안전관리법」 제22조에 따라 전기사업자가 선임하는 전기안전관리자
　9. 제16조제2항에 따라 전담 안전관리자를 두어야 하는 사업장(건설업은 제외한다)에서 안전 관련 업무를 10년 이상 담당한 사람
　10. 「건설산업기본법」 제8조에 따른 종합공사를 시공하는 업종의 건설현장에서 안전보건관리책임자로 10년 이상 재직한 사람

5.3.3 안전관리자의 업무 등(시행령 제18조)

1) 안전관리자의 업무는 다음 각 호와 같다.
　① 법 제24조제1항에 따른 산업안전보건위원회 또는 법 제75조제1항에 따른 안전 및 보건에 관한 노사협의체에서 심의·의결한 업무와 해당 사업장의 법 제25조제1항에 따른 안전보건관리규정 및 취업규칙에서 정한 업무
　② 법 제36조에 따른 위험성평가에 관한 보좌 및 지도·조언
　③ 법 제84조제1항에 따른 안전인증대상기계등과 법 제89조제1항 각 호 외의 부분 본문에 따른 자율안전확인대상기계등 구입 시 적격품의 선정에 관한 보좌 및 지도·조언
　④ 해당 사업장 안전교육계획의 수립 및 안전교육 실시에 관한 보좌 및 지도·조언
　⑤ 사업장 순회점검, 지도 및 조치 건의
　⑥ 산업재해 발생의 원인 조사·분석 및 재발 방지를 위한 기술적 보좌 및 지도·조언
　⑦ 산업재해에 관한 통계의 유지·관리·분석을 위한 보좌 및 지도·조언
　⑧ 법 또는 법에 따른 명령으로 정한 안전에 관한 사항의 이행에 관한 보좌 및 지도·조언

⑨ 업무 수행 내용의 기록·유지

⑩ 그 밖에 안전에 관한 사항으로서 고용노동부장관이 정하는 사항

2) 사업주가 안전관리자를 배치할 때에는 연장근로·야간근로 또는 휴일근로 등 해당 사업장의 작업 형태를 고려해야 한다.
3) 사업주는 안전관리 업무의 원활한 수행을 위하여 외부전문가의 평가·지도를 받을 수 있다.
4) 안전관리자는 제1항 각 호에 따른 업무를 수행할 때에는 보건관리자와 협력해야 한다.
5) 안전관리자에 대한 지원에 관하여는 제14조제2항을 준용한다. 이 경우 "안전보건관리책임자"는 "안전관리자"로, "법 제15조제1항"은 "제1항"으로 본다.

5.3.4 안전관리자 업무의 위탁 등(시행령 제19조)

1) 법 제17조제4항에서 "대통령령으로 정하는 사업의 종류 및 사업장의 상시근로자 수에 해당하는 사업장"이란 건설업을 제외한 사업으로서 상시근로자 300명 미만을 사용하는 사업장을 말한다.
2) 사업주가 법 제17조제4항 및 이 조 제1항에 따라 안전관리자의 업무를 안전관리전문기관에 위탁한 경우에는 그 안전관리전문기관을 안전관리자로 본다.

5.3.5 보건관리자 선임(시행령 제20조)

산업안전보건법 시행령 제20조(보건관리자의 선임 등)에서는 보건관리자를 다음과 같이 선임하도록 규정하고 있다.

1) 법 제18조제1항에 따라 보건관리자를 두어야 하는 사업의 종류와 사업장의 상시근로자 수, 보건관리자의 수 및 선임방법은 별표 5(보건관리자를

두어야 하는 사업의 종류, 사업장의 상시근로자 수, 보건관리자의 수 및 선임방법)와 같다.

표. (시행령 별표 5)보건관리자를 두어야 하는 사업의 종류, 사업장의 상시근로자 수, 보건관리자의 수 및 선임방법(제20조제1항 관련)

사업의 종류	사업장의 상시근로자 수	보건관리자의 수	보건관리자의 선임방법
44. 건설업	공사금액 800억원 이상 (「건설산업기본법 시행령」 별표 1의 종합공사를 시공하는 업종의 건설업종란 제1호에 따른 토목공사업에 속하는 공사의 경우에는 1천억 이상) 또는 상시 근로자 600명 이상	1명 이상[공사금액 800억원(「건설산업기본법 시행령」 별표 1의 종합공사를 시공하는 업종의 건설업종란 제1호에 따른 토목공사업은 1천억원)을 기준으로 1,400억원이 증가할 때마다 또는 상시 근로자 600명을 기준으로 600명이 추가될 때마다 1명씩 추가한다]	별표 6 각 호의 어느 하나에 해당하는 사람을 선임해야 한다.

2) 제1항에 따른 사업과 사업장의 보건관리자는 해당 사업장에서 제22조제1항 각 호에 따른 업무만을 전담해야 한다. 다만, 상시근로자 300명 미만을 사용하는 사업장에서는 보건관리자가 제22조제1항 각 호에 따른 업무에 지장이 없는 범위에서 다른 업무를 겸할 수 있다.

산업안전보건법 시행령 제22조(보건관리자의 업무)

① 보건관리자의 업무는 다음 각 호와 같다.

1. 산업안전보건위원회 또는 노사협의체에서 심의·의결한 업무와 안전보건관리규정 및 취업규칙에서 정한 업무
2. 안전인증대상기계등과 자율안전확인대상기계등 중 보건과 관련된 보호구(保護具) 구입 시 적격품 선정에 관한 보좌 및 지도·조언
3. 법 제36조에 따른 위험성평가에 관한 보좌 및 지도·조언
4. 법 제110조에 따라 작성된 물질안전보건자료의 게시 또는 비치에 관한 보좌 및 지도·조언
5. 제31조제1항에 따른 산업보건의의 직무(보건관리자가 별표 6 제2호에 해당하는 사람인 경우로 한정한다)

6. 해당 사업장 보건교육계획의 수립 및 보건교육 실시에 관한 보좌 및 지도·조언

7. 해당 사업장의 근로자를 보호하기 위한 다음 각 목의 조치에 해당하는 의료행위 (보건관리자가 별표 6 제2호 또는 제3호에 해당하는 경우로 한정한다)

   가. 자주 발생하는 가벼운 부상에 대한 치료

   나. 응급처치가 필요한 사람에 대한 처치

   다. 부상·질병의 악화를 방지하기 위한 처치

   라. 건강진단 결과 발견된 질병자의 요양 지도 및 관리

   마. 가목부터 라목까지의 의료행위에 따르는 의약품의 투여

8. 작업장 내에서 사용되는 전체 환기장치 및 국소 배기장치 등에 관한 설비의 점검과 작업방법의 공학적 개선에 관한 보좌 및 지도·조언

9. 사업장 순회점검, 지도 및 조치 건의

10. 산업재해 발생의 원인 조사·분석 및 재발 방지를 위한 기술적 보좌 및 지도·조언

11. 산업재해에 관한 통계의 유지·관리·분석을 위한 보좌 및 지도·조언

12. 법 또는 법에 따른 명령으로 정한 보건에 관한 사항의 이행에 관한 보좌 및 지도·조언

13. 업무 수행 내용의 기록·유지

14. 그 밖에 보건과 관련된 작업관리 및 작업환경관리에 관한 사항으로서 고용노동부장관이 정하는 사항

3) 보건관리자의 선임 등에 관하여는 제16조제3항부터 제6항까지의 규정을 준용한다. 이 경우 "별표 3"은 "별표 5"로, "안전관리자"는 "보건관리자"로, "안전관리"는 "보건관리"로, "법 제17조제4항"은 "법 제18조제4항"으로, "안전관리전문기관"은 "보건관리전문기관"으로 본다.

5.3.6 보건관리자의 자격(시행령 제21조)

보건관리자의 자격은 별표 6과 같다.

> **산업안전보건법 시행령 제21조(보건관리자의 자격) 별표 6**
> 보건관리자는 다음 각 호의 어느 하나에 해당하는 사람으로 한다.
> 1. 법 제143조제1항에 따른 산업보건지도사 자격을 가진 사람
> 2. 「의료법」에 따른 의사
> 3. 「의료법」에 따른 간호사
> 4. 「국가기술자격법」에 따른 산업위생관리산업기사 또는 대기환경산업기사 이상의 자격을 취득한 사람
> 5. 「국가기술자격법」에 따른 인간공학기사 이상의 자격을 취득한 사람
> 6. 「고등교육법」에 따른 전문대학 이상의 학교에서 산업보건 또는 산업위생 분야의 학위를 취득한 사람(법령에 따라 이와 같은 수준 이상의 학력이 있다고 인정되는 사람을 포함한다)

5.3.7 보건관리자의 업무(시행령 제22조)

1) 보건관리자의 업무는 다음 각 호와 같다.
   ① 산업안전보건위원회 또는 노사협의체에서 심의·의결한 업무와 안전보건관리규정 및 취업규칙에서 정한 업무
   ② 안전인증대상기계등과 자율안전확인대상기계등 중 보건과 관련된 보호구(保護具) 구입 시 적격품 선정에 관한 보좌 및 지도·조언
   ③ 법 제36조에 따른 위험성평가에 관한 보좌 및 지도·조언
   ④ 법 제110조에 따라 작성된 물질안전보건자료의 게시 또는 비치에 관한 보좌 및 지도·조언
   ⑤ 제31조제1항에 따른 산업보건의의 직무(보건관리자가 별표 6 제2호에 해당하는 사람인 경우로 한정한다)
   ⑥ 해당 사업장 보건교육계획의 수립 및 보건교육 실시에 관한 보좌 및 지도·조언
   ⑦ 해당 사업장의 근로자를 보호하기 위한 다음 각 목의 조치에 해당하는

의료행위(보건관리자가 별표 6 제2호 또는 제3호에 해당하는 경우로 한정한다)

가. 자주 발생하는 가벼운 부상에 대한 치료

나. 응급처치가 필요한 사람에 대한 처치

다. 부상·질병의 악화를 방지하기 위한 처치

라. 건강진단 결과 발견된 질병자의 요양 지도 및 관리

마. 가목부터 라목까지의 의료행위에 따르는 의약품의 투여

⑧ 작업장 내에서 사용되는 전체 환기장치 및 국소 배기장치 등에 관한 설비의 점검과 작업방법의 공학적 개선에 관한 보좌 및 지도·조언

⑨ 사업장 순회점검, 지도 및 조치 건의

⑩ 산업재해 발생의 원인 조사·분석 및 재발 방지를 위한 기술적 보좌 및 지도·조언

⑪ 산업재해에 관한 통계의 유지·관리·분석을 위한 보좌 및 지도·조언

⑫ 법 또는 법에 따른 명령으로 정한 보건에 관한 사항의 이행에 관한 보좌 및 지도·조언

⑬ 업무 수행 내용의 기록·유지

⑭ 그 밖에 보건과 관련된 작업관리 및 작업환경관리에 관한 사항으로서 고용노동부장관이 정하는 사항

2) 보건관리자는 제1항 각 호에 따른 업무를 수행할 때에는 안전관리자와 협력해야 한다.

3) 사업주는 보건관리자가 제1항에 따른 업무를 원활하게 수행할 수 있도록 권한·시설·장비·예산, 그 밖의 업무 수행에 필요한 지원을 해야 한다. 이 경우 보건관리자가 별표 6 제2호 또는 제3호에 해당하는 경우에는 고용노동부령으로 정하는 시설 및 장비를 지원해야 한다.

4) 보건관리자의 배치 및 평가·지도에 관하여는 제18조제2항 및 제3항을 준용한다. 이 경우 "안전관리자"는 "보건관리자"로, "안전관리"는 "보건관리"로 본다.

5.3.8 보건관리자 업무의 위탁(시행령 제23조)

1) 법 제18조제4항에 따라 보건관리자의 업무를 위탁할 수 있는 보건관리전문기관은 지역별 보건관리전문기관과 업종별·유해인자별 보건관리전문기관으로 구분한다.
2) 법 제18조제4항에서 "대통령령으로 정하는 사업의 종류 및 사업장의 상시근로자 수에 해당하는 사업장"이란 다음 각 호의 어느 하나에 해당하는 사업장을 말한다.
   ① 건설업을 제외한 사업(업종별·유해인자별 보건관리전문기관의 경우에는 고용노동부령으로 정하는 사업을 말한다)으로서 상시근로자 300명 미만을 사용하는 사업장
   ② 외딴곳으로서 고용노동부장관이 정하는 지역에 있는 사업장
3) 보건관리자 업무의 위탁에 관하여는 제19조제2항을 준용한다. 이 경우 "법 제17조제4항 및 이 조 제1항"은 "법 제18조제4항 및 이 조 제2항"으로, "안전관리자"는 "보건관리자"로, "안전관리전문기관"은 "보건관리전문기관"으로 본다.

5.3.9 안전보건관리담당자의 선임(시행령 제24조)

산업안전보건법에서는 건설업에는 해당이 없지만 다음과 같이 안전보건관리담당자를 선임토록 하고 있다.

1) 다음 각 호의 어느 하나에 해당하는 사업의 사업주는 법 제19조제1항에 따라 상시근로자 20명 이상 50명 미만인 사업장에 안전보건관리담당자를 1명 이상 선임해야 한다.
   ① 제조업
   ② 임업
   ③ 하수, 폐수 및 분뇨 처리업

④ 폐기물 수집, 운반, 처리 및 원료 재생업

⑤ 환경 정화 및 복원업

2) 안전보건관리담당자는 해당 사업장 소속 근로자로서 다음 각 호의 어느 하나에 해당하는 요건을 갖추어야 한다.

① 제17조에 따른 안전관리자의 자격을 갖추었을 것

② 제21조에 따른 보건관리자의 자격을 갖추었을 것

③ 고용노동부장관이 정하여 고시하는 안전보건교육을 이수했을 것

3) 안전보건관리담당자는 제25조 각 호에 따른 업무에 지장이 없는 범위에서 다른 업무를 겸할 수 있다.

4) 사업주는 제1항에 따라 안전보건관리담당자를 선임한 경우에는 그 선임 사실 및 제25조 각 호에 따른 업무를 수행했음을 증명할 수 있는 서류를 갖추어 두어야 한다.

5.3.10 안전보건관리담당자의 업무(시행령 제25조)

안전보건관리담당자의 업무는 다음 각 호와 같다.

① 법 제29조에 따른 안전보건교육 실시에 관한 보좌 및 지도·조언

② 법 제36조에 따른 위험성평가에 관한 보좌 및 지도·조언

③ 법 제125조에 따른 작업환경측정 및 개선에 관한 보좌 및 지도·조언

④ 법 제129조부터 제131조까지의 규정에 따른 각종 건강진단에 관한 보좌 및 지도·조언

⑤ 산업재해 발생의 원인 조사, 산업재해 통계의 기록 및 유지를 위한 보좌 및 지도·조언

⑥ 산업 안전·보건과 관련된 안전장치 및 보호구 구입 시 적격품 선정에 관한 보좌 및 지도·조언

5.3.11 안전보건관리담당자 업무의 위탁 등(시행령 제26조)

1) 법 제19조제4항에서 "대통령령으로 정하는 사업의 종류 및 사업장의 상시근로자 수에 해당하는 사업장"이란 제24조제1항에 따라 안전보건관리담당자를 선임해야 하는 사업장을 말한다.
2) 안전보건관리담당자 업무의 위탁에 관하여는 제19조제2항을 준용한다. 이 경우 "법 제17조제4항 및 이 조 제1항"은 "법 제19조제4항 및 이 조 제1항"으로, "안전관리자"는 "안전보건관리담당자"로, "안전관리전문기관"은 "안전관리전문기관 또는 보건관리전문기관"으로 본다.

5.3.12 산업보건의의 선임 등(시행령 제29조)

1) 법 제22조제1항에 따라 산업보건의를 두어야 하는 사업의 종류와 사업장은 제20조 및 별표 5에 따라 보건관리자를 두어야 하는 사업으로서 상시근로자 수가 50명 이상인 사업장으로 한다. 다만, 다음 각 호의 어느 하나에 해당하는 경우는 그렇지 않다.
   ① 의사를 보건관리자로 선임한 경우
   ② 법 제18조제4항에 따라 보건관리전문기관에 보건관리자의 업무를 위탁한 경우
2) 산업보건의는 외부에서 위촉할 수 있다.
3) 사업주는 제1항 또는 제2항에 따라 산업보건의를 선임하거나 위촉했을 때에는 고용노동부령으로 정하는 바에 따라 선임하거나 위촉한 날부터 14일 이내에 고용노동부장관에게 그 사실을 증명할 수 있는 서류를 제출해야 한다.
4) 제2항에 따라 위촉된 산업보건의가 담당할 사업장 수 및 근로자 수, 그 밖에 필요한 사항은 고용노동부장관이 정한다.

5.3.13 산업보건의의 자격(시행령 제30조)

산업보건의의 자격은 「의료법」에 따른 의사로서 직업환경의학과 전문의, 예방의학 전문의 또는 산업보건에 관한 학식과 경험이 있는 사람으로 한다.

5.3.14 산업보건의의 직무(시행령 제31조)

1) 산업보건의의 직무 내용은 다음 각 호와 같다.
   ① 법 제134조에 따른 건강진단 결과의 검토 및 그 결과에 따른 작업 배치, 작업 전환 또는 근로시간의 단축 등 근로자의 건강보호 조치
   ② 근로자의 건강장해의 원인 조사와 재발 방지를 위한 의학적 조치
   ③ 그 밖에 근로자의 건강 유지 및 증진을 위하여 필요한 의학적 조치에 관하여 고용노동부장관이 정하는 사항
2) 산업보건의에 대한 지원에 관하여는 제14조제2항을 준용한다. 이 경우 "안전보건관리책임자"는 "산업보건의"로, "법 제15조제1항"은 "제1항"으로 본다.

5.4 국내 안전관련 법령상의 안전관리자 제도

국내 안전관련 법령상의 안전관리자 의무고용사항은 다음 표와 같다.

소관부처	근거법령	의무고용사항
고용노동부	산업안전보건법 제16조	안전관리자 1~2명
	산업안전보건법 제20조	보건관리자 1~2명
산업통상자원부	전기안전관리법 제22조	전기안전관리자 1~3명
	고압가스 안전관리법 제15조	안전관리책임자 1명 안전관리원 1명 이상
	액화석유가스의 안전관리 및 사업법 제16조	안전관리책임자 1명 안전관리원 1명 이상
	도시가스사업법 제29조	안전관리책임자 1명 안전관리원 1명 이상
	에너지이용 합리화법 제40조	검사대상기기조종자 1명
소방청	소방시설 설치 유지 및 안전관리에 관한법률 제20조	소방안전관리자 1명
	위험물 안전관리법 제15조	위험물안전관리자 1명
경찰청	총포·도검·화약류 등의 안전관리에 관한 법률 제27조	화약류제조보안책임자 또는 화약류관리보안책임자 각 1명
	교통안전법 제53조	교통안전관리자 1명
환경부	화학물질관리법 제32조	유해화학물질관리자 1명
	대기환경보전법 제40조	환경기술인 1명
	수질 및 수생태계 보전에 관한 법률 제47조	환경기술인 1명
식품의약품안전처	식품위생법 제51조 및 제52조	조리사 영양사 각 1명

5.5 전문인력 배치 및 업무 충실도 기준

「산업안전보건법」제17조부터 제19조까지 및 제22조에 따라 업종 및 규모를 고려하여 정해진 수 이상으로 배치하여야 한다. 또한 배치하는 전문인력이 다른 업무를 겸직하는 경우에는 고용노동부장관이 정하는 기준에 따라 해당 업무를 수행하기 위한 업무시간을 보장하여야 한다.

일반적으로 각 사업장에 안전 및 보건에 관한 전문인력을 배치하고, 「산업안전보건법」제15조, 제16조 및 제62조에 따라 지정된 자가 안전 및 보건에 관한 업무를 충실하게 수행할 수 있도록 하여야 한다.

A.1	▶ 전문인력 배치 및 업무 충실도
주요착안사항	▶ 안전관리조직 운영 내실화를 위한 노력도

○ 안전관리 인력운영의 적합 여부
 - 안전관련 법령상 전담인력수, 적정 자격자, 채용 및 배치 등을 통한 인력 운영의 적합 여부
○ 인력확충 노력도
 - 건설공사의 규모, 업종 및 안전 위험요소 등을 종합적으로 고려하여 해당 현장에 필요한 안전 관련 인력을 확보하고 적재적소에 배치하기 위해 노력 여부
 - 공사 단계별 전문성을 고려한 현장 관리감독자 배치 필요

6. 안전 및 보건에 관한 예산편성과 집행

6. 안전 및 보건에 관한 예산편성과 집행

6.1 개요

매년 안전 및 보건에 관한 인력, 시설 및 장비 등을 갖추기에 적정한 예산을 편성하고 용도에 따라 집행하고 관리하는 체계를 마련해야 한다.

안전보건 경영목표 달성을 위하여 사업 및 예산운용 계획 수립, 성과계획 등 각 사업별 예산을 편성하고, 편성된 예산을 합리적·효율적으로 운영하기 위한 예산운용지침 수립, 예산배정 및 집행관리, 결산, 성과평가 등을 실시하여야 한다.

6.2 예산편성 및 운용계획 수립

안전 및 보건에 관한 인력, 시설 및 장비 등을 갖추기에 적정한 예산편성과 운용계획 수립은 안전보건경영 목표 달성을 위하여 사업별 예산(안)을 작성한 후 이사회 승인을 통해 반영하고, 확정된 예산에 대한 실행예산 편성, 운용계획 수립 및 성과관리 계획을 작성하는 행위이다.

예산편성 및 운용계획 수립은 회사의 안전보건 경영전략 및 경영목표 달성을 위해 자체 예산편성 지침에 따라 회사에서 수립한 산재예방프로그램에 대한 단위사업, 세부사업별 다음연도 예산요구안을 작성하는 것이다.

각 소관부서에서 작성한 예산(안)을 통합, 조정하여 최적의 예산(안)을 마련하고 이에 따른 성과계획서를 작성한 후, 이사회 설명, 부서별 협의, 조정을 거쳐 다음연도 예산을 확정하고 실행예산을 편성하는 것을 포함한다.

6.2.1 예산(안)작성 및 협의

안전 및 보건에 관한 인력, 시설 및 장비 등을 갖추기에 적정한 자체 예산안 편성기준을 마련하고 예산(안)을 작성하여야 한다.

예산(안) 작성 및 협의에서 예산(안) 작성단위는 산재예방프로그램사업 내 단위사업, 세부사업별로 작성하되 전년도 결산결과, 사업목적 및 개요, 예산 요구내용과 산출근거(물량 및 단가 포함), 필요성 및 시급성, 중기재정 소요전망 및 산출근거 등을 포함한다.

예산(안) 작성 및 협의에서 투자 우선순위 결정은 단위사업, 세부사업별 각 부서 예산요구안을 확인하고 안번보건 경영전략 및 경영목표의 효율적인 달성을 위해 중기사업계획에서 설정된 지출한도 범위 내 자원 배분 우선순위를 결정하는 것을 의미한다.

산업안전보건법, 건설안전특별법(건설기술진흥법) 등의 관계법령과 회계규정에 따른 자체 예산편성 지침에 따라 사업별 안전보건 소요 예산(안)의 적정성 여부, 투자 우선순위를 결정하여야 한다.

회사 내의 자체 예산편성지침, 안전보건 경영전략 및 경영목표, 과년도 결산보고서, 사업실적 및 성과, 과거 예산요구안 작성 자료 등을 이해하고, 예산관리시스템, 한글 및 엑셀프로그램 등을 활용하여 예산(안)을 종합적으로 작성하여야 한다.

안전보건 소요 예산(안) 작성 시에는 전체 사업과 안전보건에 대한 이해를 바탕으로 소관 부서별 협의, 설명, 조정, 교육을 거쳐 합리적 예산(안)을 마련해야 한다. 이때 반드시 사업목적과 내용, 예산을 이해하고 예산(안)을 수립하려는 자세를 가져야 하고,. 재해예방의 사업성과 및 예산집행 실적, 산업재해 통계 등 분석, 검토 등을 하여 적절한 예산(안)을 작성하여야 한다.

6.2.2 실행예산 편성

안전보건 경영전략 및 경영목표의 효율적 달성을 위해 실행예산을 편성하고 사업 및 예산운용계획을 수립하여야 한다.

실행예산 편성은 중기사업계획을 통해 설정된 지출한도 범위 내 예산(안)을 마련한 후 이사회 심의 및 의결을 거쳐 확정된 세부사업별 예산에 맞추어 안전보건 사업목적 및 예산집행의 효율성 제고를 위해 비목별로 자체 예산 및 내역을 만들어야 한다.

실행예산 편성에 필요한 본부 각 부서 및 현장, 사업별 예산 특성 및 소요내역, 과년도 집행실적 비교분석, 환경변화 등을 종합적으로 파악하고 예산프로그램 및 엑셀을 활용하여 각목명세서를 만들어야 한다.

안전보건에 대한 전체 실행예산 편성을 위해 사업별, 부서별 특성을 이해하고 월별, 분기별 예산 소요를 분석하고 반영하여야 한다.

실행예산 편성의 적정성 분석을 위하여 과거 안전보건 사업추진 실적 및 성과, 예산집행 실적을 비교분석하여야 하고, 실행예산안에 대해 부서별 담당자와 협의, 조정하고 조정된 예산안을 토대로 안전보건 사업 단위별 실행예산을 확정한다. 이때 부서별, 사업별 소요예산은 산재예방 감소효과를 달성하기 위해 공정하게 분석하여 반영하여야 한다.

6.2.3 예산 성과계획 수립

예산성과계획 수립은 예산요구안에 따라 산재예방프로그램 사업의 성과를 측정하기 위해 전년도 사업실적 및 성과분석을 바탕으로 차년도 세부사업별 성과목표 및 지표 설정, 설정 근거, 산식 등 성과계획을 수립하여 제출하는 것을 의미한다.

예산(안) 작성 시에는 산재예방프로그램 성과목표 및 성과지표 수입 등 성과계획서를 작성하여 사업 예산제도를 정착시켜야 한다.

성과계획 수립 시 예산을 통해 달성하고자 하는 성과목표를 명확히 이해하고 예산 요구안과 연계시켜야 하고 사업별, 부서별 성과지표 및 산식을 이해하고 취합, 조정하여야 한다.

수립된 성과목표 및 지표, 산식, 산출근거 등을 이사회에 명확하게 설명하고 의견을 반영하여야 한다.

6.3 예산집행관리 및 결산

예산집행관리 및 결산은 본사 각 부서 및 현장에 예산을 정기 또는 수시 배정하고, 집행 합리성·투명성 제고를 위한 예산집행지침 작성, 조기집행, 예산조정 및 협의, 집행 성과분석 및 결산, 성과보고서 작성 등 확정된 예산을 운영하는 행위이다.

6.3.1 예산배정 및 집행관리

회계연도별 확정된 예산에 대해 분기별 예산소요, 산재예방 적극추진을 위한 예산 조기집행 방침에 따라 본사 각 부서별, 현장별, 비목별 예산을 배정하여야 한다. 산재를 감소하기 위한 안전보건 관련 예산집행 목표액 부여에 따라 이를 달성하기 위해 사업별, 기관별로 월별, 분기별 목표를 설정하여 상시 관리하고 내부경영평가에 반영하고 평가하여야 한다.

연도별 안전보건 예산운용 집행원리를 이해하고 과년도 집행 문제점, 내·외부 감사 결과 등을 종합적으로 파악하여 예산집행의 투명성, 효율성 제고를 위한 예산집행지침을 마련하여야 한다.

산재예방 적극추진을 위한 예산 조기집행 목표 설정 및 모니터링, 분기별 사업 및 예산집행실적 분석, 예산 이월 및 불용 최소화를 위한 대책을 마련하여야 한다.

안전보건에 소요되는 예산집행의 투명성, 효율성 제고를 위해 본사 각 부서별, 현장별 문제점을 발굴·해소하고 예산집행심의회 구성·운영 등을 통해 합리적으로 해결하도록 하여야 한다.

본사 각 부서별, 현장별 예산조기집행률 및 예산집행률 목표를 합리적 으로 설정하고 이를 내부 안번보건 경영평가 지표에 반영하여 위임평가를 실시하여야 한다.

회계규정 및 자체 예산집행지침 등의 내규와 지침을 이해하고 예산과목, 예산 배정액, 집행액 등을 확인 한 후 구매요구서 및 지급요청서 등을 통제하여 산재예방 감소 성과와 연계하여 집행하여야 한다.

6.3.2 예산결산

자체 결산서 등 과년도 사업 및 예산집행 실적, 이월 및 불용현황, 사업추진 성과 등을 종합적으로 분석하여 예산결산 자료 및 업무보고 자료를 작성하여야 하고, 예산결산 관련 사업 및 예산실적, 문제점 등을 작성, 취합, 이사회에 제출하도록 하여야 한다.

사업주와 경영책임자는 결산 관련 자료를 생산하고 이사회에 직접 참석하여 사업성과 및 결산결과를 논리정연하게 설명하여야 한다.

결산자료에는 단위사업 및 세부사업별 결산개요(예산액, 집행액, 이월 및 불용액), 안전보건 사업현황 등 업무보고, 사업추진실적 및 성과, 수입 및 지출내역, 사업별 설명자료, 내·외부 감사 등 외부 지적사항 및 조치결과 등을 포함한다.

결산검토보고서에 대한 사실관계 확인, 수정의견 제시, 각종 설명자료 작성 및 대응, 예상 질의답변 자료 작성 등 안전보건 관련 법원 및 행정기관 대응을 위하여 결산 의결 시 까지 사업성과 및 결산 결과에 대한 종합적인 대응을 할 수 있도록 하여야 한다.

이사회나 각 소관부처, 현장에서 제기하는 결산심의 결과, 쟁점사항에 대한 합리적인 해결방안을 제시하고 자료제출 및 설명과 설득을 통해 문제점을 최소화하도록 노력하여야 한다.

6.3.3 예산 성과평가 실시

예산결산서 작성 시 회사 자체적으로 수립한 산재예방프로그램 성과목표 및 성과지표 수립 등 성과계획서에 따른 성과보고서를 작성하여 안전보건 사업 예산제도를 정착시켜야 한다.

산재예방프로그램 사업의 성과를 측정하기 위해 전년도에 수립한 성과계획서에 따라 사업실적 및 성과 달성도를 측정하여야 한다.

성과보고서 작성 시 사업 및 예산집행을 통해 달성하고자 하는 성과목표를 명확히 이해하고 예산결산서와 연계시켜야 한다. 이때 사업별, 부서별 성과지표 및 산식을 이해하고 결과를 취합, 조정하여야 한다.

수립된 목표 및 지표에 따른 달성정도, 산식, 산출근거 등을 이사회에서 명확하게 설명하고 의견을 반영토록 하여야 한다.

6.4 안전보건관련 예산 및 시설

6.4.1 안전보건예산 반영

회사의 아무리 훌륭한 안전보건방침이나 계획을 수립하였다 하더라도 예산이 따르지 않으면 실행하기 어렵다. 안전보건 투자는 단기간 회계적 이윤보다는 미래지향적인 성격을 갖고 투자하여 노동력을 보호하고 안전한 제품생산과 사회의 신뢰를 얻어 회사가 지속적이고 안정적으로 성장하도록 하여야 한다.

6.4.2 안전보건 예산[1]

회사의 안전보건 예산 반영 시 고려해야 할 사항은 다음과 같고, 필요한 비용 등이 예산에 충분히 반영되었는지 평가를 할 필요가 있다.
 1) 설비 및 시설물에 대한 안전점검 비용
 2) 근로자 안전보건교육 훈련 비용
 3) 안전관련 물품 및 보호구 등 구입 비용
 4) 작업환경측정 및 특수건강검진 비용
 5) 안전진단 및 컨설팅 비용
 6) 위험설비 자동화 등 안전시설 개선 비용
 7) 작업환경개선 및 근골격계질환 예방 비용
 8) 안전보건 우수사례 포상 비용
 9) 안전보건지원을 촉진하기 위한 캠페인 등 지원

6.4.3 안전보건 시설

회사의 안전보건 시설 설치 시 고려해야 할 사항은 다음과 같다.
 1) 안전보건시설을 충분히 갖추어야 한다.

---
1) 도용노동부·안전보건공단, 대표이사의 안전·보건계획 수립 가이드, 2020

2) 위험기계·기구의 방호시설 및 방호장치를 설치해야 한다..

3) 유해화학물질취급의 안전시설은 화학물질의 유출·누출 감시장치 및 설비를 설치해야 한다.

4) 추락방지시설, 국소배기장치, 소음방지시설, 가스검지기 등을 설치해야 한다.

5) 근로자의 건강을 유지·증진하기 위한 시설을 설치해야 한다.

6.5 적절한 안전보건 예산규모

6.5.1 안전보건 예산규모 및 세부항목별 비중

국가통계포털[2]에 따르면 2018년 기준으로 안전보건에 소요된 예산은 다음과 같다. 120억원에서 500억원 공사현장에서는 안전보건에 소요되는 예산은 평균적으로 2억3천2백만원이 소요되었다. 500억에서 1,000억 공사현장에서는 4억8백만원이 소요되었고, 1,000억원 이상 건설공사현장에서는 8억4천1백만원이 소요되었다. 인력유지비는 34%, 안전보건 조직운영 활동비 5.9%, 활동비 4.2%, 안전시설 및 보호장치 투자비 36.9%, 교육비 6.6%, 건강진단, 건강관리비 6.7%, 작업환경측정비 5.3%, 기타 0.3%가 소요되었다. 따라서 이를 참조여 적절한 예산을 수립하면 될 것이다. 그러나 가능하면 이보다도 더 많은 금액을 산정하는 것이 바람직할 것이다.

구분 (건설업 소요예산)	공사금액별 예산규모			
	소계	120~500 억원 미만	500억~ 1,000억원 미만	1,000억원 이상
사례수(개)	1,049	539	225	284
500만원 미만(%)	1.8	2.6	0.9	1.1
500만원~1,000만원 미만(%)	4.5	5.7	2.5	4.0
1,000만원~3,000만원 미만(%)	6.2	8.9	5.0	2.0
3,000만원~5,000만원 미만(%)	6.7	9.0	4.3	4.1
5,000만원~1억원 미만(%)	14.7	19.0	11.1	9.6
1억~5억 미만(%)	41.1	42.8	49.1	31.4
5억~10억 미만(%)	12.5	5.9	20.3	18.8
10억~30억 미만(%)	8.9	2.8	5.9	22.9
30억~50억 미만(%)	0.8	0.0	0.4	2.7
50억 이상(%)	0.4	0.0	0.0	1.3
없음	2.4	3.3	0.5	2.1
평균(만원)	43,646.4	23,228.3	40,869.5	84,135.7

---
[2] 국가통계포털(https://kosis.kr)

구분 (건설업 세부 항목별 비중)	공사금액별 예산규모			
	소계	120~500 억원 미만	500억~ 1,000억원 미만	1,000억원 이상
인력유지비(%)	34.0	34.5	32.6	34.3
안전보건 조직운영(%)	5.9	6.0	6.2	5.5
활동비(%)	4.2	4.3	4.4	3.8
안전시설 및 보호장치 투자비(%)	36.9	37.3	37.6	35.6
교육비(%)	6.6	6.6	6.8	6.4
건강진단, 건강관리비(%)	6.7	6.3	6.6	7.4
작업환경측정비(%)	5.3	4.6	5.2	6.6
기타(%)	0.3	0.2	0.5	0.4

6.5.2 고용노동부 특별감독을 통한 적절한 예산투자 수준

본사의 안전보건 예산·투자는 고용노동부의 특별감독 시 중점점검사항이기도 하다. '21년에 시행된 고용노동부 특별감독결과 안전보건 예산·투자에 대한 내용을 살펴보면 다음과 같고, 이를 고려하여 개선방안을 마련하면 될 것으로 보인다.

고용노동부 특별감독 결과

① D사에 대한 특별감독 결과

○ (현황) 안전보건 관련 예산액 급감, 품질안전실 운영비를 현장 안전관리비에서 사용 등
  * 안전예산 집행/편성(단위: 억원) (`18) 14.3/15.7→(`19) 9.7/11.0→(`20) 5.3/6.9

○ (권고) 충분한 안전보건 예산편성 및 획기적인 투자 확대, 본사 안전팀 운영비는 별도 예산으로 편성 집행 필요

② H사에 대한 특별감독 결과

○ (현황) 안전보건 예산 편성액이 매년 증가하고 편성액 대비 실제 집행액(최근 3년간 평균 67억원 대비 119억원)도 크게 증가

  - 집행예산 대부분이 안전보건관리자의 급여가 차지하고 있고 협력업체 지원 및 안

전교육을 위한 예산 집행이 미약하여 안전관리 수준 향상을 위한 것으로 보기에는 어려웠다.
* 집행예산으로 안전보건관리자의 급여 등이 대부분을 차지
○ (권고) 현장 노동자 및 협력업체가 직접 체감할 수 있도록 안전시설 투자 예산을 확대하고 안전교육 예산을 추가 편성 필요

6.5.3 적절한 안전보건 예산투자 수준

예산을 편성하거나 집행하려는 경우에는 안전 관리 및 예방 관련 사업을 적극적으로 지원하고 투자하여야 한다.

매년 안전 및 보건에 관한 인력, 시설 및 장비 등을 갖추기에 적정한 예산을 편성하고 용도에 따라 집행하고 관리하는 체계를 마련하는 기준은 다음과 같다.

A.1	▶ 적절한 안전보건 예산투자 수준
주요착안사항	▶ 안전보건관리를 위한 예산 편성·집행의 적정성

○ 안전보건관리 예산 관리기준 수립의 적정성
- 시설개선, 교육·훈련, 신제품·기술 개발·구매, 건강증진 등 안전보건관리예산 사용기준, 사용절차, 집행실적 관리 등 기준 수립의 적정성
○ 충분한 안전보건 예산편성 및 안전보건관리예산 집행율
- 해당 연도의 안전보건관리예산 편성액 대비 실제 집행액
○ 안전보건에 대한 획기적인 투자 확대
- 본사 안전팀 운영비는 별도 예산으로 편성 집행여부 확인
- 협력업체 지원 및 안전교육을 위한 예산 집행 현황
- 집행예산의 안전보건관리자 급여 차지 비율 현황
- 안전시설 투자 예산 확대하고 안전교육 예산 현황

7. 안전보건 전담 조직

7. 안전보건 전담 조직

7.1 개요

7.1.1 시행령(안) 일반사항

산업안전보건법 시행령(안) 제4조에서는 중대산업재해 관련 안전보건관리 체계 구축 및 이행에 관한 조치로서 안전보건에 관한 업무를 전담하는 조직을 두도록 하고 있다.

상시근로자수가 500명 이상인 사업 또는 사업장이거나「건설산업기본법」제23조에 따라 평가하여 공시된 시공능력(같은 법 시행령 별표 1 제1호 다목에 따른 토목건축공사업에 대한 평가 및 공시로 한정한다)의 순위 상위 200위 이내의 건설회사의 경우에는 안전보건에 관한 업무를 전담하는 조직을 두도록 하고 있다. 다만, 시행령(안) 제4조 제3호 가목에 따라 각 사업장에 배치해야 하는 전문인력의 합이 3명 미만인 경우는 제외토록 하고 있다.

7.1.2 고용노동부의 특별감독 중점점검사항

고용노동부는 중대재해가 발생한 기업들에 대해 본사 및 전국 다수 사업장에 대해 특별감독을 실시하고 있다. 본사에 대한 감독도 진행해 사업장 안전보건 관리체계에 대한 감독 및 지도도 실시하고 있는 것이다.

그런데 고용노동부의 본사에 대한 특별감독 중점점검사항은 현재까지 산업안전보건법상 요구되는 사항은 아니지만, 고용노동부가 중대재해 예방하기 위해 어떠한 안전보건경영시스템 요소가 필요하다고 보고 있는지 그 기준을 엿볼 수 있다. 이러한 기준은 중대재해처벌법 시행령에도 반영되어 있다.

따라서 기업들은 아래와 같은 고용노동부의 특별감독 중점점검사항을 충족시킬 수 있는 안전보건경영시스템 을 준비·구축할 필요가 있다.

구분	세부내용
안전보건 성과목표	•매년 성과분석 여부 •안전보건 정책목표와 언전보건활동계획의 수립 여부
인력·조직·예산	•안전보건 전문인력조직의 적정성 •충분한 예산 편성 및 집행
위험요소 관리 체계	•위험성 평가점검개선 절차 및 체계
환류·소통 체계	•안전보건활동을 객관적으로 평가하고 개선점을 확인 후 안전보건 활동계획에 반영하는 체계 •종사자 의견 청취
도급인의 책임·역할	•안전보건 역량 갖춘 협력업체 선정 •적정 공사기간비용 제공을 위한 평가기준 및 절차
경영책임자의 참여	•의무이행 현황 보고 •필요사항 적극 조치

7.1.3 본사의 안전보건전담 조직

산업안전보건법상 안전보건관리체제는 원칙적으로 사업장 단위로 구성되고, 사업장의 안전보건관리책임자는 종사자들에 대한 안전보건 조치 의무를 직접 부담한다. 즉, 사업장이 물리적으로 분리돼 있는 경우, 특별한 사정이 없으면 해당 사업장 중심으로 산안법상 의무를 이행하게 된다. 그래서 주로 사무직으로만 구성되고 유해·위험 작업이 없는 본사에는 안전보건 업무를 전담하는 조직이 없는 경우도 많다.

그런데 중대재해처벌법상 경영책임자에게 부여된 안전보건 확보의무는 회사 전체, 모든 사업장의 안전보건에 관한 사항에 대한 것이고, 경영책임자가 부담하는 의무는 종사자들에 대한 직접적인 안전보건 조치 의무가 아니라, 안전보건경영시스템을 운영하기 위한 인적·물적 기반을 마련하고 관리상의 조치를 할 의무를 말한다. 그리고 경영책임자가 이러한 의무를 이행하기 위해서는 본사에 안전보건전담 조직을 신설하거나 보강하는 것이 필요해 보인다. 본사의 안전보건전담 조직의 주된 역할은 경영책임자의 안전보건에 관한 사항을 계획하고, 실행을 보좌하며, 각 사업장들과 환류·소통하는 것이 될 것이다.

한편, 안전보건전담 조직의 장에게 안전보건에 관해 의사결정 권한을 얼마나 부여할 것인가에 대해서는 기업의 규모, 사업의 특성, 지배구조 등 여러가지 요소를 유기적으로 검토해 결정할 필요가 있다. 안전보건전담 조직의 장에 대한 권한 부여는 중대재해처벌법상 경영책임자의 범위, 경영책임자의 안전보건 확보의무의 이행 여부와 밀접한 관련이 있기 때문이다.

7.2 도입배경

상시근로자 수가 500명 이상인 기업 또는 시공능력 상위 200위 이내의 건설회사는 안전 및 보건에 관한 업무를 전담하는 조직을 두어야 한다. 다만, 산업의 특성상 산업재해 발생의 위험도가 낮아 기업의 안전 및 보건에 관한 전문인력(안전관리자 등)이 2명 이하인 경우는 예외로 하고 있다.

연간 공사실적액을 근거로 건설업 시공 능력 순위별 상시 근로자수를 추정한 결과 200위 이내에서 상시근로자수는 500명과 유사해서 기준을 설정했다.

> * 상시근로자수 = (연간공사실적액×노무비율(27%)) / (건설업월평균임금×12)
> ** 상시근로자수(추정) 결과 1위~100위 기업 평균 약 5,444명, 101위~200위 기업 평균 약 1,193명, 201위~300위 기업 평균 약 318명, 301위~1000위 기업 평균 약 121명
> *** 참고로 151위~200위 기업 평균 상시근로자수(추정) 약 481명으로 500명과 유사

뿐만 아니라, 건설업의 경우 개별 기업의 영세성을 고려하기에 앞서 산업재해 발생비율에 대한 고려가 더 중요한 측면이 있다. '20년 건설업 사고사망자는 458명으로 전체의 51.9%를 차지하고 있다. 따라서 사고 위험이 높은 건설업에 대해서는 위험을 체계적으로 관리할 수 있도록 안전보건조직을 의무적으로 두게 할 필요성이 다른 산업에 비해 높다고 판단하여 시행령에 규정하게 되었다.

7.3 안전보건 전담조직 도입방안

법무법인 율촌에서는 중대재해처벌법 대비 컴플라이언스 시스템 모델을 다음 그림과 같이 제안했다.

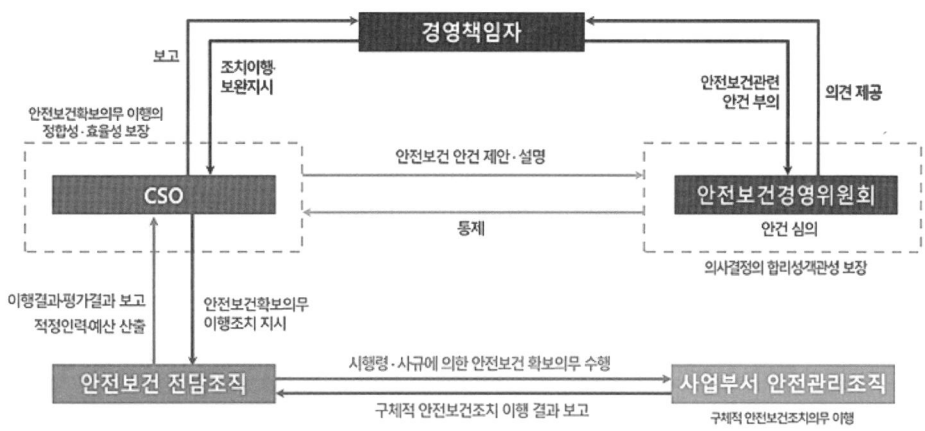

그림. 중대재해법 대비 컴플라이언스 시스템 모델(자료 : 율촌)

율촌에서 제안하는 것처럼 경영책임자의 안전보건 관련 관리상 조치를 보좌하는 '안전보건 전담조직'은 물론, 경영책임자의 안전보건 관련 의사결정을 자문·보좌하는 심의·의결기구인 '(가칭)안전보건경영위원회' 신설·보강을 할 필요가 있다.

안전보건 전담조직은 임원(임원에 상당하는 자를 포함) 중 한명을 안전관리의 책임자로 지정하여야 한다. 안전 관련 업무를 총괄하는 전담조직을 안전담당이사(CSO)로 하고 대표이사 직속으로 설치하여 운영하여야 한다.
또한 안전보건에 관한 사항을 심의하기 위해 근로자, 전문가 등이 참여하는 안전경영위원회를 구성·운영하여야 한다.

사내 안전보건경영위원회가 안전보건 관리 인력·예산·계획의 적정성은 물론, 안전보건 조치 이행 결과와 관련 사내 규정의 제·개정 등을 심의하면서 경영책임자의 안전보건 관련 의사결정의 합리성·객관성을 보완하는 역할을 맡게 된다.

기존 사업장을 중심으로 하는 안전보건 체계를 변경하는 것이 아니라, 경영책임자 지위에서 기존 체계를 지원·점검할 수 있는 체계 구축이 필요하다.

중대재해처벌법 제2조는 경영책임자에 대해 '사업을 대표·총괄하는 권한·책임이 있는 사람 또는 이에 준하여 안전보건에 관한 업무를 담당하는 사람'이라고 규정하고 있지만, 이를 선택적인 관계로 보아서는 안 될 것 같다.

안전보건 업무 담당자가 있다고 해서 곧바로 대표이사의 책임이 면책되지 않을 뿐만 아니라, 실질적인 책임자를 개별 판단해야 하므로 수사 등의 단계에서 대표이사 조사를 피하기는 어려울 것 같다.

사실 건설현장에서 중대재해 예방을 위해서는 안전(보건)관리자의 역할이 가장 중요하다. 만약 전담조직에 일반 관리자만 있는 경우에는 중대재해 발생 시 고용노동부에서 안전보건에 관한 업무를 전담하는 조직을 제대로 갖추지 않은 것으로 볼 수도 있을 것이다.

기존에는 안전관리자가 주로 기간제 계약직으로 채용돼 현장소장을 보좌하는 형태의 조언자 역할에 그쳤다면, 이제는 안전보건 전담 조직이 시행령에 규정되는 만큼 그 취지에 따라 전문적인 지식을 갖춘 안전관리자를 경영책임자의 곁에 직할 체제로 둬야 할 것으로 보인다.

시행령에서는 명확하고도 구체적인 기준이 제시되지 않은 이상, 개별 기업이 신중하게 제반 요소를 검토해 시스템과 프로세스를 구성할 필요가 있고, 이를 통해 합리적·객관적인 의사 결정을 이끌어 낼 수 있도록 노력한다면 중대재해가 발생했다고 하더라도 경영책임자 등에게 그 책임을 묻기는 어려울 것으로 보인다.

구체적으로 안전·보건에 관한 전문인력을 산업안전보건법 규정에 따라 배치하고 해당 업무를 '충실히 수행할 수 있도록' 할 의무를 규정한 시행령(안) 제4조 3호와 관련해 충실히 수행할 수 있도록 했는지 여부는 극히 모호한 해석의 영역이다. 과연 형벌법규의 구성요건으로 기능할 수 있을지 의문이다. 이 부분은 그대로 시행된다면 상당한 논란과 문제가 야기될 수 있는 부분으로 보인다.

결론적으로 기업이 최고안전책임자(CSO)를 둔다 하더라도 대표이사가 최종적인 책임을 질 수밖에 없을 것으로 보인다.

최소한 산업안전기본법에서 정한 수준 이상의 조치가 필요하고, 경영진이 지속적으로 현장 상황을 확인하고 종사자를 보호하겠다는 진지한 메시지를 계속 전달해야 형사책임 문제가 불거졌을 때 유리한 정황이 될 수 있을 것으로 보인다.

7.4 고용노동부 특별감독을 통한 안전보건 전담조직 수준

본사의 안전보건전담 조직은 고용노동부의 특별감독 시 중점점검사항이기도 하다. '21년에 시행된 고용노동부 특별감독결과 안전전문 인력과 조직에 대한 내용을 살펴보면 다음과 같고, 이를 고려하여 개선방안을 마련하면 될 것으로 보인다.

고용노동부 특별감독 결과

① T사에 대한 특별감독 결과
○ (현황) 본사 안전 전담팀이 사업부서에 편제되어 있어 위상이 낮고, 현장의 안전보건직 정규직 비율도 동종 업계에 비해 낮은 수준
 - ㈜○○건설 안전보건조직 구성원 136명 중 정규직은 42명(30.9%)
  (시공순위 20위 내 건설업체 안전보건관리자 정규직 비율 평균 43.5%)
○ (권고) 본사 안전 전담팀이 업무의 독립성을 확보할 수 있도록 적절하게 편제하고 현장의 안전보건관리자 정규직 채용 비율도 단계적으로 높일 필요

② D사에 대한 특별감독 결과
○ (현황) 최근 10년간 품질안전실장은 모두 안전보건분야 비전공자, 평균 근무기간은 1년 이내로 전문성, 연속성 등이 미흡
 - 수주액, 현장 수가 증가하고 있음에도 불구하고 현장 관리감독자 배치가 적기에 이루어지지 않았으며, 건축직 관리감독자도 부족
  * 주택건축 현장수 증가율(19%, `18년 69개 → `20년 82개)보다 현장 건축직 관리감독자 증가율(2.7%, `18년 893명 → `20년 917명)이 낮고 그마저도 비정규직으로 채용
  * 일부 철거현장의 경우 관리감독자가 없었던 사례
○ (권고) 안전보건 전문성을 갖춘 자를 품질안전실장으로 선임하고, 공사 수주 및 매출 변화에 따라 인력수급 계획을 수립하여 전문성을 고려한 현장 관리감독자 배치 필요

③ H사에 대한 특별감독 결과

○ (현황) 500여명 이상의 안전보건관리자가 안전기획 및 현장관리로 구분하여 업무를 전담 수행

- 다만, 정규직 비율이 낮고 타 직군의 전환배치도 빈번히 이루어지고 있어 책임감 있는 업무수행 여건이 보장되기 어려운 것으로 판단

 * 정규직 전환제도 운영 미흡(정규직 약 39%, 보건관리자는 모두 비정규직)

 * 기타 사업본부에서 직무수행능력 평가 없이 안전직군으로 전환 등

- 특히, 수주액 및 현장 수 증가에도 공사관리자 추가 배치는 미흡한 것으로 확인

○ (권고) 안전보건 인력에 대한 업무 책임감·전문성을 강화하는 조치(정규직 전환 활성화, 직무전환 시 교육 등)가 필요하고, 안전보건 전문인력 배치 및 업무수행 여건 보장

- 급격히 증가하는 수주액 및 현장 수에 부합하게 공사 단계별 관리인력도 적절히 배치할 필요

7.5 안전보건 전담조직 도입 기준

상시근로자수가 500명 이상인 사업 또는 사업장이거나 「건설산업기본법」 제23조에 따라 평가하여 공시된 시공능력 순위 상위 200위 이내의 건설회사의 경우에는 안전보건에 관한 업무를 전담하는 조직을 두어야 한다.

A.1	▶ 안전보건 전담조직 도입 기준
주요착안사항	▶ 안전보건 전담조직 체제의 구축 수준과 안전보건 전담조직 운영 내실화를 위한 노력도 ▶ 안전경영위원회 적정성

○ 안전관리조직의 구성 및 권한 수준의 적합 여부
- 조직도, 업무분장 등을 통한 조직 구성과 권한 부여의 적합 여부
- 안전보건 전담조직이 업무의 독립성을 확보할 수 있도록 적절하게 편제 여부
- 안전보건 전담조직에서 수행하는 중대산업재해 예방활동에 적극 협력될 수 있도록 책임과 권한 부여

○ 안전관리조직의 구성 및 권한 수준의 적합 여부
- 조직도, 업무분장 등을 통한 조직 구성과 권한 부여의 적합 여부
- 안전보건 전담조직이 업무의 독립성을 확보할 수 있도록 적절하게 편제 여부
- 안전보건 전담조직에서 수행하는 중대산업재해 예방활동에 적극 협력될 수 있도록 책임과 권한 부여
- 안전보건 전담조직 직원의 안전 관련 근무경력, 전문성, 성과 등을 근무평정, 성과평가 등에서 우대 여부
- 본사조직표, 안전지침 등에 따른 권한 이행상태 확인 (Cardinal Rules, 작업중지, 시정지시서 등)

○ 안전보건조직 역량 유지방안 및 구성원의 전문성향상 적정 여부
- 안전인력의 역량 제고 및 유지, 인센티브 관련 규정 등의 적정 여부
- 안전 관련 분야 전공자 또는 경력자를 채용하거나, 전보 제한 기간을 설정하는 등 안전 분야 근로자의 전문성을 높이기 위해 노력 여부
- 소속 직원의 안전 관련 근무경력, 전문성, 성과 등을 근무평정, 성과평가 등에서 우대하는지 여부
- 안전보건 인력에 대한 업무 책임감·전문성을 강화하는 조치(정규직 전환 활성화, 직무전환 시 교육, 전문교육 등)
- 현장의 안전보건관리자 정규직 채용 비율 단계적 상향
- 공사 단계별 전문성을 고려한 현장 관리감독자 배치

○ 안전경영위원회 구성, 운영의 적정성
- 본사의 안전경영위원회 개최 적정성(본사 및 협력업체 안전관리 내용 포함 등)

8. 종사자의 의견청취

8. 종사자의 의견청취

8.1 개요

중대재해처벌법 시행령(안) 제4조(중대산업재해 관련 안전보건관리체계 구축 및 이행에 관한 조치)에서는 사업 또는 각 사업장의 안전·보건 확보 및 개선에 대한 종사자의 의견을 반기 1회 이상 청취하고 재해예방을 위해 필요하다고 인정되는 경우에는 해당 의견에 대한 개선방안을 마련하여 이행하도록 조치하도록 하고 있다.

이 경우 의견청취 등에 대하여는 「산업안전보건법」 제24조, 제64조 및 제75조에 따른 위원회 또는 협의체를 통한 논의 및 심의·의결로 갈음할 수 있도록 규정하고 있다.

8.2 산업안전보건법상 종사자의 의견청취

8.2.1 산업안전보건위원회(제24조)

1) 사업주는 사업장의 안전 및 보건에 관한 중요 사항을 심의·의결하기 위하여 사업장에 근로자위원과 사용자위원이 같은 수로 구성되는 산업안전보건위원회를 구성·운영하여야 한다.
2) 사업주는 다음 각 호의 사항에 대해서는 제1항에 따른 산업안전보건위원회의 심의·의결을 거쳐야 한다.
   ① 제15조제1항제1호부터 제5호까지 및 제7호에 관한 사항

> 산업안전보건법 제15조제1항제1호부터 제5호까지 및 제7호에 관한 사항
> 제15조(안전보건관리책임자)
> ① 사업주는 사업장을 실질적으로 총괄하여 관리하는 사람에게 해당 사업장의 다음 각 호의 업무를 총괄하여 관리하도록 하여야 한다.
>   1. 사업장의 산업재해 예방계획의 수립에 관한 사항
>   2. 제25조 및 제26조에 따른 안전보건관리규정의 작성 및 변경에 관한 사항

3. 제29조에 따른 안전보건교육에 관한 사항

4. 작업환경측정 등 작업환경의 점검 및 개선에 관한 사항

5. 제129조부터 제132조까지에 따른 근로자의 건강진단 등 건강관리에 관한 사항

6. 산업재해의 원인 조사 및 재발 방지대책 수립에 관한 사항

7. 산업재해에 관한 통계의 기록 및 유지에 관한 사항

8. 안전장치 및 보호구 구입 시 적격품 여부 확인에 관한 사항

9. 그 밖에 근로자의 유해·위험 방지조치에 관한 사항으로서 고용노동부령으로 정하는 사항

② 제15조제1항제6호에 따른 사항 중 중대재해에 관한 사항

③ 유해하거나 위험한 기계·기구·설비를 도입한 경우 안전 및 보건 관련 조치에 관한 사항

④ 그 밖에 해당 사업장 근로자의 안전 및 보건을 유지·증진시키기 위하여 필요한 사항

3) 산업안전보건위원회는 대통령령으로 정하는 바에 따라 회의를 개최하고 그 결과를 회의록으로 작성하여 보존하여야 한다.

산업안전보건법 시행령 제37조(산업안전보건위원회의 회의 등)

① 법 제24조제3항에 따라 산업안전보건위원회의 회의는 정기회의와 임시회의로 구분하되, 정기회의는 분기마다 산업안전보건위원회의 위원장이 소집하며, 임시회의는 위원장이 필요하다고 인정할 때에 소집한다.

② 회의는 근로자위원 및 사용자위원 각 과반수의 출석으로 개의(開議)하고 출석위원 과반수의 찬성으로 의결한다.

③ 근로자대표, 명예산업안전감독관, 해당 사업의 대표자, 안전관리자 또는 보건관리자는 회의에 출석할 수 없는 경우에는 해당 사업에 종사하는 사람 중에서 1명을 지정하여 위원으로서의 직무를 대리하게 할 수 있다.

④ 산업안전보건위원회는 다음 각 호의 사항을 기록한 회의록을 작성하여 갖추어 두어야 한다.

1. 개최 일시 및 장소
2. 출석위원
3. 심의 내용 및 의결·결정 사항
4. 그 밖의 토의사항

4) 사업주와 근로자는 제2항에 따라 산업안전보건위원회가 심의·의결한 사항을 성실하게 이행하여야 한다.
5) 산업안전보건위원회는 이 법, 이 법에 따른 명령, 단체협약, 취업규칙 및 제25조(안전보건관리규정의 작성)에 따른 안전보건관리규정에 반하는 내용으로 심의·의결해서는 아니 된다.

> **산업안전보건법 시행령 제25조(안전보건관리규정의 작성)**
> ① 사업주는 사업장의 안전 및 보건을 유지하기 위하여 다음 각 호의 사항이 포함된 안전보건관리규정을 작성하여야 한다.
>   1. 안전 및 보건에 관한 관리조직과 그 직무에 관한 사항
>   2. 안전보건교육에 관한 사항
>   3. 작업장의 안전 및 보건 관리에 관한 사항
>   4. 사고 조사 및 대책 수립에 관한 사항
>   5. 그 밖에 안전 및 보건에 관한 사항
> ② 제1항에 따른 안전보건관리규정은 단체협약 또는 취업규칙에 반할 수 없다. 이 경우 안전보건관리규정 중 단체협약 또는 취업규칙에 반하는 부분에 관하여는 그 단체협약 또는 취업규칙으로 정한 기준에 따른다.
> ③ 안전보건관리규정을 작성하여야 할 사업의 종류, 사업장의 상시근로자 수 및 안전보건관리규정에 포함되어야 할 세부적인 내용, 그 밖에 필요한 사항은 고용노동부령으로 정한다.

6) 사업주는 산업안전보건위원회의 위원에게 직무 수행과 관련한 사유로 불리한 처우를 해서는 아니 된다.
7) 산업안전보건위원회를 구성하여야 할 사업의 종류 및 사업장의 상시근로자 수, 산업안전보건위원회의 구성·운영 및 의결되지 아니한 경우의 처리방법, 그 밖에 필요한 사항은 대통령령으로 정한다.

> **산업안전보건법 시행령 제34조(산업안전보건위원회 구성 대상)**
> 법 제24조제1항에 따라 산업안전보건위원회를 구성해야 할 사업의 종류 및 사업장의 상시근로자 수는 별표 9와 같다.

산업안전보건법 시행령 제35조(산업안전보건위원회의 구성)

① 산업안전보건위원회의 근로자위원은 다음 각 호의 사람으로 구성한다.
  1. 근로자대표
  2. 명예산업안전감독관이 위촉되어 있는 사업장의 경우 근로자대표가 지명하는 1명 이상의 명예산업안전감독관
  3. 근로자대표가 지명하는 9명(근로자인 제2호의 위원이 있는 경우에는 9명에서 그 위원의 수를 제외한 수를 말한다) 이내의 해당 사업장의 근로자

② 산업안전보건위원회의 사용자위원은 다음 각 호의 사람으로 구성한다. 다만, 상시근로자 50명 이상 100명 미만을 사용하는 사업장에서는 제5호에 해당하는 사람을 제외하고 구성할 수 있다.
  1. 해당 사업의 대표자(같은 사업으로서 다른 지역에 사업장이 있는 경우에는 그 사업장의 안전보건관리책임자를 말한다. 이하 같다)
  2. 안전관리자(제16조제1항에 따라 안전관리자를 두어야 하는 사업장으로 한정하되, 안전관리자의 업무를 안전관리전문기관에 위탁한 사업장의 경우에는 그 안전관리전문기관의 해당 사업장 담당자를 말한다) 1명
  3. 보건관리자(제20조제1항에 따라 보건관리자를 두어야 하는 사업장으로 한정하되, 보건관리자의 업무를 보건관리전문기관에 위탁한 사업장의 경우에는 그 보건관리전문기관의 해당 사업장 담당자를 말한다) 1명
  4. 산업보건의(해당 사업장에 선임되어 있는 경우로 한정한다)
  5. 해당 사업의 대표자가 지명하는 9명 이내의 해당 사업장 부서의 장

③ 제1항 및 제2항에도 불구하고 법 제69조제1항에 따른 건설공사도급인(이하 "건설공사도급인"이라 한다)이 법 제64조제1항제1호에 따른 안전 및 보건에 관한 협의체를 구성한 경우에는 산업안전보건위원회의 위원을 다음 각 호의 사람을 포함하여 구성할 수 있다.
  1. 근로자위원: 도급 또는 하도급 사업을 포함한 전체 사업의 근로자대표, 명예산업안전감독관 및 근로자대표가 지명하는 해당 사업장의 근로자
  2. 사용자위원: 도급인 대표자, 관계수급인의 각 대표자 및 안전관리자

산업안전보건법 시행령 제36조(산업안전보건위원회의 위원장)

산업안전보건위원회의 위원장은 위원 중에서 호선(互選)한다. 이 경우 근로자위원과 사용자위원 중 각 1명을 공동위원장으로 선출할 수 있다.

산업안전보건법 시행령 제37조(산업안전보건위원회의 회의 등)

① 법 제24조제3항에 따라 산업안전보건위원회의 회의는 정기회의와 임시회의로 구분하되, 정기회의는 분기마다 산업안전보건위원회의 위원장이 소집하며, 임시회의는 위원장이 필요하다고 인정할 때에 소집한다.

② 회의는 근로자위원 및 사용자위원 각 과반수의 출석으로 개의(開議)하고 출석위원 과반수의 찬성으로 의결한다.

③ 근로자대표, 명예산업안전감독관, 해당 사업의 대표자, 안전관리자 또는 보건관리자는 회의에 출석할 수 없는 경우에는 해당 사업에 종사하는 사람 중에서 1명을 지정하여 위원으로서의 직무를 대리하게 할 수 있다.

④ 산업안전보건위원회는 다음 각 호의 사항을 기록한 회의록을 작성하여 갖추어 두어야 한다.
　1. 개최 일시 및 장소
　2. 출석위원
　3. 심의 내용 및 의결·결정 사항
　4. 그 밖의 토의사항

산업안전보건법 시행령 제38조(의결되지 않은 사항 등의 처리)

① 산업안전보건위원회는 다음 각 호의 어느 하나에 해당하는 경우에는 근로자위원과 사용자위원의 합의에 따라 산업안전보건위원회에 중재기구를 두어 해결하거나 제3자에 의한 중재를 받아야 한다.
　1. 법 제24조제2항 각 호에 따른 사항에 대하여 산업안전보건위원회에서 의결하지 못한 경우
　2. 산업안전보건위원회에서 의결된 사항의 해석 또는 이행방법 등에 관하여 의견이 일치하지 않는 경우

② 제1항에 따른 중재 결정이 있는 경우에는 산업안전보건위원회의 의결을 거친 것으로 보며, 사업주와 근로자는 그 결정에 따라야 한다.

산업안전보건법 시행령 제39조(회의 결과 등의 공지)

　산업안전보건위원회의 위원장은 산업안전보건위원회에서 심의·의결된 내용 등 회의 결과와 중재 결정된 내용 등을 사내방송이나 사내보(社內報), 게시 또는 자체 정례조회, 그 밖의 적절한 방법으로 근로자에게 신속히 알려야 한다

8.2.2 도급에 따른 산업재해 예방조치(제64조)

1) 도급인은 관계수급인 근로자가 도급인의 사업장에서 작업을 하는 경우 다음 각 호의 사항을 이행하여야 한다.
   ① 도급인과 수급인을 구성원으로 하는 안전 및 보건에 관한 협의체의 구성 및 운영
   ② 작업장 순회점검
   ③ 관계수급인이 근로자에게 하는 제29조제1항부터 제3항까지의 규정에 따른 안전보건교육을 위한 장소 및 자료의 제공 등 지원
   ④ 관계수급인이 근로자에게 하는 제29조제3항에 따른 안전보건교육의 실시 확인
   ⑤ 다음 각 목의 어느 하나의 경우에 대비한 경보체계 운영과 대피방법 등 훈련
   가. 작업 장소에서 발파작업을 하는 경우
   나. 작업 장소에서 화재·폭발, 토사·구축물 등의 붕괴 또는 지진 등이 발생한 경우
   ⑥ 위생시설 등 고용노동부령으로 정하는 시설의 설치 등을 위하여 필요한 장소의 제공 또는 도급인이 설치한 위생시설 이용의 협조
   ⑦ 같은 장소에서 이루어지는 도급인과 관계수급인 등의 작업에 있어서 관계수급인 등의 작업시기·내용, 안전조치 및 보건조치 등의 확인
   ⑧ 제7호에 따른 확인 결과 관계수급인 등의 작업 혼재로 인하여 화재·폭발 등 대통령령으로 정하는 위험이 발생할 우려가 있는 경우 관계수급인 등의 작업시기·내용 등의 조정
2) 제1항에 따른 도급인은 고용노동부령으로 정하는 바에 따라 자신의 근로자 및 관계수급인 근로자와 함께 정기적으로 또는 수시로 작업장의 안전 및 보건에 관한 점검을 하여야 한다.
3) 제1항에 따른 안전 및 보건에 관한 협의체 구성 및 운영, 작업장 순회점검, 안전보건교육 지원, 그 밖에 필요한 사항은 고용노동부령으로 정한다.

8.2.3 안전 및 보건에 관한 협의체 등의 구성·운영에 관한 특례 (제75조)

1) 대통령령으로 정하는 규모의 건설공사의 건설공사도급인은 해당 건설공사 현장에 근로자위원과 사용자위원이 같은 수로 구성되는 안전 및 보건에 관한 협의체(이하 "노사협의체"라 한다)를 대통령령으로 정하는 바에 따라 구성·운영할 수 있다.

> 산업안전보건법 시행령 제63조(노사협의체의 설치 대상)
> 법 제75조제1항에서 "대통령령으로 정하는 규모의 건설공사"란 공사금액이 120억원(「건설산업기본법 시행령」 별표 1의 종합공사를 시공하는 업종의 건설업종란 제1호에 따른 토목공사업은 150억원) 이상인 건설공사를 말한다.

2) 건설공사도급인이 제1항에 따라 노사협의체를 구성·운영하는 경우에는 산업안전보건위원회 및 제64조제1항제1호에 따른 안전 및 보건에 관한 협의체를 각각 구성·운영하는 것으로 본다.

> 산업안전보건법 제64조(도급에 따른 산업재해 예방조치)
> ① 도급인은 관계수급인 근로자가 도급인의 사업장에서 작업을 하는 경우 다음 각 호의 사항을 이행하여야 한다.
> 1. 도급인과 수급인을 구성원으로 하는 안전 및 보건에 관한 협의체의 구성 및 운영

3) 제1항에 따라 노사협의체를 구성·운영하는 건설공사도급인은 제24조제2항 각 호의 사항에 대하여 노사협의체의 심의·의결을 거쳐야 한다. 이 경우 노사협의체에서 의결되지 아니한 사항의 처리방법은 대통령령으로 정한다.

> 산업안전보건법 제24조(산업안전보건위원회)
> ② 사업주는 다음 각 호의 사항에 대해서는 제1항에 따른 산업안전보건위원회의 심의·의결을 거쳐야 한다.
> 1. 제15조제1항제1호부터 제5호까지 및 제7호에 관한 사항
> 2. 제15조제1항제6호에 따른 사항 중 중대재해에 관한 사항

> 3. 유해하거나 위험한 기계·기구·설비를 도입한 경우 안전 및 보건 관련 조치에 관한 사항
> 4. 그 밖에 해당 사업장 근로자의 안전 및 보건을 유지·증진시키기 위하여 필요한 사항

> **산업안전보건법 시행령 제65조(노사협의체의 운영 등)**
> ① 노사협의체의 회의는 정기회의와 임시회의로 구분하여 개최하되, 정기회의는 2개월마다 노사협의체의 위원장이 소집하며, 임시회의는 위원장이 필요하다고 인정할 때에 소집한다.
> ② 노사협의체 위원장의 선출, 노사협의체의 회의, 노사협의체에서 의결되지 않은 사항에 대한 처리방법 및 회의 결과 등의 공지에 관하여는 각각 제36조, 제37조 제2항부터 제4항까지, 제38조 및 제39조를 준용한다. 이 경우 "산업안전보건위원회"는 "노사협의체"로 본다.

4) 노사협의체는 대통령령으로 정하는 바에 따라 회의를 개최하고 그 결과를 회의록으로 작성하여 보존하여야 한다.
5) 노사협의체는 산업재해 예방 및 산업재해가 발생한 경우의 대피방법 등 고용노동부령으로 정하는 사항에 대하여 협의하여야 한다.

> **산업안전보건법 시행규칙 제93조(노사협의체 협의사항 등)**
> 법 제75조제5항에서 "고용노동부령으로 정하는 사항"이란 다음 각 호의 사항을 말한다.
> 1. 산업재해 예방방법 및 산업재해가 발생한 경우의 대피방법
> 2. 작업의 시작시간, 작업 및 작업장 간의 연락방법
> 3. 그 밖의 산업재해 예방과 관련된 사항

6) 노사협의체를 구성·운영하는 건설공사도급인·근로자 및 관계수급인·근로자는 제3항에 따라 노사협의체가 심의·의결한 사항을 성실하게 이행하여야 한다.
7) 노사협의체에 관하여는 제24조(산업안전보건위원회)제5항 및 제6항을 준용한다. 이 경우 "산업안전보건위원회"는 "노사협의체"로 본다.

8.3 종사자의 의견청취 방법

8.3.1 의견청취 방법

안전 및 보건의 확보 및 개선에 관한 종사자 의견을 주기적으로 청취(연 2회, 반기 1회)하여야 하며, 그 의견이 재해예방에 필요하다고 판단되는 경우 해당 의견을 반영한 개선방안을 마련하여 이행되도록 조치하여야 한다.

의견청취 방식에 제한은 없으나 「산업안전보건법」에 따른 산업안전보건위원회, 안전 및 보건 협의체를 통한 논의 및 심의·의결로 갈음할 수 있다.

8.3.2 고용노동부 특별감독을 통한 종사자의 의견청취 방법 수준

본사의 종사자의 의견청취 방법은 고용노동부의 특별감독 시 중점점검사항이기도 하다. '21년에 시행된 고용노동부 특별감독결과 종사자의 의견청취 방법에 대한 내용을 살펴보면 다음과 같고, 이를 고려하여 개선방안을 마련하면 될 것으로 보인다.

고용노동부 특별감독 결과

① T사에 대한 특별감독 결과
○ (현황) 근로자의 의견을 수렴하여 개선조치는 하고 있으나, 현장별로만 이루어지는 한계

② D사에 대한 특별감독 결과
○ (현황) 협력업체 관계자, 근로자 소통체계 운영 미흡
○ (권고) 근로자가 안전보건문제에 대해 직접 참여할 수 있도록 본사 차원의 제도 마련 필요

③ H사에 대한 특별감독 결과
○ (현황) 자체 안전보건 제안제도를 운영하고 있으나 제안의 반영비율이 높지 않고 협력업체 노동자는 제외하고 있었음
 - 최근 3년간 총 152건 제안 ⇒ 미반영 66건(43%), 검토 중 및 비해당 18건(12%)
○ (권고) 협력업체 노동자를 포함하고, 제안제도 미반영 사유에 대한 피드백을 제공하는 등 소통강화 조치가 필요

8.4 종사자의 의견청취 방법 기준

산업안전보건법」에 따라 산업안전보건위원회를 설치·운영하여야 하는 경우에는 사업장 안전에 관한 중요 사항을 협의하기 위해 원·하청 노사 등이 참여하는 노사협의체를 별도로 구성·운영하여야 한다.

작업자의 자발적인 안전보건활동 참여 및 반영(Feed-Back)수준과 작업자의 안전보건경영 인식 수준이 적정해야 한다.

A.1	▶ 종사자 의견청취 방법과 작업자 안전보건활동 참여 수준
주요착안사항	▶ 원·하청이 참여하는 노사협의체 운영의 적정성 ▶ 작업자의 자발적인 안전보건활동 참여 및 반영(Feed-Back)수준과 작업자의 안전보건경영 인식 수준 적정성

○ 안전보건메뉴얼 등의 관련문서 내 산업안전보건위원회, 노사협의체 회의, 일일안전회의 실시계획 수립 및 이행 적정성
 - 안전보건위원회, 협의체 회의, 일일안전회의 등에 대한 회의록 작성
○ 노사협의체 운영의 적정성
 - 산업안전보건위원회 운영 대상 사업장의 노사협의체 운영의 적정성
○ 협력업체 관계자, 근로자 소통체계 운영 적정성
 - 본사 차원에서 현장에서 취합된 근로자의 의견을 수렴하여 개선조치 적정성
 - 협력업체 노동자를 포함한 제안제도 운영 및 미반영 사유에 대한 피드백을 제공하는 등 소통강화 조치 여부
○ 작업자가 참여하는 안전보건 신고·제안·포상제도 운영계획의 적정성
 - 작업자가 자발적인 안전보건활동에 참여할 수 있도록 신고·제안·포상제도의 지침 및 계획 수립의 적정성
○ 작업자가 참여하는 안전보건 신고·제안·포상 내용의 반영(Feed-Back) 수준
 - 신고·제안·포상제도의 실적관리, 채택제안 등의 현장 반영(Feed-Back) 등 실행수준
○ 작업자 안전보건 인식수준 제고 노력의 적정성
 - 작업자 현장 면담결과 안전보건 인식수준(경영방침 공유·소통, 안전보건조치 이해도 등) 제고 노력의 적정성

9. 중대산업재해 대응절차와 구호조치, 발생보고 등 절차

9. 중대산업재해 대응절차와 구호조치, 발생보고 등 절차

9.1 개요

중대재해처벌법 제4조(중대산업재해 관련 안전보건관리체계 구축 및 이행에 관한 조치)에서는 사업 또는 각 사업장에 중대산업재해가 발생할 급박한 위험이 있는 경우, 작업중지, 대피, 보고, 위험요인 제거 등 대응절차와 중대산업재해 발생시 구호조치, 추가피해방지 조치 및 발생보고 등 절차를 마련하고, 이를 반기 1회 이상 확인·점검하도록 하고 있다.

9.2 산업안전보건법상 중대재해 발생 시 조치

9.2.1 사업주의 작업중지(제51조)

사업주는 산업재해가 발생할 급박한 위험이 있을 때에는 즉시 작업을 중지시키고 근로자를 작업장소에서 대피시키는 등 안전 및 보건에 관하여 필요한 조치를 하여야 한다.

9.2.2 근로자의 작업중지(제52조)

1) 근로자는 산업재해가 발생할 급박한 위험이 있는 경우에는 작업을 중지하고 대피할 수 있다.
2) 제1항에 따라 작업을 중지하고 대피한 근로자는 지체 없이 그 사실을 관리감독자 또는 그 밖에 부서의 장(이하 "관리감독자등"이라 한다)에게 보고하여야 한다.
3) 관리감독자등은 제2항에 따른 보고를 받으면 안전 및 보건에 관하여 필요한 조치를 하여야 한다.
4) 사업주는 산업재해가 발생할 급박한 위험이 있다고 근로자가 믿을 만한

합리적인 이유가 있을 때에는 제1항에 따라 작업을 중지하고 대피한 근로자에 대하여 해고나 그 밖의 불리한 처우를 해서는 아니 된다.

9.2.3 고용노동부장관의 시정조치 등(제53조)

1) 고용노동부장관은 사업주가 사업장의 건설물 또는 그 부속건설물 및 기계·기구·설비·원재료(이하 "기계·설비등"이라 한다)에 대하여 안전 및 보건에 관하여 고용노동부령으로 정하는 필요한 조치를 하지 아니하여 근로자에게 현저한 유해·위험이 초래될 우려가 있다고 판단될 때에는 해당 기계·설비등에 대하여 사용중지·대체·제거 또는 시설의 개선, 그 밖에 안전 및 보건에 관하여 고용노동부령으로 정하는 필요한 조치(이하 "시정조치"라 한다)를 명할 수 있다.
2) 제1항에 따라 시정조치 명령을 받은 사업주는 해당 기계·설비등에 대하여 시정조치를 완료할 때까지 시정조치 명령 사항을 사업장 내에 근로자가 쉽게 볼 수 있는 장소에 게시하여야 한다.
3) 고용노동부장관은 사업주가 해당 기계·설비등에 대한 시정조치 명령을 이행하지 아니하여 유해·위험 상태가 해소 또는 개선되지 아니하거나 근로자에 대한 유해·위험이 현저히 높아질 우려가 있는 경우에는 해당 기계·설비등과 관련된 작업의 전부 또는 일부의 중지를 명할 수 있다.
4) 제1항에 따른 사용중지 명령 또는 제3항에 따른 작업중지 명령을 받은 사업주는 그 시정조치를 완료한 경우에는 고용노동부장관에게 제1항에 따른 사용중지 또는 제3항에 따른 작업중지의 해제를 요청할 수 있다.
5) 고용노동부장관은 제4항에 따른 해제 요청에 대하여 시정조치가 완료되었다고 판단될 때에는 제1항에 따른 사용중지 또는 제3항에 따른 작업중지를 해제하여야 한다.

9.2.4 중대재해 발생 시 사업주의 조치(제54조)

1) 사업주는 중대재해가 발생하였을 때에는 즉시 해당 작업을 중지시키고 근로자를 작업장소에서 대피시키는 등 안전 및 보건에 관하여 필요한 조치를 하여야 한다.
2) 사업주는 중대재해가 발생한 사실을 알게 된 경우에는 고용노동부령으로 정하는 바에 따라 지체 없이 고용노동부장관에게 보고하여야 한다. 다만, 천재지변 등 부득이한 사유가 발생한 경우에는 그 사유가 소멸되면 지체 없이 보고하여야 한다.

9.2.5 중대재해 발생 시 고용노동부장관의 작업중지 조치(제55조)

1) 고용노동부장관은 중대재해가 발생하였을 때 다음 각 호의 어느 하나에 해당하는 작업으로 인하여 해당 사업장에 산업재해가 다시 발생할 급박한 위험이 있다고 판단되는 경우에는 그 작업의 중지를 명할 수 있다.
   ① 중대재해가 발생한 해당 작업
   ② 중대재해가 발생한 작업과 동일한 작업
2) 고용노동부장관은 토사·구축물의 붕괴, 화재·폭발, 유해하거나 위험한 물질의 누출 등으로 인하여 중대재해가 발생하여 그 재해가 발생한 장소 주변으로 산업재해가 확산될 수 있다고 판단되는 등 불가피한 경우에는 해당 사업장의 작업을 중지할 수 있다.
3) 고용노동부장관은 사업주가 제1항 또는 제2항에 따른 작업중지의 해제를 요청한 경우에는 작업중지 해제에 관한 전문가 등으로 구성된 심의위원회의 심의를 거쳐 고용노동부령으로 정하는 바에 따라 제1항 또는 제2항에 따른 작업중지를 해제하여야 한다.
4) 제3항에 따른 작업중지 해제의 요청 절차 및 방법, 심의위원회의 구성·운영, 그 밖에 필요한 사항은 고용노동부령으로 정한다.

9.2.6 중대재해 원인조사 등(제56조)

1) 고용노동부장관은 중대재해가 발생하였을 때에는 그 원인 규명 또는 산업재해 예방대책 수립을 위하여 그 발생 원인을 조사할 수 있다.
2) 고용노동부장관은 중대재해가 발생한 사업장의 사업주에게 안전보건개선계획의 수립·시행, 그 밖에 필요한 조치를 명할 수 있다.
3) 누구든지 중대재해 발생 현장을 훼손하거나 제1항에 따른 고용노동부장관의 원인조사를 방해해서는 아니 된다.
4) 중대재해가 발생한 사업장에 대한 원인조사의 내용 및 절차, 그 밖에 필요한 사항은 고용노동부령으로 정한다.

9.2.7 산업재해 발생 은폐 금지 및 보고 등(제57조)

1) 사업주는 산업재해가 발생하였을 때에는 그 발생 사실을 은폐해서는 아니 된다.
2) 사업주는 고용노동부령으로 정하는 바에 따라 산업재해의 발생 원인 등을 기록하여 보존하여야 한다.
3) 사업주는 고용노동부령으로 정하는 산업재해에 대해서는 그 발생 개요·원인 및 보고 시기, 재발방지 계획 등을 고용노동부령으로 정하는 바에 따라 고용노동부장관에게 보고하여야 한다.

9.3 건설안전특별법(건설기술진흥법)상 중대재해 발생 시 조치

9.3.1 건설사고 신고(제28조)

1) 시공자는 건설사고가 발생한 것을 알게 된 경우 그 사실을 즉시 정보망을 통하여 국토교통부장관, 발주청 또는 인허가기관의 장에게 통보하여야 한다.
2) 발주청 및 인허가기관의 장은 제1항에 따라 사고 사실을 통보받았을 때에는 시공자가 신고한 사항을 확인하고, 대통령령으로 정하는 바에 따라 다음 각 호의 사항을 정보망을 통하여 국토교통부장관에게 제출하여야 한다.
   ① 사고발생 일시 및 장소
   ② 사고발생 경위
   ③ 조치사항
   ④ 향후 조치계획

9.3.2 건설사고 조사 등(제29조)

1) 국토교통부장관, 시·도지사, 발주청 및 인허가기관의 장, 국토안전관리원은 건설사고가 발생하면 그 원인규명과 사고 예방을 위하여 사고 경위 및 사고 원인 등을 조사할 수 있다.
2) 제1항에 따라 건설사고의 원인 등을 조사하는 자(이하 "조사자"라 한다)는 다른 조사자가 조사한 결과의 제공을 해당 조사자에게 요청할 수 있다.
3) 국토교통부장관, 시·도지사, 발주청 및 인허가기관의 장은 다음 각 호의 어느 하나에 해당하여 건설사고가 재발할 우려가 있는 현장에 대하여 공사의 전부 또는 일부 중지를 명할 수 있다.
   ① 이 법에 규정된 건설공사 참여자의 안전관리의무를 위반한 경우
   ② 건설산업기본법 제28조의2, 제29조, 제29조의3 및 제41조를 위반한 경우
   ③ 그 밖에 설계도서가 미흡한 경우 등 국토교통부령으로 정하는 경우
4) 제3항에 따라 공사 중지 명령을 받은 발주자 또는 시공자(수급인은 제외

한다)는 시공자등과 건설사고 재발방지대책을 수립하여 공사 중지를 명한 자에게 제출하여야 한다.

5) 제3항에 따라 공사 중지를 명한 자는 제4항에 따른 재발방지대책과 그 검토 결과를 국토교통부장관에게 제출하여야 한다.

6) 제3항에 따라 공사 중지를 명한 자는 재발방지대책이 건설사고의 재발을 방지하기에 충분한 경우에는 공사 중지를 해제할 수 있다.

7) 제3항에 따른 공사 중지로 인한 공사기간 연장이나 공사비용 인상 등은 발주자와 설계자등의 과실 비율에 따라 각각 부담하여야 한다.

8) 중앙행정기관의 장, 시·도지사, 발주청 및 인허가기관의 장 등 관계 기관의 장은 합동조사를 실시할 수 있으며 사전에 시기, 대상, 방법 등 조사계획을 공유하고 필요시 조정할 수 있다.

9.3.3 건설사고조사위원회(제30조)

1) 국토교통부장관, 발주청 및 인허가기관의 장은 대통령령으로 정하는 중대한 건설사고(이하 "중대건설사고"라 한다)가 발생하여 건설사고의 원인조사 등을 위하여 필요하다고 인정하는 경우에는 건설사고조사위원회를 구성·운영할 수 있다.

2) 건설사고조사위원회는 중대건설사고의 조사를 마쳤을 때에는 유사한 건설사고의 재발 방지를 위한 대책을 국토교통부장관, 발주청 또는 인허가기관의 장, 그 밖의 관계 행정기관의 장에게 권고하거나 건의할 수 있다.

3) 국토교통부장관, 발주청 및 인허가기관의 장, 그 밖의 관계 행정기관의 장은 정당한 사유가 없으면 제2항에 따른 권고 또는 건의에 따라야 한다.

4) 국토교통부장관이 제36조제2항에 따라 건설사고조사위원회의 운영에 관한 사무를 「공공기관의 운영에 관한 법률」에 따른 공공기관에 위탁한 경우에는 그 사무 처리에 필요한 경비를 해당 공공기관에 출연하거나 보조할 수 있다.

5) 건설사고조사위원회의 구성 및 운영 등에 필요한 사항은 대통령령으로 정한다.

9.4 산업재해 발생 시 일반적인 처리절차

 건설현장에서 사고, 특히 단순 사고가 아닌 근로자가 다치거나 사망하는 '산업재해'가 발생하면 사업주와 근로자들은 무엇을 어떻게 해야 할지 당황할 수밖에 없다.

 산업안전보건법은 산업재해 발생 시 응급조치 및 보고 절차를 미리 마련하여 두게끔 관리감독자의 업무로 산업재해에 관한 보고와 응급조치를 부여하고, 일정 규모 이상 사업장에는 안전보건관리규정으로 산업재해 발생 시 처리절차 및 긴급조치에 관한 사항 등을 정하도록 하고 있다.

 실제에서는 산업재해가 발생하게 되면 재해자 응급 처치와 병원 후송을 최우선으로 해야 한다. 더불어 관할 지방고용노동관서에 대한 재해 발생 보고도 이루어져야 한다. 그 밖에 사업주는 현장 보존 및 기록, 관련 기관 조사에 대한 준비 등을 해야 한다.

 산업재해가 발생했을 때 사업주가 해야 할 일은 다음과 같다.

 1) 작업을 중지하고 재해자에게 적절한 조치를 취하도록 해야 한다.
 사고가 발생하면 우선 해당 작업 및 기계, 기구의 사용을 중지하고 재해자를 구출하여 병원으로 긴급 후송해야 한다. 산업재해가 발생할 급박한 위험이 있을 때 또는 중대재해가 발생하였을 때 작업을 중지시키는 것은 산업안전보건법상 사업주의 의무이다.

 현장에서 적절한 응급조치가 이루어지기 위해서는 평소 안전보건교육을 통해 근로자들이 해당 사업장에서 발생할 수 있는 재해 형태별, 취급 화학물질별 사고 대처법을 숙지하고 있어야 한다.

 또한 의사나 간호사인 보건관리자가 있는 사업장은 이들을 통해 적절한 응급처치가 이루어질 수 있도록 연락체계를 갖춰두는 것이 좋다. 무엇보다 피해를 최소화하는 빠른 조치를 위해서는 사고 상황에 대비한 비상연락체계 및 비상조치 절차가 미리 마련되어 있는 것이 필요하다.

> **작업중지 및 재해자 조치**
>
> 사업주는 중대재해가 발생하면 「산업안전보건법」 제54조 제1항에 따라 즉시 작업을 중지시키고, 근로자를 작업장소로부터 대피시키는 등 필요한 안전·보건상의 조치를 하여야 한다. 재해자를 구출하여 응급처치를 실시하고 병원으로 긴급 후송할 수 있도록 조치하는 것은 규정에 상관없이 당연히 조치해야 할 사항일 것이다.
>
> 아울러 법 제56조 제3항은 중대재해 발생현장을 훼손하여 원인 조사를 방해하는 것을 금지하고 있으므로 조사가 끝날 때까지 현장을 보존하고, 현장 목격자 및 재해자로부터 재해 발생 경위, 작업지시 내용, 사고 당시 안전시설 여부, 사고 당시 보호구 착용 현황 등에 대한 진술과 입증자료를 확보하는 것이 바람직해 보인다.

2) 사고 현장을 보존하고 목격자 등의 진술을 확보하도록 해야 한다.

재해자 구출과 동시에 비상연락체계 또는 안전보건관리체제에 따라 관리감독자, 안전보건관리책임자, 사업주 등에게 사내 보고가 이루어져야 하고, 사고 원인 등을 조사하기 위한 현장 보존을 해야 한다.

특히 중대재해의 경우, 사고 현장이 훼손되었을 경우 경찰이나 고용노동부 조사 시 고의성 여부가 문제 될 수 있으므로 사고 당시 상태대로 보존할 수 있도록 한다. 사고 목격자 등의 진술은 향후 관련 기관 조사나 법정 다툼 시 중요한 자료가 된다.

따라서 목격자와 작업지시자, 가능한 경우 재해자에게도 본인의 인적사항과 함께 재해발생 경위, 작업지시 내용, 사고 당시 안전시설 설치와 보호구 착용 여부 등 기타 사고와 관련된 사항을 진술 받아 자필 서면으로 확보한다. 사고 현장의 사진과 동영상을 남겨놓는 것도 필요하다.

3) 산업재해 발생 보고를 하고 관련 기록들을 보존하도록 해야 한다.

사망자가 발생하는 등 중대재해의 경우 지체 없이 관할 지방고용노동관서 산재예방지도과에 전화, 팩스 등으로 중대재해 발생 보고를 해야 한다. 이때 '지체 없이'는 정당한 사유가 없는 한 응급구호 및 재해 재발방지를 위한 조치 등에 필요한 최소한의 시간 경과 후 '즉시'라는 것이 고용노동부의 입장이다. 중대재해가 아닌 경우 30일 이내 관할 지방고용노동관서에 산업재해조사표를 제출하는 것으로 발생 보고를 한다. 산업재해조사표는 사업장 및 재해자 정보, 재해발생 개요와 원인, 재발방지계획을 포함하며, 작성 후 근로자대표의 확인을 받아야 한다.

주의해야 할 점은 근로자가 산재보험급여신청서를 제출한 것과 별개로 사업주는 산업재해조사표를 제출해야 한다는 것이다. 가령 재해자를 위한 산재처리(피해 보상 등)를 사업주가 도왔다 하더라도 산업재해조사표 미제출 시 1,000만 원 이하의 과태료에 처해질 수 있다. 한편, 산업재해조사표 등 산업재해의 기록은 3년간 보존여야 하며 보존하지 아니하면 300만원 이하의 과태료에 처해질 수 있다.

> **중대재해 발생보고**
> 법 제54조 제2항에 따라 사업주는 중대재해가 발생한 경우 지체 없이 관할 지방고용노동관서에 전화, 팩스 등으로 재해의 발생 개요 및 피해상황, 조치 및 전망, 그 밖의 중요사항 등을 보고하여야 한다.

4) 관련 기관 조사 대응 및 제출 서류를 준비해야 한다.

중대재해(사망자가 1명 이상 발생한 재해, 3개월 이상의 요양이 필요한 부상자가 동시에 2명 이상 발생한 재해, 부상자 또는 직업성질병자가 동시에 10명 이상 발생한 재해) 발생으로 고용노동부 및 경찰 조사가 예상되는 경우, 또는 산재보험이나 근재보험 처리 시 근로복지공단, 보험사의 조사가 예상되는 경우에도 이에 필요한 서류들을 준비해야 한다. 특히, 사업주는 사고 경위 및 안전조치 미비사항 등을 파악하고, 산업안전보건법상 안전보건상 조치 의무를 충분히 이행한 부분을 입증하는 자료들을 준비해야 한다.

관련 서류로는 안전교육일지, 보호구지급대장, 유해·위험 기계·기구의 경우 정기검사증, 안전점검일지, 안전보건총괄책임자, 안전관리자, 관리감독자 등의 선임 서류가 있으며, 기본적으로 사고경위서, 목격자 진술서, 현장 사진, 작업지시서, 출역일보 또는 출근부, 근로계약서, 도급계약서 등도 준비되어야 하겠다.

중대재해 현장을 조사해보면 안전보건관리상태가 취약해진 것이 재해 발생 원인이 된 것으로 밝혀지고 있다. 만약 안전보건관리체제가 제대로 구축되어 있었더라면 사고가 발생하지 않았을 수도, 발생하였더라도 빠른 대처로 피해를 최소화 할 수 있었으리라 본다.

산업안전보건법상 안전보건관리체제 구축, 안전보건관리규정 작성, 안전보건 교육 및 점검의 주기적 실행은 산업재해를 예방하는데 필요할 뿐만 아니라 사고 발생 시 응급대처와 사후 관리에도 긴요하다.

따라서 평소에 조직을 정비하고 관련 규정을 마련, 근로자들에게 숙지시키며 교육과 훈련에 힘쓰는 것이 언제 닥칠지 모르는 사고에 대비하는 정도라 하겠다.

작업중지명령 해제 조치 및 안전보건개선계획 수립

중대재해가 발생하면 법 제55조에 따라 고용노동부장관에 의한 작업중지 명령이 내려질 수 있다. 작업중지명령을 받은 사업장은 안전보건 실태 점검 및 개선 조치를 하고 안전개선계획을 수립하여 지방고용노동관서에 작업중지 해제를 신청하게 된다.

작업중지와 별도로 사업주가 안전보건조치의무를 이행하지 아니하여 중대재해가 발생한 사업장에 대해 법 제49조에 따라 안전보건개선계획의 수립과 시행을 명받을 수 있다. 이 경우 시설, 안전·보건관리체제 등 산업재해 예방 및 작업환경의 개선을 위해 필요한 사항을 포함하여 안전보건개선계획서를 작성하고, 60일 이내에 관할 지방고용노동관서의 장에게 제출하여야 한다

산업재해 기록 및 보존

사업주는 중대재해를 포함하여 산업재해가 발생하면 법 제57조 제2항에 따라 사업장의 개요 및 근로자의 인적사항, 재해 발생 일시 및 장소, 재해 발생 원인 및 과정, 재해 재발방지 계획을 적은 기록을 3년간 보존하여야 한다.

9.5 비상조치계획 수립[1] 계획

9.5.1 비상사태의 구분

비상사태는 조업상의 비상사태와 자연 재해로 구분하며, 조업상의 비상사태는 다음의 경우를 말한다.
 1) 중대한 화재사고가 발생한 경우
 2) 중대한 폭발사고가 발생한 경우
 3) 독성화학물질의 누출사고 또는 환경오염 사고가 발생한 경우
 4) 인근지역의 비상사태 영향이 사업장으로 파급될 우려가 있는 경우
자연재해는 태풍, 폭우 및 지진 등 천재지변이 발생한 경우를 말한다.

9.5.2 비상사태 파악 및 분석

사업장의 안전보건총괄책임자는 보유설비와 취급하고 있는 위험물질에 의한 발생 가능한 비상사태를 체계적으로 검토해야 한다. 또한 위험성 파악과 비상조치계획의 수립에 있어서는 발생 가능성이 큰 비상사태를 기준으로 하되 발생가능성은 적으나 심각한 결과를 초래할 수 있는 비상사태도 포함시킨다.
발생 가능한 비상사태의 분석에는 다음 사항을 포함시킨다.
 1) 공정별로 예상되는 비상사태
 2) 비상사태 전개과정
 3) 최대피해 규모
 4) 피해 최소화대책
 5) 과거 유사한 중대사고의 기록
 6) 비상사태의 결과예측

---

[1] 한국산업안전보건공단, 비상조치계획 수립에 관한 기술지침, 2012

9.5.3 비상조치계획의 수립

비상조치계획의 수립에는 다음과 같은 원칙이 지켜지도록 한다.
1) 근로자의 인명보호에 최우선 목표를 둔다.
2) 가능한 비상사태를 모두 포함시킨다.
3) 비상통제 조직의 업무분장과 임무를 분명하게 한다.
4) 주요 위험설비에 대하여는 내부 비상조치계획 뿐만 아니라 외부 비상조치계획도 포함시킨다.
5) 비상조치계획은 분명하고 명료하게 작성되어 모든 근로자가 이용할 수 있도록 한다.
6) 비상조치계획은 문서로 작성하여 모든 근로자가 쉽게 활용할 수 있는 장소에 비치한다.

비상조치계획에는 최소한 다음과 같은 사항을 포함한다.
1) 근로자의 사전 교육
2) 비상시 대피절차와 비상대피로의 지정
3) 대피전 안전조치를 취해야 할 주요 공정설비 및 절차
4) 비상대피후 직원이 취해야 할 임무와 절차
5) 피해자에 대한 구조·응급조치 절차
6) 내·외부와의 연락 및 통신체계
7) 비상사태 발생시 통제조직 및 업무분장
8) 사고 발생시와 비상대피시의 보호구 착용 지침
9) 비상사태 종료후 오염물질 제거 등 수습 절차
10) 주민 홍보 계획
11) 외부기관과의 협력체제

 비상조치계획 수립 시에 부서별 비상대응체계를 다음 예시와 같이 작성하여 비치하여야 한다.

비상대응체계(예시)			
비상사태 유형	WB - 101 화재	부서	공사팀
발생원인	지하1층 LNG 누출로 인한 폭발화재		
예상피해	인명 및 설비 피해		
비상대응 조직도	회사볼 비상대응 조직도	비상 조치 흐름	①LPG누출 발생시 ②LPG 공급 차단(공사팀) ③수증기막 형성(공사팀) ④공사 작업중지(공사팀) ⑤비상신고계통 조직운영(공사팀, 인전관리팀) ⑥화재 진압 시설복구 ⑦공사 정상화
타부서 지원사항		긴급 대응 유의사항	
안전부서	소방차 출동	화재진압시 화상주의	
지원부서	비상 소방 Pump 가동		

9.5.4 비상조치계획의 검토

사업장의 안전보건책임자는 다음과 같은 경우에 비상조치계획을 검토한다.
1) 처음 비상조치계획 수립시
2) 각 비상조치요원의 임무가 변경된 경우
3) 비상조치계획 자체가 변경된 경우
　비상조치계획의 수립과 검토시에는 근로자 및 근로자 대표의 의견을 청취하여 자발적인 참여가 이루어지도록 하고, 비상사태의 종류 및 비상사태의 전개에 따라 신속한 결정과 조치가 가능한지를 검토하도록 한다.

9.5.5 비상대피계획

비상대피 계획의 목적은 비상사태의 통제와 억제에 있으며 비상사태의 발생은 물론 비상사태의 확대 전파를 저지하고 이로 인한 인명피해를 최소화하는 데 있다.

재해의 최소화를 위하여 적절하고 신속한 비상대피 계획의 확립을 위해 다음 사항을 준비한다.

1) 경보 발령절차
2) 비상통로 및 비상구의 명확한 표시
3) 근로자 등의 대피절차 및 대피장소의 결정
4) 대피장소별 담당자의 지정, 그들의 임무 및 책임사항
5) 비상통제센타의 위치 및 비상통제센타와의 보고체계 확립
6) 임직원 명부 및 하도급업체 방문자 명단의 확보와 대피자의 확인체계 확립
7) 대피장소에서 근로자 및 일반대중의 행동요령
8) 임직원 비상연락망의 확보
9) 외부비상조치기관과의 연락수단 및 통신망 확보

9.5.6 비상사태의 발령

1) 비상사태 발생 신고

작업 중 비상사태 발생을 확인한 임직원은 즉시 비상경보 발신기의 작동이나 통신망 등을 이용하여 다음사항을 현장 상황실로 신고해야 하며, 비상 신고 계통도는 다음과 같다.

(1) 비상사태 발생지역
(2) 비상사태의 내용
(3) 신고자의 소속과 성명

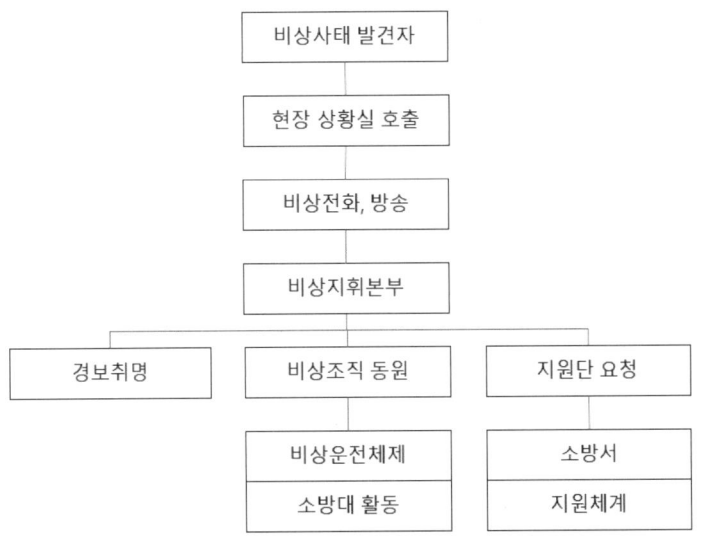

그림. 비상신고 계통도

2) 비상사태의 발신

비상사태 발생 신고를 접수한 현장 상황실은 비상방송 및 경보를 취명해야 하며 해당 비상통제자는 비상 방송을 통해 다음과 같은 비상사태 발생 상황을 방송하고 비상 통제 조직에 의한 필요한 조치를 지시해야 한다. 필요한 경우 인근지역 주민에게 비상사태를 알리고 필요한 조치를 취하도록 한다

(1) 비상사태의 종류

(2) 비상사태 발생 장소

(3) 비상출동 소방대 동원사항

(4) 방송자의 소속과 성명

9.5.7 비상경보 체계

1) 경보시설의 설치
(1) 설비의 규모에 따라 적절한 수의 경보시설을 확보한다.
(2) 소음수준이 높은 곳에서는 시각적 경보시설을 고려한다.
(3) 각종 비상경보는 주 1회 작동 테스트를 한다.
2) 비상경보의 종류

비상경보에는 다음과 같은 종류가 있다.

(1) 경계경보
(2) 가스누출경보
(3) 대피경보
(4) 화재경보
(5) 해제경보

3) 경계경보

(1) 비상사이렌으로 3분간 장음으로 취명한다.
(2) 필요시 공정상의 이상 또는 독성물질의 누출위험이 없을 때까지 취명하며 다음과 같은 조치를 취하도록 한다.
  (가) 모든 안전작업허가서는 효력을 상실하며 허가서는 발급자에게 반납한다.
  (나) 흡연과 가열기구는 사용이 금지된다.
  (다) 운전요원은 필요한 안전조치와 함께 비상사태 지휘자의 지시에 따른다.

4) 가스누출 경보

(1) 고·저음의 파상음을 연속적으로 취명한다.
(2) 가스가 누출되는 동안 계속 취명하며 다음과 같은 조치를 취하도록 한다.
  (가) 모든 안전작업허가서는 효력을 상실하며 허가서는 발급자에게 반납한다.
  (나) 흡연과 가열기구는 사용이 금지된다.
  (다) 운전요원은 필요한 비상운전정지 조치와 함께 비상지휘자의 지시에 따른다.
  (라) 독성가스 누출시는 비상방송의 안내에 따라 호흡보호 장비를 휴대하고 비상지휘자의 지시에 따른다.

5) 대피경보

(1) 단음으로 연속 취명되며 비상사태 종료시까지 계속 취명된다.
(2) 폭발 또는 독성물질의 다량 누출 등 급박한 위험상황 일때에 취명하며

대피에 필요한 지시사항과 대피경로 및 대피장소를 반복하여 안내하며 다음과 같은 조치를 취하도록 한다.
(가) 모든 작업을 중지한다.
(나) 비상지휘자가 지명한 요원(비상운전반 등)을 제외한 모든 사람들은 지시에 따라 대피한다.
(다) 풍향을 고려하여 대피지역을 지정한다.
(라) 필요한 경우 비상사태 발생지역의 진입을 통제하고 인근공장 및 주민의 대피를 지시한다.

6) 화재경보
(1) 5초 간격 중단음으로 계속 취명한다.
(2) 이 경보는 화재로 인한 비상사태에 발신되며 다음과 같은 조치를 취하도록 한다.
(가) 비상지휘자는 비상방송을 통해 비상출동반을 비롯한 비상통제조직체제의 동원과 필요한 비상가동정지와 소방활동을 지시한다.
(나) 모든 안전작업 허가서는 효력을 상실하며 허가서는 발급자에게 반납한다.
(다) 모든 방문자와 불필요한 인원은 비상지휘자의 지시에 따라 지정된 장소로 대피한다.
(라) 비상통제 조직의 구성원 외에는 비상발생 장소에 접근하거나, 진화작업에 지장을 주어서는 안된다.

7) 해제경보
1분간 장음으로 취명하며 비상방송을 통해 상황의 종료와 조치 사항에 대하여 안내한다.

9.5.8 비상사태의 종결

비상사태는 해제경보의 취명으로 종결되며 사업장의 제반기능은 정상체제로 운영된다. 비상사태의 종결은 비상지휘자의 결정에 의한다.

비상사태가 종결되면, 모든 직원의 복귀가 지시되고 비상동원 조직은 해체된다. 각부서의 부서장은 각부서별로 정상체제에서 인원과 장비를 파악하고 인원을 비상통제단에 보고한다.

비상통제단은 소방지원단 및 지원단 인원과 장비에 대한 상황을 파악하고 복귀한다.

9.5.9 사고조사

비상사태발생 부서장은 관계 부서와의 협의를 거쳐 사고발생 요약 보고서를 안전보건책임자(공장장)에게 제출한다.

사고조사의 방법은 안전보건공단의 중대산업사고 조사에 관한 기술지침에 따른다.

9.5.10 비상조치 위원회

비상조치 위원회의 구성은 다음과 같다.

1) 위원장 - 안전보건책임자
2) 간사 - 안전부서장
3) 위원 - 공사부장, 공무부장, 총무부장, 안전관리자, 기타위원장이 필요하다고 지명한 임직원

비상조치 위원회는 사고조사반을 구성하여 사고조사 보고서를 작성하고 복구계획과 예방대책을 수립한다.

9.5.11 비상통제 조직의 기능 및 책무

1) 비상통제 조직의 기능

비상통제 조직의 임무는 최소한의 필수 요원을 활용하여 인명 및 물적피해를 최소화 하는데 있으며 주 업무는 다음과 같다. 비상 통제 조직표 및 업무분장은 회사별로 자체적으로 구성하여야 한다.

(1) 사고의 수습
(2) 인접지역으로 확산 방지와 제한
(3) 비상조치 요원 증원과 장비의 추가제공
(4) 명령 전달 체계 확립과 간단 명료한 기본적 책임의 명시

그림. 비상통제 조직표(예시)

```
                    ┌─────────────┐
                    │   대표이사   │
                    │ CSO(안전담당임원) │
                    └──────┬──────┘
              ┌────────────┴────────────┐
        ┌─────┴─────┐              ┌─────┴─────┐
        │ 비상지휘단 │              │ 비상통제단 │
        │  현장소장  │              │안전관리부서장│
        └─────┬─────┘              └─────┬─────┘
   ┌────┬────┬────┬──────┬────┬──────┬────┐
 경비반 연락반 지휘반 인명구조 소방반 작업중지 통제반
                    의료반        조치반
```

정부관련기관	보도통제	의료기관	소방지원단
•고용노동부 지방지청 •안전보건공단 지사 •환경부 •경찰서 •소방서 •한국가스안전공사	•방송국 •신문	•지정병원 응급실	•소방서 •소방지원단

통제조직	조치사항
대표이사(안전담당이사)	- 전 현장 비상체제로의 전환 - 비상사태 수습에 필요한 조치의 결정 - 보도통제와 공식적 보도
비상지휘단 • 주 : 안전보건총괄책임자 　　　(현장소장) • 야 : 교대선임자	- 비상통제 조직의 동원과 지휘 - 비상통제에 필요한 인원과 장비의 증원 - 비상사태의 영향파악과 대피상황 결정 - 사고 속보의 작성과 보고 - 재발방지대책의 수립과 실행 - 비상동원체제의 훈련
비상통제단 • 안전관리부서장	- 안전보건책임자(현장소장)로부터 의뢰된 사항의 실행 - 통제 본부의 설치 - 소방지원단의 지원요청 등 관련기관의 보고 - 사고원인 조사 및 언론통제 - 비상동원 계획의 수립과 교육
작업중지 조치반 • 발생부서 작업원	- 재난 발생 작업공정의 작업중지 - 비상발전기 및 소방펌프의 가동
소방반 • 조직임명자	- 화재진화 활동 및 발생방지
인명구조 및 의료반 • 조직임명자	- 인명구조 및 부상자 확인 - 응급치료 및 후송
지휘반 • 현장 상황실 근무자	- 비상지휘단장을 보좌하고 지시에 따름 - 경보 취명, 비상방송
통제반 • 안전과 • 총무과	- 비상상황의 파악과 보고 - 비상연락망의 가동 - 비상통제조직의 동원 - 통제단장의 업무대행과 지시된 사항
경비반 • 경비실	- 방문객 명단 파악과 보고 - 통제단장의 지시에 따라 대피안내 - 불필요한 인원의 진입통제와 소방지원단의 안내

2) 비상지휘단

정상 근무시간 내에서는 비상사태가 발생한 현장의 현장소장이 비상지휘자가 되며, 휴무일 또는 일과시간 이후에는 각 교대 근무자중 선임자가 부서장

도착 시까지 그 임무를 수행한다.
 (1) 비상통제 조직의 신속한 소집과 지휘
 (2) 재난관리에 필요한 장비의 동원과 운영
 (3) 설비의 비상운전정지와 위험물질의 제거 등 운전 통제에 관한 사항
 (4) 누출 등으로 인한 환경오염방지에 필요한 조치
 (5) 비상사태의 진행예측 및 영향파악과 대피여부에 대한 결정 및 실행
 (6) 인접지역의 피해예측과 대피명령
 (7) 사상자에 대한 적의 조치
 (8) 모든 비상재난관리 조직원의 조직점검과 교육 훈련상태의 확인

 3) 지휘반
인원 파악을 담당하며 비상지휘자를 보좌하고 지시에 따른다
 (1) 휴무일, 일과이후 : 근무조 중 현장 상황실 근무자
 (2) 정상근무 시 : 비상사태 발생부서 과장

 4) 연락반
발생부서 부서장에게 비상상황을 보고하고 비상연락망을 동원하여 비상 통제 조직을 소집한다.

 5) 인명구조 및 의료반
상해자 발생시 신속하게 인명 구조하여 응급처치후 병원으로 후송 조치한다.
 (1) 휴무일, 일과이후 : 응급처리 훈련과정을 이수하고 응급 처치요원으로 지정된 직원
 (2) 정상근무 시 : 보건관리자, 산업위생담당자

 6) 경비반
비상지휘자의 지시에 따라 소방서, 인근현장 등에 지원을 요청하고 방문객의 명단을 파악 보고하고 신속히 대피토록 하며 외부로부터의 불필요한 출입

통제와 현장 내 교통정리를 담당한다.

7) 소방반

화재진압을 위한 소방대는 다음과 같이 편성한다.

(1) 휴무일, 일과이후

 (가) 화재 발생지역의 공구담당 교대근무자중 선임자가 지휘자가 되어 공사부서 단위로 비상출동조를 편성하여 추가인원이 도착시까지 최소의 인원으로 진화를 담당한다.

 (나) 소방대는 공구단위 부서별 교대근무 인원중 최소 5명이상으로 편성한다.

 (다) 교대조 단위의 소방대를 편성 운영한다.

(2) 정상 근무시 공장 단위별로 다음과 같이 편성한다.

 (가) 소화반 : 5~10명 1팀으로 하여 공사부서 주간 근무자를 중심으로 편성한다.

 (나) 지원반 : 5~10명을 1팀으로 하며 지원부서 주간 근무자를 중심으로 편성한다.

8) 운전조치반

현장상황실 근무자가 되며 비상지휘자의 지시를 받아 재난공정과 관련된 비상정지 조치 및 비상발전기, 소방펌프의 가동 등 필요 조치를 취하도록 한다.

9) 비상통제단

본사 안전관리부서장이 비상통제자로 임명되며 다음과 같은 직무를 수행토록 한다.

(1) 비상사태 발생시 비상지휘자와 연락을 취하여 요청사항을 조치한다.

(2) 비상통제자는 통제본부 회의실을 구성하고 조치명령과 협조요청 등에 필요한 준비를 한다.

(3) 비상통제자는 언론계, 의료계, 정부기관 및 직원 가족 등에게 발표, 보고, 통보하는 업무를 담당한다.

(4) 화재 발생시에는 관할 소방관서 및 고용노동부 지청, 한국산업안전보건공단 관할지사 등에 지원 요청한다.
(5) 비상통제자는 전화, FAX 등 통신설비를 설치하여 필요한 사람에게 송수신토록 한다.

9.5.12 비상통제소의 설치

비상사태 시 효과적으로 지휘 및 통제 할 수 있는 비상통제소를 위험이 적은 장소에 설치해야 한다. 비상통제소에는 비상통제 일지를 비롯하여 다음과 같이 사항을 갖추어야 한다.
1) 적절한 수의 통화설비
2) 라디오 및 기타 통신장비
3) 개인보호구 및 기타 구조장비
4) 풍속 및 풍향계
5) 근로자, 도급자 및 방문자의 명단
6) 비상조치 기관의 명부
7) 시설물 관련 도면 및 자료
  ① 위험물질의 시설별, 지역별 취급 및 저장수량
  ② 위험물질의 안전자료
  ③ 안전 및 소방시설 장비현황
  ④ 소방용수 저장설비 및 공급계획
  ⑤ 현장배치 및 설비위치도
  ⑥ 사업장의 출입문 및 도로망위치
  ⑦ 주변지역 주요시설물의 위치
  ⑧ 하수 및 배수시설

비상통제소는 주 비상통제소가 기능을 상실 할 경우를 대비하여 제2의 비상통제소를 마련한다.

9.5.13 공사중지 절차

1) 작업중지 절차의 수립
 각 공정별로 비상사태 시의 작업중지 순서 등을 포함한 비상작업중지 절차를 작성하여 각 작업공정단위별로 비치한다.

2) 비상운전 절차 연습
 작성된 비상 공사중지계획을 작업자에게 배부하고, 비상절차에 대한 연습을 월 1회 이상 시행한다.

3) 새로운 원료의 도입이나 기계, 장비 및 설비의 변경, 작업공정의 변경 또는 운전절차의 변경 시에는 반드시 작업자들에게 숙지시키고 비상 작업중지 등 적절한 훈련을 실시한다.

9.5.14 비상 훈련의 실시 및 조정

1) 비상훈련의 실시
 비상 및 재난대책은 비상 작업중지 절차에서부터 피난, 소방계획에 이르기까지 전반적인 비상훈련을 월 1회 이상 각급 교대조 및 현장 공구 공정 단위로 실시하여 근로자들이 비상사태시 행동요령을 숙지토록 한다.

2) 비상훈련 평가
 비상훈련 시에는 평가회를 실시하고 그 결과를 기록으로 비치해야 한다. 또는 평가기록에 따라 문제점을 보완하고 계획을 수정하여 현실적으로 적합한 계획을 수립 실행한다.

3) 합동훈련 및 지원체제의 확립
 외부 전문가의 참관에 의한 안전감사 훈련 및 소방지원단 합동훈련을 분기별 1회 실시하고 그 기록을 유지 보관한다.

9.5.15 주민 홍보 계획

사업장은 비상사태 발생에 대비하여 인근 거주 주민에게 유해·위험설비에 관한 정보를 제공한다. 대주민 홍보계획에는 다음 사항을 포함시킨다.
 1) 유해·위험설비의 종류
 2) 사용하고 있는 유해·위험물질 및 그 관리대책
 3) 비상사태 발생 경보체계 등 인지방법
 4) 비상사태 발생시 주민행동 요령
 5) 중대사고가 주민에게 미치는 영향
 6) 중대사고로 입은 상해에 대한 적절한 치료 방법

효과적인 대주민 홍보를 위해 다음과 같은 원칙이 지켜지도록 한다.
1) 대주민 홍보 시에는 관할 지방기관 및 인근사업장과 협조하도록 한다.
2) 대주민 홍보는 정기적으로 반복해야 하며 필요시 주민들의 현장 출입도 허가되도록 한다.
3) 대주민 홍보수준 및 이해정도에 관해 평가해야 하며 대주민 홍보내용의 수정이 필요한 경우 이들을 수정 보완한다.
4) 비상사태 중의 홍보
 (가) 비상사태가 발생했을 경우 주요위험시설 인근지역에 거주하는 주민 또는 작업자들에게 가능한 신속하게 중대사고 발생을 알리는 등 정보를 제공한다.
 (나) 비상사태 발생기간 중에 각종 최근 정보를 홍보하여야 하며 특히 과거에 제공한 정보와 상이한 주민행동 요령이 필요할 때에는 언론기관과 협조한다.
5) 중대사고 이후 사고조사 결과 및 주민과 환경에 미칠 장·단기적 영향을 주민들에게 홍보한다.

9.6 재해 등의 원인조사 지침(매뉴얼, 절차서)[2] 작성

9.6.1 사고의 조사

　모든 사업장에는 위험요소들이 있고 사고와 질병을 예방하기 위해 적절한 수준으로 위험을 줄이도록 위험관리대책을 세워야 한다. 사고가 발생했다는 것은 기존의 위험관리대책들이 부적절하다는 것을 의미하므로 사고의 이유를 조사하는 것은 위험요소를 줄이기 위해 반드시 필요하다.

　1) 조사의 법률적 근거
 (1) 법의 테두리 내에서 조사가 이루어지는지 확인해야 한다.
 (2) 사업주는 법률에 따라 안전보건제도를 계획, 조직, 관리, 모니터링하고 검토해야 한다.
 (3) 소송을 고려하여 사고를 당한 당사자에 대해 사고 당시의 환경을 완벽하게 조사하여 무엇이 잘못되었는지를 알아야 한다. 이것은 철저한 사고조사를 위해 중요하고 또 법정에서 사업주가 안전보건에 적극적인 태도를 가지고 있음을 입증하는데 도움이 된다. 또한 조사를 통해 밝혀진 사실들은 권리요구를 위해 보험회사에 제출하는 중요한 정보도 제공해 주게 된다.

　2) 조사로부터 얻는 정보와 추론
사고조사를 통해 다음과 같은 정보를 얻을 수 있다.
 (1) 사고가 어떻게, 왜 발생되었는지에 대한 이해
 (2) 건강에 영향을 줄 수 있는 물질 혹은 상황에 사람들이 노출되는 이유에 대한 이해
 (3) 어떤 사고가 일어났는지 그리고 어떻게 그것이 발생하였는지에 대한 생생한 추론

---

2) 한국산업안전보건공단, 업무상 사고조사에 관한 기술지침, 2017

(4) 미래에 발생할 수 있는 위험을 효과적으로 관리하고 현 조직의 위험관리 대책에 대한 허점 확인

3) 조사로부터 얻는 이점
(1) 동종 또는 유사사고의 예방
(2) 혼란, 조업중단, 무질서, 민 형사상 소송비용에 따른 사업 손실의 방지
(3) 사고에 대한 근로자의 도덕적 해이 방지
(4) 조직의 다른 부분에 적용할 수 있는 관리기법의 개발

4) 조사의 대상
 사고에 대한 기본 정보를 통보 받은 후에 조사 여부와 범위를 결정해야 한다. 조사수준을 결정하는 것은 잠재적 결과와 사고재발 가능성 때문이다. 즉, 사소한 위험이 큰 사고로 이어질 수도 있고 잠재적 위험을 내포할 수도 있기 때문에 조사작업은 사소한 사고라도 유사한 사고의 재발을 방지하기 위해 철저히 이루어져야 한다.

5) 조사주체
 실질적인 조사를 위해서는 사업주와 근로자 모두가 참여하는 것이 필수적이다. 조사수준에 따라 관리감독자, 현장책임자, 사고조사 전문가, 노동조합, 사업체의 임원 등이 모두 참여할 수 있다.

6) 조사시점
 조사시점은 관련된 위험의 크기와 긴급성에 달려 있다. 일반적으로 사고조사와 이에 대한 분석은 사고발생 직후 가능한 한 신속히 이루어져야 한다.

7) 조사내용
 조사는 사고 현장의 방문과 목격자의 진술은 물론 위험평가, 작업절차, 지침, 업무가이드 등 모든 유용한 정보에 대한 분석을 포함해야 한다. 그리하여

무엇이 잘못되었으며 동일한 사고가 재발되는 것을 예방하기 위해 어떤 조치를 취해야 하는지 등이 명시되어야 한다. 이러한 조사과정은 공개적이고 진실하며 객관적이어야 한다.

8) 성공적인 조사조건

조사는 과거의 위험으로부터 교훈을 얻고 미래의 위험을 예방하기 위한 것으로 사고의 근본적인 원인들을 명확히 규명해야 한다. 사고의 즉각적인 원인은 단기간 내에 드러나 예방조치가 가능하지만 보다 근원적이고 본질적인 원인들은 적절한 조치가 따르지 않을 경우 장기적으로 미래에 보다 심각한 결과를 초래할 수 있다.

따라서 이들 원인들을 밝혀내 제거해야 한다. 사고조사의 목적은 사고가 '어떻게 일어났느냐' 뿐만 아니라 일어나게 된 원인을 밝히는 것이다.
조사는 편견과 성급한 결론 도출을 피하기 위해 철저하고 체계적으로 수행되어야 하며 조사를 마치기 전에 예단은 금물이다.

9) 정보 수집방법
(1) 합리적인 질문을 모두 다한다.
(2) 질문은 시의적절 하게 한다.
(3) 알려진 것과 그렇지 않은 것을 명확히 하고 조사과정을 기록한다.

10) 조사분석
(1) 객관적이고 편견이 없어야 한다.
(2) 사고의 결과와 사고를 초래한 조건을 연계한다.
(3) 즉각적인 원인을 확인한다.
(4) 불안전한 상태를 유발한 과거의 행적을 확인한다.
(5) 근원적 원인을 확인한다.

11) 위험관리대책
 (1) 누락되고 부적절하거나 혹은 미 사용된 위험관리대책을 점검한다.
 (2) 실제상황과 현재 법적으로 요구되는 사항과 비교한다.
 (3) 즉각적이고 근원적인 원인들을 밝히기 위해 필요한 추가적인 대책들을 점검한다.
 (4) 이행될 수 있는 권고사항을 마련한다.

12) 실행계획과 이행
 (1) 명확한 목적을 지닌 실행계획이 있어야 한다.
 (2) 실행계획이 즉각적이고, 근원적인 원인들을 고려하여 효과적으로 수립되어야 한다.
 (3) 다른 사고들을 예방하기 위한 교훈들이 포함되어야 하고, 기술 및 훈련평가는 조직의 다른 부분들을 위해서도 필요할 수 있다.
 (4) 발견된 사항과 권고사항들이 정확하고, 문제를 명확히 하며, 실제적인지를 확인하기 위해 관련자들의 의견을 수렴해야 한다.
 (5) 위험평가에 대한 심사를 검토해야 한다.
 (6) 조사결과와 이행계획은 알아야 할 필요가 있는 모든 사람들에게 공지해야 한다.
 (7) 이행계획이 실행되고 그 과정이 모니터링되도록 준비를 해야 한다.

13) 사고분석기술
 조사위원회를 구성하고 사고를 분석하며 근본적 원인을 확인하는 데는 많은 방법과 기술이 필요하다. 이러한 기술을 사용하는 방법론적 접근은 복잡하지 않아야 하고 무엇보다도 근로자가 적극적으로 참여할 수 있게 해야 한다.

9.6.2 사고 조사에 대한 단계별 절차

가. 사고 인지(認知) 단계

1) 긴급 대응
(1) 응급조치 등 신속한 긴급조치
(2) 1차 대피장소 등 안전지역 확보

2) 안전보건관리 책임자에게 동향 보고는 다음 내용을 아래 표의 초기동향 보고 양식의 양식에 따라 보고
(1) 사고현장 확인 및 보존
(2) 사고 관련자들의 이름, 관련 장치 및 목격자 이름 등을 기록
(3) 사고에 대한 향후 조치를 결정할 안전보건관리책임자에게 즉시 보고

표. 초기 동향 보고 양식

초기 동향 보고 양식			
사고 형태		상해 정도	
재해	○	중대 상해 또는 사망	
질병		중상	○
아차사고		경미한 부상	
의도하지 않은 상태		물질 손상	
산재 신고 대상 여부	예/아니오	신고일 : 연/월/일	
사고 기록 대상 여부	예/아니오	기록일 : 연/월/일	
조사 수준			
수준 4(높음)		수준2(낮음)	
수준 3(중간)	○	수준1(매우 낮음)	
1차 보고자 :		날짜 및 시간 :	
추가 조사 대상 유무		우선 순위 : 즉시	
정밀 조사자 명단 : ① 조사 팀장 :　　② 　　③ 　　④			

나. 조사 단계별 세부 방법

1) 단계 1 : 사고원인 파악을 위한 정보 수집

(1) 어떤 사고가 발생했는지 그리고 어떤 조건과 행위들이 사고에 영향을 주었는지를 가능한 한 즉시 밝힌다.

(2) 가능한 한 신속히 정보를 파악하는 것이 중요하며, 필요 시 작업을 멈추고 관계자가 아닌 자의 출입을 통제한다.

(3) 목격자 혹은 사고 현장에 있었거나 그것에 대해 알고 있는 사람에게 우선적으로 질의하고 조사한다.

(4) 정보 수집을 위한 시간과 노력은 각 조사수준에 따라 적절하게 할애한다.

(5) 모든 유용하고 관련이 있는 정보를 수집한다.

(6) 정보에는 의견과 경험, 관찰, 스케치, 측정, 사진, 점검표, 안전작업허가서 및 각 시간대별 작업조건이 포함된다.

(7) 이들의 정보는 우선적으로 요약하여 기재하고, 추후에 보고서로 작성한다.

(8) 사고 원인 파악을 위한 조사내용은 다음과 같으며, 각각의 항목을 아래 표의 양식에 따라 작성한다.

사고 원인 파악을 위한 정보 수집 양식
(1) 어디서, 언제 사고가 발생하였는가?
(2) 부상이나 질병을 입은 사람과 기타 사고와 관련자는 누구인가?
(3) 어떤 기인물로 인하여 사고는 어떻게 발생하였는가?
(4) 재해자 및 다른 근로자가 사고 당시 어떤 행동 들을 하였는가?
(5) 작업조건에 있어 평시와 다르거나 차이가 나는 것이 있는가?
(6) 적절한 안전작업 절차가 있었는가? 또 그것들이 잘 지켜졌는가?

(7) 부상의 부위 및 정도 또는 질병의 영향은 무엇인가?
(8) 부상은 어떻게 일어났고, 무엇이 그것을 야기했는가?
(9) 위험을 사전에 인지하고 있었는가? 그렇다면 왜 관리되지 않았는가?
(10) 작업장의 조직과 배치가 사고에 영향을 주었는가?
(11) 유지관리와 청소는 충분했는가? 그렇지 않다면 그 이유는 무엇인가?
(12) 관련자들의 능력과 그 직무에 충실했는가?
(13) 작업장 배치가 사고에 영향을 미쳤는가?
(14) 기인물의 특성과 모양이 사고에 영향을 미쳤는가?
(15) 공장 설비나 장치 사용의 어려움들이 사고에 영향을 미쳤는가?
(16) 안전장치나 방호장치는 적절하게 설치되어 있는가?
(17) 기타 사고에 영향을 미친 다른 조건들이 있는가?

(가) 어디서, 언제 사고가 발생하였는가?

(나) 부상이나 질병을 입은 사람과 기타 사고와 관련자는 누구인가?

(다) 어떤 기인물로 인하여 사고는 어떻게 발생하였는가?

① 사고 이후 즉시 기인물과의 관계를 조사한다.

② 종종 사고 발생할 환경과 발생 확률의 수가 일치될 수 있다.

③ 모든 요소들을 시간순서대로 작성한다.

④ 가능하면, 부상자, 목격자, 관리감독자, 안전관리자나 보건관리자 및 동료작업자에게 사고 발생과정의 설명을 듣는다.

⑤ 특히, 사고 당시의 재해자의 위치, 기인물, 적절한 조치, 책임자 등 가능한 이유를 대략 정리한다.

⑥ 직접적으로 사고와 연관된 공정과 장치 등 기인물은 분명하게 파악하여야 한다. 이들의 정보는 명판으로부터 모델번호, 제조자, 제조년도 또는 변경년도 등을 알아낸다.

⑦ 장치(기인물)의 사고 당시의 상태(운전 형태, 조건 등)을 사고 직후 즉시 파악이 중요하다. 이로부터 사고 원인 및 위험관리 대책 제시가 가능할 수 있다.

⑧ 기인물의 상태로부터 동종 장치의 안전 대책 또는 설비의 배치 개선 등을 할 수 있다.

(라) 재해자 및 다른 근로자가 사고 당시 어떤 행동 들을 하였는가?

① 재해자의 작업 조건과 환경을 밝혀내면 잘못된 원인을 찾을 수 있다. 즉 장치, 물질 등의 사용여부를 상세하게 작성한다.

② 재해자뿐만 아니라 여러 다른 근로자의 위치 및 행동을 정확하게 파악한다.

(마) 작업조건에 있어 평시와 다르거나 차이가 나는 것이 있는가?

① 사고는 환경이 바뀔 때 발생하기도 한다. 특히 근로자들이 잘 모르는 새로운 물질이나 상황에 직면하면, 사고로 이어질 수 있다.

② 따라서 새로운 또는 다른 상황이 무엇이 있었는지 잘 파악한다. 왜 잘못되었는지, 개선 방안은 무엇인지를 조사하여 장래에 동종 상황에 대한 개선대책으로 활용한다.

③ 이러한 요소가 일시적 변경이였는지, 영원히 변경된 것인지를 파악한다. 동 내용이 근로자와 관리감독자가 충분히 인지(경험 또는 교육 등)하고 있었는지 파악한다.

(바) 적절한 안전작업 절차가 있었는가? 또 그것들이 잘 지켜졌는가?

① 사고는 종종 불안전한 작업 절차나 불충분한 절차에 기인하여 발생할 수 있다.

② 불충분한 작업절차, 교육 및 감독이 있었는지와 왜 충분한 조치가 이루어지지 않았는지 파악한다.

③ 작업자가 부분적으로 절차를 무시할 수 있으므로, 재해자와 면담 시 그를 비난을 하지 말아야 한다. 또한 관리감독자에게도 불충분한 부분이 무엇인지를 정확히 파악하여 개선토록 한다.

(사) 부상의 부위 및 정도 또는 질병의 영향은 무엇인가?

① 부상의 부위(팔, 가슴 오른쪽, 무릎, 팔꿈치 등)와 부상 특성(멍, 찰과상, 베임, 골절 등)의 특성이 매우 중요하다.

② 부상 부위에 따라 기인물의 방호방치 설치, 절차의 개선 등 대책 제시에 활용될 수 있다.

③ 부상 특성을 정확하게 기재하여야 응급조치 및 치료에 도움이 된다.

(아) 부상은 어떻게 일어났고, 무엇이 그것을 야기했는가?

① 사고는 직접 기인물에 의해 발생할 수가 있으며, 때로는 아주 복잡한 원인에 따라 발생할 수가 있다.

② 직접적인 기인물과 사고로 진행시킨 물체(물질)가 무엇인지 정확하게 기재한다. 예를 들면 수공구로 스스로 베었는지, 유해위험물질을 들고 가다가 엎질렀는지,

(자) 위험을 사전에 인지하고 있었는가? 그렇다면 왜 관리되지 않았는가?

① 작업장내 위험의 원천과 잠재 영향을 미리 인지하고 있었는지. 위험정보의 소통이 제대로 되었는지 파악한다.

② 왜 위험의 원천을 무시하였는지, 이해하지 못하였는지를 알아내어 위험정보 소통에 문제가 있을 경우에는 이를 개선해야 한다.

③ 기 수행된 위험성 평가의 기록은 공정이나 작업 시 사고를 예방하도록 돕는다. 따라서 위험성 평가가 적절하게 수행되는지와 관리대책이 제대로 수립되었는지 판단한다.

④ 법적으로 요구하는 위험관리대책이 적절하지 않을 경우 충분한 대책을 제시할 필요가 있다.

(차) 작업장의 조직과 배치가 사고에 영향을 주었는가?

① 감독의 표준과 작업 수행상의 모니터링이 충분하지 않을 수 있다.

② 기술이나 지식의 부족함에도 무관할 수 있다.

③ 불충분한 작업절차서(너무 어렵거나 시간이 많이 걸림)로 인하여 어떤 부분을 생략할 수 있다.

④ 계획수립의 잘못으로 작업을 할 수 없거나 늦거나 또는 잘못 지식할 수 있다.

⑤ 너무 높은 생산 목표 설정으로 안전대책을 무시하거나, 작업자가 너무 빠르게 작업을 할 수 있다.

(카) 유지관리와 청소는 충분했는가? 그렇지 않다면 그 이유는 무엇인가?

① 기계나 공구 등에 대한 미흡한 유지관리는 근로자가 진동이나 소음 초과에 노출될 수 있으며, 기계 등을 과도하게 사용하게 할 수 있다.

② 소음 환경은 지시사항을 정확하게 듣지 못하도록 할뿐만 아니라 청력손실을 가져올 수 있다.

③ 고르지 못한 작업장 바닥은 지게차 등 운반기계의 이동 시 위험을 줄 수 있다.

④ 조명이 불충분한 경우 정밀 작업 수행에 방해를 준다.

⑤ 빙판, 더러움, 기타 오염은 계단이나 통로에서 미끄럼이나 넘어짐 재해의 원인이 될 수 있다.

⑥ 수공구 중에 즉시 사용하지 않는 것은 수공구함에 보관한다.

(타) 관련자들의 능력과 그 직무에 충실했는가?

① 작업지시나 교육의 미흡은 작업을 적절하게 수행하지 못하게 할 수 있다.

② 일반적인 업무나 절차를 너무 간과하여 잘못 이해할 수가 있다.

③ 잠재 위험에 대한 영향의 무시할 수 있다.

④ 적절한 정보를 제공하지 않아 위험한 물질의 잘못 취급할 수 있다.

(파) 작업장 배치가 사고에 영향을 미쳤는가?

① 적절한 작업장 배치는 작업대의 모서리 등에 의한 부상을 방지 할 수 있다. 위험하거나 인화성 액체의 증기가 작업장소에서 만들어질 수 있으며, 나화에 노출될 수 있다.

② 근로자들은 전체적으로 작업장을 볼 수 있도록 하고, 직접 동료 작업자를 볼 수 있도록 배치한다.

(하) 기인물의 특성과 모양이 사고에 영향을 미쳤는가?

① 독성 물질 등과 같이 고유의 위험성뿐만 아니라 재료나 장치의 설계, 중량(중량물), 포장(날카로운 모서리) 등에 의하여 기인물이 될 수 있다.

② 고 위험성의 유해위험물질의 사용이나, 재료나 장치의 고장이 사고로 이어질 수 있다.

(갸) 공장 설비나 장치 사용의 어려움들이 사고에 영향을 미쳤는가?

① 설비와 장치의 배치(layout)가 작업자의 작업 조건 등 인간공학 설계에 따라 되어야 한다.

② 작업자 개인의 신체조건에 따라 작업대가 설계되어 설치되어야 한다.

③ 운전이나 조작이 어려운 설비나 장치인 경우 이에 적합한 매뉴얼을 보유하여야 한다.

(냐) 안전장치나 방호장치는 적절하게 설치되어 있는가?

① 위험 기계나 설비에 이중의 안전장치가 설치되어 있는지 확인한다.

② 장치나 공정에서 전기설비는 격리되어 있어야 한다.

③ 개인보호구는 구비되어 있어야 하고, 적절하게 착용되어야 한다.

④ 국소배기장치 등 환기장치는 적절하게 설치되어 있어야 하고, 가동되어야 한다.

(댜) 기타 사고에 영향을 미친 다른 조건들이 있는가?

① 근로자간에 반감과 소통의 부재 여부

② 날씨의 영향 여부

③ 공정이나 작업에 비관계자의 방해 여부

④ 폭력행사, 작업거부 등 업무방해 여부

2) 단계 2 : 사고원인 파악을 위한 정보 분석

(1) 사고 분석은 사고가 왜, 그리고 무엇이 일어났는가를 결정하는 모든 요인들을 검토하는 것이다.

(2) 수집된 모든 정보는 객관성 있게 확인한다.

(3) 근본 사고원인은 KOSHA Guide "사고의 근본적인 분석기법에 관한 기술지침(G-81-2012)"에 따라 분석하고 찾아낸다.

(4) 작업자의 실수 등 근로자의 행동 등이 사고의 원인이라 추정되면 KOSHA Guide "인적 에러 방지를 위한 안전가이드(G-120-2015)"에 따라 보다 밀도 있게 분석을 한다.

3) 단계 3 : 적절한 위험관리대책 제시

(1) 사고원인 분석 작업이 완료되면 위험관리 대책을 제시해야 한다. 이는 동종이나 유사 사고의 재발을 예방하기 위해 필수적이다.

(2) 위험요소들을 제거하거나 최소화하기 위하여 어떤 위험관리대책들을 제시하여야 하는가?

 (가) 가능한 한 근원적으로 안전한 대책을 제시한다. 예를 들면 유해한 유기용제를 무해한 물질로 변경한다.

 (나) 위험점을 방호하기 위한 방호장치를 보강한다.

 (다) 작업자의 위험을 최소화하기 위해 작업절차서의 보완, 개인보호구의 착용 등의 대책을 제시한다.

(3) 유사한 위험요소가 다른 곳에도 존재하는가, 있다면 어디 있는가를 조사하여 동일한 대책을 제시한다.

(4) 유사한 사고가 전에도 있었는가를 면밀히 검토하여 동일한 재발 대책을 제시한다.

4) 단계 4 : 위험관리 대책에 대한 계획 및 이행

(1) 장단기적으로 어떤 위험요소에 대해 관리대책들이 계획되고 이행되어야 하는가를 수립한다.

(2) 안전보건관리 책임자는 조사팀에서 제시한 재발 방지 대책에 따라 실질적인 위험관리 대책에 관한 계획을 마련해야 한다.

(3) 필요에 따라 위험성 평가와 안전작업 절차를 보완 또는 제정한다.

(4) 사고의 세부내용과 조사를 통해 밝혀진 내용을 모두 기록하여 보존한다.

(5) 미래의 사고 조사를 위해 사고의 발생 추이와 공통의 원인을 제시한다.

(6) 사고로 인한 손실과 대책에 드는 예산(비용)을 수립하여 사업경영에 활용한다.

9.7 중대산업재해 발생 시 구호조치 등 수립 기준

사업 또는 각 사업장에 중대산업재해가 발생할 급박한 위험이 있는 경우, 작업중지, 대피, 보고, 위험요인 제거 등 대응절차와 중대산업재해 발생시 구호조치, 추가피해방지 조치 및 발생보고 등 절차를 마련하고, 이를 반기 1회 이상 확인·점검하도록 하여야 한다.

안전관리 대상 사업·시설에 대하여 근로자가 위험상황을 인지하였을 때 근로자가 원청에게 직접 일시 작업중지를 요청할 수 있는 제도를 운영하여야 한다. 또한 근로자가 작업중지를 요청한 경우 안전 및 보건에 관하여 필요한 조치를 하여야 하며, 요청 내용과 조치 결과를 기록하고 보존하여야 한다. 근로자가 위험상황이 있다고 믿을 만한 합리적인 이유가 있을 때에는 작업중지를 요청한 근로자나 근로자가 소속된 수급인에게 불리한 처우를 하여서는 아니 된다.

A.1	▶ 작업중지, 대피, 보고, 위험요인 제거 등 대응절차
주요착안사항	▶ 작업중지 대응 수준

○ 안전보건메뉴얼 등의 관련문서 내 급박한 위험이 있는 경우, 작업중지, 대피, 보고, 위험요인 제거 등 대응절차 수립 적정성 및 이행여부
 - 반기 1회 이상 확인·점검
○ 근로자가 원청에게 직접 일시 작업중지를 요청할 수 있는 제도 운영
○ 근로자가 작업중지를 요청한 경우 안전 및 보건에 관하여 필요한 조치 실시
 - 요청 내용과 조치 결과를 기록하고 보존
○ 작업중지를 요청한 근로자나 근로자가 소속된 수급인에게 불리한 처우 여부
○ 위험요소들을 제거하거나 최소화하기 위한 위험관리대책 지시 확인
○ 중대산업재해 발생보고(산안법, 건진법) 현황

A.2	▶ 구호조치, 추가피해방지 조치 및 발생보고 등 절차
주요착안사항	▶ 비상시 피해 최소화 및 확산방지를 위한 대비·대응 수준

○ 안전보건메뉴얼 등의 관련문서 내 구호조치, 추가피해방지 조치 및 발생보고 등 절차서나 지침 작성의 적정성 및 이행여부
 - 비상시 피해 최소화 및 확산방지를 위한 대비·대응 지침 작성의 적정성
 - 중대산업재해 발생시 구호조치, 추가피해방지 조치 및 발생보고 등 지침 작성의 적정성
 - 반기 1회 이상 확인 · 점검
○ 화재·폭발·누출·붕괴·지진 등 사고 시나리오 선정 및 변경관리 적정성
 - 화재·폭발·누출·붕괴·지진 등의 구체적인 사고 시나리오 발굴 및 환경변화에 따른 변경관리 적정성
○ 사고 시나리오에 대한 교육 및 훈련의 적정성
○ 비상발전기, 소방펌프, 통신설비, 감지기, 구호장구 등 비상대응 시설·장비유지관리의 적정성
 ※ 참고 : 비상조치계획 수립에 관한 기술지침(KOSHA GUIDE P-101- 2012)
 ※ 참고 : 주요사고에 대비한 비상조치 계획에 관한 기술지침(KOSHA GUIDE G-104-2013

A.3	▶ 비상사태에 대한 대비계획 및 운영
주요착안사항	▶ 비상사태에 대한 대비계획 및 운영관리 수준의 적정성

○ 안전보건메뉴얼 등의 관련문서 내 비상사태 대응 절차수립여부 확인
 - 지정병원 지정 및 연락체계 수립여부 확인(게시물 등)
 - 현재 진행되고 있는 사업별로 공종과 시기를 고려하여 수립되어 있는지 확인
○ 비상사태 모의훈련 실시결과 확인
 - 비상사태 대응 훈련 실시 후 결과에 대한 F/B 실시결과 확인
○ 합동훈련 및 지원체제의 확립
○ 인근 거주 주민에게 유해·위험설비에 관한 정보 제공 확인

A.4	▶ 재해조사 및 재발방지
주요착안사항	▶ 동종재해 재발방지를 위한 재해조사 및 재발방지 수준, 아차사고(Near Miss) 관리수준의 적정성

○ 재해 등의 원인조사 지침 작성 여부 및 적정성
 - 재해 등의 원인조사 지침(매뉴얼, 절차서 등) 보유 여부 및 내용의 적정성
○ 사고조사위원회 구성 및 운영 현황
○ 필요에 따라 위험성 평가와 안전작업 절차를 보완 또는 제정 확인
○ 재해 등의 원인조사 지침 이행 적정성
 - 산업재해 발생 시 재해 조사보고서 작성 여부, 시기·방법, 조사팀 구성, 원인 및 개선대책 등의 적정성
 ※ 참고 : 업무상 사고조사에 관한 기술지침(KOSHA GUIDE G-5-2017)

10. 제3자에게 업무를 도급, 용역, 위탁하는 경우

10. 제3자에게 업무를 도급, 용역, 위탁하는 경우

10.1 도급사업 안전보건관리 필요성[1]

10.1.1 도급사업 안전보건관리 개요

도급은 당사자(수급인) 일방이 어느 일을 완성할 것을 약정하고 상대방(도급인)이 그 일의 결과에 대하여 일정한 보수를 지급할 것을 약정함으로써 성립하는 계약이다.

도급은 고용이나 위임과 같이 노무공급 계약의 일종이나 '일의 완성'을 목적으로 하는 점에 있어서 고용이나 위임과 구별된다.

기본적으로 산업안전보건법에서는 근로자를 직접 고용한 사업주에게 해당 근로자의 산업재해예방을 위한 안전보건조치의 이행의무가 있으나, 도급인 사업장 내에서 작업하는 경우에는 수급인 근로자의 산업재해예방에 대하여도 도급인에게 안전보건조치 이행의무를 부과하고 있으며, 이를 이행하지 않은 경우 법적책임을 묻고 있다.

"도급사업 안전보건관리"란 도급인이 수급인 근로자의 산업재해를 예방하기 위하여 안전보건총괄책임자 지정, 안전·보건관리자 선임, 수급인 사업주를 포함한 안전보건협의체 구성 등 안전보건관리 체계를 구축하고, 수급인 사업주에게 유해·위험정보 사전제공, 위험성 평가, 합동 안전보건점검, 위험장소 안전보건 조치, 교육 지원 등 일련의 안전보건활동으로 정의할 수 있다.

10.1.2 도급사업 안전보건관리 필요성

도급사업으로 인한 수급인 근로자의 산업재해는 도급인의 경제적 손실과 법적 책임과도 관련되어 있어, 이를 예방하기 위해 중대재해처벌법에서는 도급인의 역할을 중요하게 강조하고 있다.

---

[1] 한국산업안전보건공단, 사내 수급업체 안전보건관리 능력 향상을 위한 도급사업 안전보건관리 매뉴얼(건설업), 2016

1) 중대재해처벌법, 산업안전보건법에 따른 의무사항

수급인과 같은 장소에서 사업을 행하는 도급사업의 사업주는 그 사업의 관리책임자를 안전보건총괄책임자로 지정하고, 자신이 사용하는 근로자와 수급인이 사용하는 근로자가 작업을 할 때 생기는 산업재해를 예방하기 위한 안전·보건상 조치를 하는 등 법적의무를 이행하여야 한다.

2) 유·무형의 경제적 손실 사전방지

수급인 근로자가 다치거나 사망하는 사고가 발생하는 경우 도급인에게도 생산활동 차질, 산업재해로 인한 보상, 언론보도로 인한 기업 이미지 훼손 등 다양한 유·무형의 손실이 정상적인 경영활동을 저해하는 요인으로 작용한다. 이러한 손실의 최소화를 위해서는 산업재해예방 활동을 기업경영의 필수 요소로 인식하여야 할 필요가 있다.

3) 원·하도급 간 안전보건 격차해소의 사회적 책임 실천

수급인 사업장은 도급인 사업장에 비하여 위험성이 큰 작업을 행하는 경우가 많아 산업재해에 노출될 가능성이 크고, 사업규모의 영세함으로 안전보건 관리 능력이 미흡하고, 작업장소가 도급인 사업장 내에 있기 때문에 스스로의 노력만으로는 재해예방에 한계가 있다.

수급인 근로자 보호를 위한 적극적 지원활동은 원·하도급 간 안전보건 격차를 해소하는 사회적 책임을 실천하는 것이다.

10.1.3 도급인 책임소홀로 발생한 사고

1) 도급인의 사전 안전조치 미흡

도급인은 시공 중 위험요소를 미리 제거할 수 있도록 가시설물에 대한 사전 안전성 검토를 실시해야 하나 누락하여 산재위험에 노출되어 사고가 발생했다.
체육관 지붕 슬래브 콘크리트 타설 중 시스템 동바리 붕괴로 11명 부상 사고와 PC슬래브 거치작업 중 붕괴로 1명 사망, 1명이 부상한 사고가 대표적이다.

2) 유해·위험정보 사전에 미제공

작업과 관련된 유해·위험정보를 도급인이 제공하지 않아 수급인의 위험 예측과 사전 대응이 곤란하여 사고가 발생한 경우이다. 물류탱크 재검사 공사 중 LPG탱크로리 폭발로 2명 사망 사고와 침탄로 내부 철재레일 제거작업 중 폭발로 1명 사망, 2명이 부상한 사고가 대표적이다.

3) 혼재 작업 시 도급인의 안전관리 소홀

소속이 다른 근로자가 혼재하여 작업하는 경우 각 업체의 안전조치에 대한 도급인의 조정 및 관리 소홀로 안전관리 사각지대가 발생하여 사고가 발생한 경우이다.

철골 구조물 조립작업 중 철골 구조물이 무너져 2명 사망, 9명 부상 사고와 가스배관 가용접 작업 중 용접불티 등에 의한 화재로 8명 사망, 5명 중상, 52명이 경상한 사고가 대표적이다.

4) 안전이 고려되지 않은 계약 관행

원가절감을 우선시 하는 계약관행으로 적정 공사기간 확보가 곤란하여 사고가 발생한 경우이다.

공기단축을 위해 벽이음을 미리 해체한 후 비계해체 작업 중 비계가 무너져 3명 사망, 4명 부상한 사고와 예정에 없던 추가작업을 서둘러서 하던 중 작업발판이 탈락하여 1명 사망, 1명이 부상당한 사고가 대표적이다.

10.2 산업안전보건법상 도급인의 안전조치 및 보건조치 의무

 산업안전보건법 제58조부터 76조에서는 도급인의 안전보건조치에 대하여 규정하고 있다.

제1절 도급의 제한

10.2.1 유해한 작업의 도급금지(제58조)

1) 사업주는 근로자의 안전 및 보건에 유해하거나 위험한 작업으로서 다음 각 호의 어느 하나에 해당하는 작업을 도급하여 자신의 사업장에서 수급인의 근로자가 그 작업을 하도록 해서는 아니 된다.
   ① 도금작업
   ② 수은, 납 또는 카드뮴을 제련, 주입, 가공 및 가열하는 작업
   ③ 제118조제1항에 따른 허가대상물질을 제조하거나 사용하는 작업
2) 사업주는 제1항에도 불구하고 다음 각 호의 어느 하나에 해당하는 경우에는 제1항 각 호에 따른 작업을 도급하여 자신의 사업장에서 수급인의 근로자가 그 작업을 하도록 할 수 있다.
   ① 일시·간헐적으로 하는 작업을 도급하는 경우
   ② 수급인이 보유한 기술이 전문적이고 사업주(수급인에게 도급을 한 도급인으로서의 사업주를 말한다)의 사업 운영에 필수 불가결한 경우로서 고용노동부장관의 승인을 받은 경우
3) 사업주는 제2항제2호에 따라 고용노동부장관의 승인을 받으려는 경우에는 고용노동부령으로 정하는 바에 따라 고용노동부장관이 실시하는 안전 및 보건에 관한 평가를 받아야 한다.
4) 제2항제2호에 따른 승인의 유효기간은 3년의 범위에서 정한다.
5) 고용노동부장관은 제4항에 따른 유효기간이 만료되는 경우에 사업주가 유효기간의 연장을 신청하면 승인의 유효기간이 만료되는 날의 다음 날

부터 3년의 범위에서 고용노동부령으로 정하는 바에 따라 그 기간의 연장을 승인할 수 있다. 이 경우 사업주는 제3항에 따른 안전 및 보건에 관한 평가를 받아야 한다.
6) 사업주는 제2항제2호 또는 제5항에 따라 승인을 받은 사항 중 고용노동부령으로 정하는 사항을 변경하려는 경우에는 고용노동부령으로 정하는 바에 따라 변경에 대한 승인을 받아야 한다.
7) 고용노동부장관은 제2항제2호, 제5항 또는 제6항에 따라 승인, 연장승인 또는 변경승인을 받은 자가 제8항에 따른 기준에 미달하게 된 경우에는 승인, 연장승인 또는 변경승인을 취소하여야 한다.
8) 제2항제2호, 제5항 또는 제6항에 따른 승인, 연장승인 또는 변경승인의 기준·절차 및 방법, 그 밖에 필요한 사항은 고용노동부령으로 정한다.

10.2.2 도급의 승인(제59조)

1) 사업주는 자신의 사업장에서 안전 및 보건에 유해하거나 위험한 작업 중 급성 독성, 피부 부식성 등이 있는 물질의 취급 등 대통령령으로 정하는 작업을 도급하려는 경우에는 고용노동부장관의 승인을 받아야 한다. 이 경우 사업주는 고용노동부령으로 정하는 바에 따라 안전 및 보건에 관한 평가를 받아야 한다.
2) 제1항에 따른 승인에 관하여는 제58조제4항부터 제8항까지의 규정을 준용한다.

10.2.3 도급의 승인 시 하도급 금지(제60조)

제58조제2항제2호에 따른 승인, 같은 조 제5항 또는 제6항(제59조제2항에 따라 준용되는 경우를 포함한다)에 따른 연장승인 또는 변경승인 및 제59조제1항에 따른 승인을 받은 작업을 도급받은 수급인은 그 작업을 하도급 할 수 없다.
도급받은 작업을 다시 하도급 하는 이른바 다단계 하도급의 경우 도급인의 위험관리 및 도급인과 수급인간 의사소통이 어려워 사고발생의 위험이 높아지므로 하도급 금지가 반드시 필요하다.

10.2.4 적격 수급인 선정 의무(제61조)

사업주는 산업재해 예방을 위한 조치를 할 수 있는 능력을 갖춘 사업주에게 도급하여야 한다.

제2절 도급인의 안전조치 및 보건조치

10.2.5 안전보건총괄책임자(제62조)

1) 도급인은 관계수급인 근로자가 도급인의 사업장에서 작업을 하는 경우에는 그 사업장의 안전보건관리책임자를 도급인의 근로자와 관계수급인 근로자의 산업재해를 예방하기 위한 업무를 총괄하여 관리하는 안전보건총괄책임자로 지정하여야 한다. 이 경우 안전보건관리책임자를 두지 아니하여도 되는 사업장에서는 그 사업장에서 사업을 총괄하여 관리하는 사람을 안전보건총괄책임자로 지정하여야 한다.
2) 제1항에 따라 안전보건총괄책임자를 지정한 경우에는 「건설기술 진흥법」 제64조제1항제1호에 따른 안전총괄책임자를 둔 것으로 본다.
3) 제1항에 따라 안전보건총괄책임자를 지정하여야 하는 사업의 종류와 사업장의 상시근로자 수, 안전보건총괄책임자의 직무・권한, 그 밖에 필요한 사항은 대통령령으로 정한다.

10.2.6 도급인의 안전조치 및 보건조치(제63조)

도급인은 관계수급인 근로자가 도급인의 사업장에서 작업을 하는 경우에 자신의 근로자와 관계수급인 근로자의 산업재해를 예방하기 위하여 안전 및 보건 시설의 설치 등 필요한 안전조치 및 보건조치를 하여야 한다. 다만, 보호구 착용의 지시 등 관계수급인 근로자의 작업행동에 관한 직접적인 조치는 제외한다.

10.2.7 도급에 따른 산업재해 예방조치(제64조)

1) 도급인은 관계수급인 근로자가 도급인의 사업장에서 작업을 하는 경우 다음 각 호의 사항을 이행하여야 한다.
   ① 도급인과 수급인을 구성원으로 하는 안전 및 보건에 관한 협의체의 구성 및 운영
   ② 작업장 순회점검
   ③ 관계수급인이 근로자에게 하는 제29조제1항부터 제3항까지의 규정에 따른 안전보건교육을 위한 장소 및 자료의 제공 등 지원
   ④ 관계수급인이 근로자에게 하는 제29조제3항에 따른 안전보건교육의 실시 확인
   ⑤ 다음 각 목의 어느 하나의 경우에 대비한 경보체계 운영과 대피방법 등 훈련
   　가. 작업 장소에서 발파작업을 하는 경우
   　나. 작업 장소에서 화재·폭발, 토사·구축물 등의 붕괴 또는 지진 등이 발생한 경우
   ⑥ 위생시설 등 고용노동부령으로 정하는 시설의 설치 등을 위하여 필요한 장소의 제공 또는 도급인이 설치한 위생시설 이용의 협조
   ⑦ 같은 장소에서 이루어지는 도급인과 관계수급인 등의 작업에 있어서 관계수급인 등의 작업시기·내용, 안전조치 및 보건조치 등의 확인
   ⑧ 제7호에 따른 확인 결과 관계수급인 등의 작업 혼재로 인하여 화재·폭발 등 대통령령으로 정하는 위험이 발생할 우려가 있는 경우 관계수급인 등의 작업시기·내용 등의 조정
2) 제1항에 따른 도급인은 고용노동부령으로 정하는 바에 따라 자신의 근로자 및 관계수급인 근로자와 함께 정기적으로 또는 수시로 작업장의 안전

및 보건에 관한 점검을 하여야 한다.
3) 제1항에 따른 안전 및 보건에 관한 협의체 구성 및 운영, 작업장 순회점검, 안전보건교육 지원, 그 밖에 필요한 사항은 고용노동부령으로 정한다.

10.2.8 도급인의 안전 및 보건에 관한 정보 제공 등(제65조)

1) 다음 각 호의 작업을 도급하는 자는 그 작업을 수행하는 수급인 근로자의 산업재해를 예방하기 위하여 고용노동부령으로 정하는 바에 따라 해당 작업 시작 전에 수급인에게 안전 및 보건에 관한 정보를 문서로 제공하여야 한다.
　① 폭발성·발화성·인화성·독성 등의 유해성·위험성이 있는 화학물질 중 고용노동부령으로 정하는 화학물질 또는 그 화학물질을 포함한 혼합물을 제조·사용·운반 또는 저장하는 반응기·증류탑·배관 또는 저장탱크로서 고용노동부령으로 정하는 설비를 개조·분해·해체 또는 철거하는 작업
　② 제1호에 따른 설비의 내부에서 이루어지는 작업
　③ 질식 또는 붕괴의 위험이 있는 작업으로서 대통령령으로 정하는 작업
2) 도급인이 제1항에 따라 안전 및 보건에 관한 정보를 해당 작업 시작 전까지 제공하지 아니한 경우에는 수급인이 정보 제공을 요청할 수 있다.
3) 도급인은 수급인이 제1항에 따라 제공받은 안전 및 보건에 관한 정보에 따라 필요한 안전조치 및 보건조치를 하였는지를 확인하여야 한다.
4) 수급인은 제2항에 따른 요청에도 불구하고 도급인이 정보를 제공하지 아니하는 경우에는 해당 도급 작업을 하지 아니할 수 있다. 이 경우 수급인은 계약의 이행 지체에 따른 책임을 지지 아니한다.

10.2.9 도급인의 관계수급인에 대한 시정조치(제66조)

1) 도급인은 관계수급인 근로자가 도급인의 사업장에서 작업을 하는 경우에 관계수급인 또는 관계수급인 근로자가 도급받은 작업과 관련하여 이 법

또는 이 법에 따른 명령을 위반하면 관계수급인에게 그 위반행위를 시정하도록 필요한 조치를 할 수 있다. 이 경우 관계수급인은 정당한 사유가 없으면 그 조치에 따라야 한다.

2) 도급인은 제65조제1항 각 호의 작업을 도급하는 경우에 수급인 또는 수급인 근로자가 도급받은 작업과 관련하여 이 법 또는 이 법에 따른 명령을 위반하면 수급인에게 그 위반행위를 시정하도록 필요한 조치를 할 수 있다. 이 경우 수급인은 정당한 사유가 없으면 그 조치에 따라야 한다.

제3절 건설업 등의 산업재해 예방

10.2.10 건설공사발주자의 산업재해 예방 조치(제67조)

1) 대통령령으로 정하는 건설공사의 건설공사발주자는 산업재해 예방을 위하여 건설공사의 계획, 설계 및 시공 단계에서 다음 각 호의 구분에 따른 조치를 하여야 한다.
   ① 건설공사 계획단계: 해당 건설공사에서 중점적으로 관리하여야 할 유해·위험요인과 이의 감소방안을 포함한 기본안전보건대장을 작성할 것
   ② 건설공사 설계단계: 제1호에 따른 기본안전보건대장을 설계자에게 제공하고, 설계자로 하여금 유해·위험요인의 감소방안을 포함한 설계안전보건대장을 작성하게 하고 이를 확인할 것
   ③ 건설공사 시공단계: 건설공사발주자로부터 건설공사를 최초로 도급받은 수급인에게 제2호에 따른 설계안전보건대장을 제공하고, 그 수급인에게 이를 반영하여 안전한 작업을 위한 공사안전보건대장을 작성하게 하고 그 이행 여부를 확인할 것

2) 제1항에 따른 건설공사발주자는 대통령령으로 정하는 안전보건 분야의 전문가에게 같은 항 각 호에 따른 대장에 기재된 내용의 적정성 등을 확인받아야 한다.

3) 제1항에 따른 건설공사발주자는 설계자 및 건설공사를 최초로 도급받은

수급인이 건설현장의 안전을 우선적으로 고려하여 설계·시공 업무를 수행할 수 있도록 적정한 비용과 기간을 계상·설정하여야 한다.
4) 제1항 각 호에 따른 대장에 포함되어야 할 구체적인 내용은 고용노동부령으로 정한다.

10.2.11 안전보건조정자(제68조)

1) 2개 이상의 건설공사를 도급한 건설공사발주자는 그 2개 이상의 건설공사가 같은 장소에서 행해지는 경우에 작업의 혼재로 인하여 발생할 수 있는 산업재해를 예방하기 위하여 건설공사 현장에 안전보건조정자를 두어야 한다.
2) 제1항에 따라 안전보건조정자를 두어야 하는 건설공사의 금액, 안전보건조정자의 자격·업무, 선임방법, 그 밖에 필요한 사항은 대통령령으로 정한다.

10.2.12 공사기간 단축 및 공법변경 금지(제69조)

1) 건설공사발주자 또는 건설공사도급인(건설공사발주자로부터 해당 건설공사를 최초로 도급받은 수급인 또는 건설공사의 시공을 주도하여 총괄·관리하는 자를 말한다)은 설계도서 등에 따라 산정된 공사기간을 단축해서는 아니 된다.
2) 건설공사발주자 또는 건설공사도급인은 공사비를 줄이기 위하여 위험성이 있는 공법을 사용하거나 정당한 사유 없이 정해진 공법을 변경해서는 아니 된다.

10.2.13 건설공사 기간의 연장(제70조)

1) 건설공사발주자는 다음 각 호의 어느 하나에 해당하는 사유로 건설공사가 지연되어 해당 건설공사도급인이 산업재해 예방을 위하여 공사기간의

연장을 요청하는 경우에는 특별한 사유가 없으면 공사기간을 연장하여야 한다.

① 태풍·홍수 등 악천후, 전쟁·사변, 지진, 화재, 전염병, 폭동, 그 밖에 계약당사자가 통제할 수 없는 사태의 발생 등 불가항력의 사유가 있는 경우
② 건설공사발주자에게 책임이 있는 사유로 착공이 지연되거나 시공이 중단된 경우

2) 건설공사의 관계수급인은 제1항제1호에 해당하는 사유 또는 건설공사도급인에게 책임이 있는 사유로 착공이 지연되거나 시공이 중단되어 해당 건설공사가 지연된 경우에 산업재해 예방을 위하여 건설공사도급인에게 공사기간의 연장을 요청할 수 있다. 이 경우 건설공사도급인은 특별한 사유가 없으면 공사기간을 연장하거나 건설공사발주자에게 그 기간의 연장을 요청하여야 한다.

3) 제1항 및 제2항에 따른 건설공사 기간의 연장 요청 절차, 그 밖에 필요한 사항은 고용노동부령으로 정한다.

10.2.14 설계변경의 요청(제71조)

1) 건설공사도급인은 해당 건설공사 중에 대통령령으로 정하는 가설구조물의 붕괴 등으로 산업재해가 발생할 위험이 있다고 판단되면 건축·토목 분야의 전문가 등 대통령령으로 정하는 전문가의 의견을 들어 건설공사발주자에게 해당 건설공사의 설계변경을 요청할 수 있다. 다만, 건설공사발주자가 설계를 포함하여 발주한 경우는 그러하지 아니하다.

2) 제42조제4항 후단에 따라 고용노동부장관으로부터 공사중지 또는 유해위험방지계획서의 변경 명령을 받은 건설공사도급인은 설계변경이 필요한 경우 건설공사발주자에게 설계변경을 요청할 수 있다.

3) 건설공사의 관계수급인은 건설공사 중에 제1항에 따른 가설구조물의 붕괴 등으로 산업재해가 발생할 위험이 있다고 판단되면 제1항에 따른 전문가의 의견을 들어 건설공사도급인에게 해당 건설공사의 설계변경을 요청

할 수 있다. 이 경우 건설공사도급인은 그 요청받은 내용이 기술적으로 적용이 불가능한 명백한 경우가 아니면 이를 반영하여 해당 건설공사의 설계를 변경하거나 건설공사발주자에게 설계변경을 요청하여야 한다.
4) 제1항부터 제3항까지의 규정에 따라 설계변경 요청을 받은 건설공사발주자는 그 요청받은 내용이 기술적으로 적용이 불가능한 명백한 경우가 아니면 이를 반영하여 설계를 변경하여야 한다.
5) 제1항부터 제3항까지의 규정에 따른 설계변경의 요청 절차·방법, 그 밖에 필요한 사항은 고용노동부령으로 정한다. 이 경우 미리 국토교통부장관과 협의하여야 한다.

10.2.15 건설공사 등의 산업안전보건관리비 계상 등(제72조)

1) 건설공사발주자가 도급계약을 체결하거나 건설공사의 시공을 주도하여 총괄·관리하는 자(건설공사발주자로부터 건설공사를 최초로 도급받은 수급인은 제외한다)가 건설공사 사업 계획을 수립할 때에는 고용노동부장관이 정하여 고시하는 바에 따라 산업재해 예방을 위하여 사용하는 비용(이하 "산업안전보건관리비"라 한다)을 도급금액 또는 사업비에 계상(計上)하여야 한다.
2) 고용노동부장관은 산업안전보건관리비의 효율적인 사용을 위하여 다음 각 호의 사항을 정할 수 있다.
   ① 사업의 규모별·종류별 계상 기준
   ② 건설공사의 진척 정도에 따른 사용비율 등 기준
   ③ 그 밖에 산업안전보건관리비의 사용에 필요한 사항
3) 건설공사도급인은 산업안전보건관리비를 제2항에서 정하는 바에 따라 사용하고 고용노동부령으로 정하는 바에 따라 그 사용명세서를 작성하여 보존하여야 한다.
4) 선박의 건조 또는 수리를 최초로 도급받은 수급인은 사업 계획을 수립할 때에는 고용노동부장관이 정하여 고시하는 바에 따라 산업안전보건관리

비를 사업비에 계상하여야 한다.
5) 건설공사도급인 또는 제4항에 따른 선박의 건조 또는 수리를 최초로 도급받은 수급인은 산업안전보건관리비를 산업재해 예방 외의 목적으로 사용해서는 아니 된다.

10.2.16 건설공사의 산업재해 예방 지도(제73조)

1) 대통령령으로 정하는 건설공사도급인은 해당 건설공사를 하는 동안에 제74조에 따라 지정받은 전문기관(이하 "건설재해예방전문지도기관"이라 한다)에서 건설 산업재해 예방을 위한 지도를 받아야 한다.
2) 건설재해예방전문지도기관의 지도업무의 내용, 지도대상 분야, 지도의 수행방법, 그 밖에 필요한 사항은 대통령령으로 정한다.

10.2.17 건설재해예방전문지도기관(제74조)

1) 건설재해예방전문지도기관이 되려는 자는 대통령령으로 정하는 인력·시설 및 장비 등의 요건을 갖추어 고용노동부장관의 지정을 받아야 한다.
2) 제1항에 따른 건설재해예방전문지도기관의 지정 절차, 그 밖에 필요한 사항은 대통령령으로 정한다.
3) 고용노동부장관은 건설재해예방전문지도기관에 대하여 평가하고 그 결과를 공개할 수 있다. 이 경우 평가의 기준·방법, 결과의 공개에 필요한 사항은 고용노동부령으로 정한다.
4) 건설재해예방전문지도기관에 관하여는 제21조제4항 및 제5항을 준용한다. 이 경우 "안전관리전문기관 또는 보건관리전문기관"은 "건설재해예방전문지도기관"으로 본다.

10.2.18 안전 및 보건에 관한 협의체 등의 구성·운영에 관한 특례(제75조)

1) 대통령령으로 정하는 규모의 건설공사의 건설공사도급인은 해당 건설공사 현장에 근로자위원과 사용자위원이 같은 수로 구성되는 안전 및 보건에 관한 협의체(이하 "노사협의체"라 한다)를 대통령령으로 정하는 바에 따라 구성·운영할 수 있다.
2) 건설공사도급인이 제1항에 따라 노사협의체를 구성·운영하는 경우에는 산업안전보건위원회 및 제64조제1항제1호에 따른 안전 및 보건에 관한 협의체를 각각 구성·운영하는 것으로 본다.
3) 제1항에 따라 노사협의체를 구성·운영하는 건설공사도급인은 제24조제2항 각 호의 사항에 대하여 노사협의체의 심의·의결을 거쳐야 한다. 이 경우 노사협의체에서 의결되지 아니한 사항의 처리방법은 대통령령으로 정한다.
4) 노사협의체는 대통령령으로 정하는 바에 따라 회의를 개최하고 그 결과를 회의록으로 작성하여 보존하여야 한다.
5) 노사협의체는 산업재해 예방 및 산업재해가 발생한 경우의 대피방법 등 고용노동부령으로 정하는 사항에 대하여 협의하여야 한다.
6) 노사협의체를 구성·운영하는 건설공사도급인·근로자 및 관계수급인·근로자는 제3항에 따라 노사협의체가 심의·의결한 사항을 성실하게 이행하여야 한다.
7) 노사협의체에 관하여는 제24조제5항 및 제6항을 준용한다. 이 경우 "산업안전보건위원회"는 "노사협의체"로 본다.

10.2.19 기계·기구 등에 대한 건설공사도급인의 안전조치(제76조)

건설공사도급인은 자신의 사업장에서 타워크레인 등 대통령령으로 정하는 기계·기구 또는 설비 등이 설치되어 있거나 작동하고 있는 경우 또는 이를 설치·해체·조립하는 등의 작업이 이루어지고 있는 경우에는 필요한 안전조치 및 보건조치를 하여야 한다.

10.3 도급사업 안전보건활동 체계[2]

10.3.1 도급사업 안전보건활동 구성요소

도급사업 수행 시 수급인 근로자의 안전을 위해서는 수급인의 협력을 이끌어내고, 사업장의 위험요소를 체계적으로 도출하여 개선하여야 하다. 이를 위해서는 안전보건협의체 구성·운영, 위험성평가, 사업장 안전보건 점검, 산재발생 위험장소 예방조치, 수급사업장 안전보건교육 지도·지원, 유해인자 및 화학물질 관리 등 다양한 안전보건활동이 유기적으로 수행될 수 있도록 시스템을 구축하여 운영함이 바람직하다.

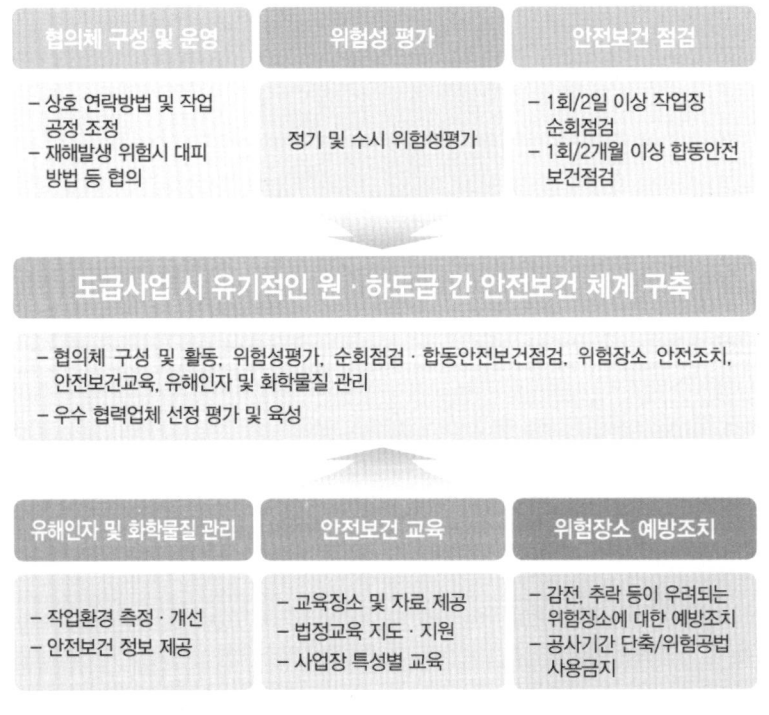

그림. 도급사업 안전보건활동 구성요소

---

[2] 한국산업안전보건공단, 사내 수급업체 안전보건관리 능력 향상을 위한 도급사업 안전보건관리 매뉴얼(건설업), 2016

10.3.2 유기적인 안전보건활동 기본방침

수급인과 함께하는 안전보건경영시스템을 구축하고, 항목을 체계적으로 관리하여 산업재해를 사전에 예방함이 필요하다.

1) 현장 안전보건 방침 명확화

- 회사의 안전보건방침, 공사 특성, 안전보건 목표 및 추진계획 등에 기초하여 현장 안전보건방침 수립·공표
- 도급인 및 수급인 사업장 직원 등 조직의 모든 구성원을 대상으로 안전보건에 관한 직무 및 업무분장(역할·책임·권한) 명확화
- 각 수급업체를 포함한 현장구성원 모두가 인식토록 지속적 주지

2) 현장 안전보건활동 계획수립

- 현장 안전보건목표 달성을 위하여 안전보건활동계획 수립·실행
 - 일정기간(월/주간) 단위공사(작업)에 대한 위험성평가를 통해 중점관리 위험요소를 관리하도록 담당자, 조치기간 등 세부계획을 수립
 - 공정회의, 안전보건협의체 회의 등의 의사소통을 통해 안전보건활동을 논의하여 결정

3) 공사 수행자 모두가 참여하는 위험성평가의 실행

- 위험성평가는 최초평가 및 수시평가, 정기평가로 구분하여 실시
 - 각 수급업체 공사의 위험성을 정기적으로 평가하되, 수급업체 해당공사 수행자를 참여
- 위험성평가 시 현장의 안전보건에 관한 위험요인과 위험의 정도를 지속적으로 확인 및 평가
- 현장소장은 유해·위험요인을 위험성평가 절차에 따라 검토 및 승인
- 공정회의, 안전보건협의체 회의 등을 통한 시공과 안전 간 상시 의사소통

4) 적극적 의사소통 추진

- 현장 내 모든 수급업체 소장들이 포함된 안전보건협의체를 구성
  - 매월 1회 이상 공정과 연계된 안전회의 실시
  - 사고 발생위험이 높은 위험공정 혼재 시는 상시 안전회의 실시
  - 위험성평가의 목표관리 사항(중점관리 위험요인)에 대한 책임과 권한, 조치계획 명확화
  - 안전보건에 관한 제반 준수사항 및 안전작업을 위한 필요한 절차 협의
- 사고 발생위험이 높은 혼재 작업이 다수 진행될 경우 안전회의를 수시 개최, 작업공정 간 위험에 대한 소통 및 위험작업의 시기조정
- 위험성평가를 기본으로 도출된 유해·위험요인에 대한 현장 조치실태를 2일에 1회 이상 순회점검 실시
  - 점검 시 도출된 위험요인 중 즉시 개선, 다음날 오전까지 등 시점으로 구분하여 반드시 추적 관리
- 위험성평가와 안전보건협의체회의에서 논의된 위험요인에 대하여 도급과 수급업체간 합동안전보건 점검을 2개월에 1회 이상 정기적으로 실시
  - 점검 시 도출된 사고 발생위험은 반드시 개선·환류 활동 실시

5) 체계적인 안전보건교육 실시

- 교육대상자, 내용, 실시시기, 강사, 실행사항 등이 포함된 교육계획 수립
- 모든 근로자에게 위험성평가 사항을 포함한 안전보건 제반 정보 전달
- 위험성평가 내용과 그 밖에 안전보건관련 사항 교육 실시
- 근로자 정기교육 등 법정교육을 실시할 경우 수급업체 또는 근로자를 실제 관리·감독하는 사람이 주관

6) 산업안전보건관리비의 적정 집행

- 산업안전보건관리비를 포함한 안전보건관리 예산을 해당 현장에 적합하게 사용계획을 수립하여 각 수급업체에 적정하게 배분
  - 근로자 안전보건을 위한 목적으로만 사용하도록 관리

7) 산업재해예방 활동 추진

- 위험성평가 결과 및 안전보건협의체회의에서 논의된 중점 위험요인과 대책에 따라 수급업체가 적절히 안전관리 활동을 하도록 지원
  - 추락, 낙하·비래, 붕괴·도괴, 감전, 화재·폭발 예방 등
- 공사에 사용하는 기계·장비·설비·자재 등이 공사현장에 반입될 경우 보험, 등록증, 자격증 등 필요서류를 검토하여 사전 안전성 확보
- 근로자의 보건·위생관리를 위해 정기적 건강진단 실시 및 적정한 위생시설 설치
- 안전보건 수준 향상을 위하여 「계획→실시→평가→개선」의 과정을 시공·품질·공정·노무관리 등 건설 사업을 진행하는데 필요한 관련체계와 일체가 되어 적기에 실행되도록 관리
- 수급업체의 재해예방활동 능동적 참여 추진
  - 안전보건관련 책임자 또는 담당자를 자체 선임토록 유도
  - 수급업체가 매 작업일 작업 개시 전에 신규 근로자와 당일작업 근로자 명단 및 반입기계·장비·설비 등을 보고
  - 수급업체가 작업사항을 파악, 능동적으로 대처하도록 관리
- 비상사태 발생 시에 대처한 비상조치계획 수립
  - 비상상황을 가정한 시나리오 및 대책 수립, 현장 구성원에게 훈련실시

8) 수급업체 평가 및 안전보건관리체계 지속적 개선

- 현장의 안전보건목표 및 세부계획이 적절하게 달성되고 실행되는지를 지속적으로 모니터링
- 공사 시 안전보건을 확보하는데 기여한 우수 수급업체를 선정·육성하기 위해 수급업체의 안전보건관리 능력을 공정하게 평가하고, 그 결과를 관리
  - 단계별 안전보건활동에 조직구성원의 적극적인 참여를 위해 각 수급업체의 참여도를 평가

9) 수급업체 작업관련 보고 및 허가사항

- 건설현장의 안전관리는 도급업체와 수급업체가 일체가 되어야 하며,
  - 도급업체가 실시하는 안전관리 사항에 대하여 수급업체의 이행상태를 확인하는 것이 매우 중요함

> ＊ 일일 작업일보, 출력일보, 차량계 하역운반기계/건설기계 작업계획서, 유해위험기계기구 반입허가서, 위험성 평가표, 용접작업 등 위험작업허가서, 난방기구 사용허가서, 야간작업 허가서 등

10.3.3 도급사업 단계별 검토·수행해야 할 안전보건활동

도급사업 운영시 최초 단계에서부터 안전보건에 관한 사항을 검토하고, 사업 수행 시 수급업체 재해예방을 위한 안전보건관리 실행과 평가, 환류를 통해 지속적으로 발전하는 체계를 운영함이 필요하다.

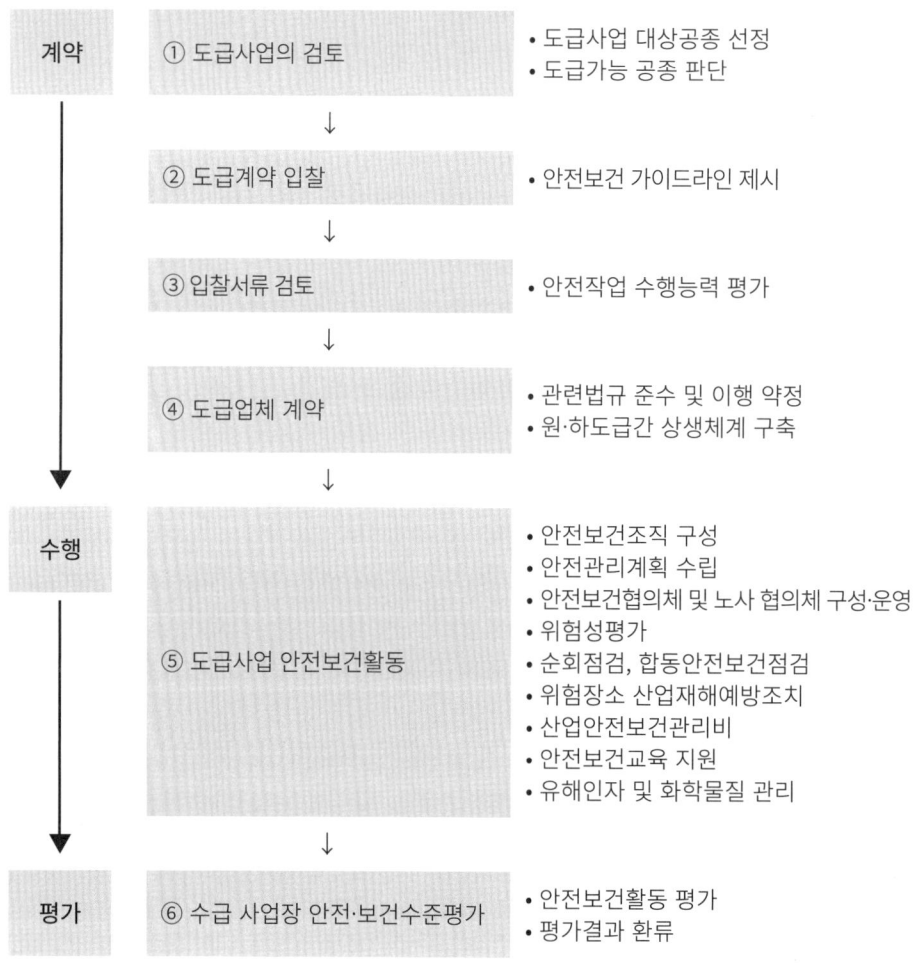

표. 단계별 안전보건활동 구성요소

10.4 도급사업 계약 시 안전보건활동 내용[3]

10.4.1 입찰/계약 단계에서의 수급업체 안전수준 확보

입찰단계에서부터 수급인 선정 시 안전보건 관련 활동상황을 요구해야 한다. 수급인의 안전보건 수준을 확보하기 위한 체계를 구축하고, 지원과 평가를 통한 수급인의 안전보건관리 적정수준을 확보하도록 해야 한다.

| 입찰
단계 | 산업안전보건관리비, 안전보건교육, 위험성 평가 등 「도급계약 안전보건 가이드라인」의 내용을 입찰 설명 시 명확하게 제시 |

○ 현장 운영시 법규 등의 준수 사항을 입찰조건에 반영
 - 안전관리 실행을 비용이 아닌 투자관점에서의 접근 요구

| 계약
단계 | 「도급계약 안전보건 가이드라인」을 참조하여 도급 계약 시 도급인이 조치하여야 할 사항과 수급인이 준수하여야 할 사항을 명확히 구분해야 함 |

○ 현장 개설시 법규 준수 및 이행사항에 대한 약정
 - 안전보건관리책임자, 안전관리자 등 선임에 관한 사항
 - 산업안전보건관리비 집행계획(안전시설, 개인보호구 등)
 - 안전작업계획서 등 문서관리에 관한 사항
 - 위험성 평가, 협의체회의, 순회점검 등 안전활동에 관한 사항
 - 안전보건교육계획 수립에 관한 사항 등

이행사항

○ 안전부문 현장설명 및 입찰기준 내용(예시)

 - 배상책임보험 가입조건

 - 입찰시 산업안전보건관리비 계상 및 집행기준

 - 착공 전 안전관리계획서 작성 및 제출

 - 위험성평가 실시

 - 개인보호구 및 복장 착용

 - 수급업체 안전보건관계자 선임 및 역할

 - 신규채용자 관리 방법

 - 공동구 반입 및 사용조건

 - 장비 및 가설기자재 관리

---

3) 한국산업안전보건공단, 사내 수급업체 안전보건관리 능력 향상을 위한 도급사업 안전보건관리 매뉴얼(건설업), 2016

산업안전보건법 제61조(적격 수급인 선정 의무)에서 사업주는 산업재해 예방을 위한 조치를 할 수 있는 능력을 갖춘 사업주에게 도급하도록 하고 있다. 도급사업 운영 시 최초 단계에서부터 안전보건에 관한 사항을 검토하고, 사업 수행 시 수급업체 재해예방을 위한 안전보건관리 실행과 평가, 환류를 통해 지속적으로 발전하는 체계를 운영하는 것이 필요하다.

구체적으로 살펴보면 도급인은 수급인 선정 시 입찰단계에서부터 '도급사업의 안전보건관리계획서' 및 '수급업체 선정가이드라인' 내용을 명시하고, 안전보건활동에 적극 참여할 것을 명확히 한다.

도급사업의 안전보건관리 계획서에는 ① 안전보건관리 인력의 구성 및 운영 방안 ② 안전보건관리 활동계획 ③ 안전보건교육 계획 ④ 사용 기계·기구 및 설비의 종류 및 관리 계획 ⑤ 작업관련 실적 및 작업자 이력·자격·경력현황 ⑥ 최근 산업재해발생 현황 등의 내용이 담겨 있어야 한다.

아울러 '수급업체 선정가이드라인'에 따라 수급업체의 안전관리수준을 평가하여 적격 수급업체를 선정한다.

안전수준평가는 원청의 안전보건시스템 운영 등 도급 작업장의 안전보건관리 하에서 수급업체가 안전한 작업을 이행할 수 있는지의 역량을 평가하는 것이다. 평가 항목은 안전보건관리체제(일반원칙, 계획수립, 구조 및 책임), 실행수준(위험성평가, 안전점검, 이행확인, 교육 및 기록, 안전작업허가), 운영관리(신호 및 연락체계, 위험물질 및 설비, 비상대책), 재해발생 수준(최근 3년간 산업재해 발생 현황) 등이다.

평가결과에 따라 우수한 사업장은 포상 또는 도급 계약 시 가점부여 등의 혜택을 제공하고, 미흡한 사업장은 자체 안전관리계획 수립 등을 통해 안전관리 활동이 강화될 수 있도록 유도한다.

입찰단계부터 수급인들의 안전수준을 평가하고 산재예방능력을 갖춘 수급인 선정이 요구되고 이를 증빙하기 위한 서류적인 근거가 필요하다.

적격수급업체 선정을 위해서는 도급사업 안전보건관리 매뉴얼(고용노동부 및 안전보건공단)에 수록되어 있는 안전수준평가를 참조하여 선정하면 될 것 같다.

안전수준평가는 도급인의 안전보건활동 및 지도에 따를 수 있는 최소한의 역량을 갖춘 수급업체를 공정하게 선정하기 위함이다.

수급업체 안전수준평가를 위한 "예시"는 아래 표와 같다. 예시된 평가항목은 도급작업시 사망사고 예방에 주요한 4개 분야 12개 항목으로 구성되어 있다.

적격 수급업체 선정 평가표	담당자	팀장

■사업장명 :

구분	배점	득점
합계	100	
A. 안전보건관리체제	20	
B. 실행수준	40	
C. 운영관리	20	
D. 재해발생 수준	20	

■평가항목 및 기준

평가항목	평가기준	배점	득점
A.안전보건관리체제	소계	20	
1. 일반원칙	원청과 하청 사업주의 안전보건방침 부합 여부	5	
2. 계획수립	원청의 산업재해 예방활동에 대한 하청의 이행계획 부합 여부	10	
3. 구조 및 책임	이행계획 추진을 위한 구성원의 역할 분담(본사, 현장)	5	
B. 실행수준	소계	40	
4. 위험성평가	도급작업의 위험성 평과 결과에 대한 이해수준 및 자체유해·위험요인 평가수준	5	
5. 안전점검	안전점검 및 모니터링(보호구 착용확인 포함)	10	
6. 이행확인	안전조치 이행여부 확인(원청의 지도조언에 대한 이행 포함)	10	
7. 교육 및 기록	안전보건교육 계획 및 기록관리	5	
8. 안전작업허가	유해·위험작업에 대한 안전작업허가 이행수준	10	
C. 운영관리	소계	20	
9. 신호 및 연락체계	원청 / 하청 간 신호체계, 연락체계	10	
10. 위험물질및 설비	유해·위험물질 및 취급기계·기구 및 설비의 안전성 확인	5	
11. 비상대책	비상시 대피 및 피해 최소화 대책(고용부, 안전보건공단, 소방서, 병원 포함)	5	
D. 재해발생 수준	소계	20	
12. 산업재해 현황	최근 3년간 산업재해 발생 현황	20	

평가항목별 세부 평가기준은 다음과 같다.

1) 일반원칙

구 분	우수	보통	미흡
원청과 하청사업주의 안전보건방침 부합 여부	5	3	1

① 우수
 - 원청과 하청 사업주의 안전보건방침이 상호 어긋남이 없음
 - 하청사업주의 안전보건방침이 하청업체의 규모와 특성에 적합함
 - 안전보건방침에는 안전보건을 확보하기 위한 지속적인 개선 및 실행의지 포함
② 보통
 - 방침의 상호 어긋남이 없으나 하청사업주의 방침의 일부 내용이 누락되거나 구체적이지 않음
③ 미흡
 - 방침이 상호 어긋나거나 또는 방침이 없거나 또는 위의 내용의 상당부분이 결여됨

2) 계획수립

구 분	우수	보통	미흡
원청과 하청사업주의 안전보건방침 부합 여부원청의 산업재해예방 활동에 대한 하청의 이행계획 부합 여부	10	5	1

① 우수
 - 원청의 산재예방활동에 따른 하청의 이행계획에는 원청의 활동에 부합하는 목표와 측정 가능한 성과지표가 수립됨
 - 이행계획에는 관련법규의 요구사항을 반영하고 인적·물적 투입범위를 포함
② 보통
 - 원청의 활동에 대한 이행계획이 수립되었으나, 일부내용 누락 또는 구체

적이지 않음
③ 미흡
 - 이행계획의 상당부분이 결여되거나 법적 요구사항을 충족하지 못함

3) 구조 및 책임

구 분	우수	보통	미흡
이행계획 부합 여부 이행계획 추진을 위한 구성원의 역할 분담 (본사, 현장)	5	3	1

① 우수
 - 이행계획의 효율적 추진을 위한 하청업체 안전보건조직의 구성, 역할, 책임 및 권한 명시 (하청업체의 본사 및 현장별 구분)
 - 유해·위험작업을 수행하는 구성원은 업무수행에 필요한 자격과 능력을 가지고 있고, 교육·훈련을 통하여 자격과 능력을 유지토록 함
② 보통
 - 하청업체의 안전보건조직은 구성되었으나 조직구성원의 역할, 책임과 권한의 일부 내용이 누락되거나 구체적이지 않음
③ 미흡
 - 안전보건조직이 구성되지 않거나 조직구성원의 역할, 책임과 권한내용의 상당부분이 결여

예시와 같이 원청의 안전보건시스템 운영 등 도급작업장의 안전보건관리 하에서, 수급업체가 안전한 작업을 이행할 수 있는 역량의 수준을 평가해야한다. 도급인의 노력만으로는 모든 수급업체에 대한 안전보관리에 한계가 존재하여, 수준평가에는 수급인의 안전관리 능력까지 포함한 종합평가방식을 고려해야 한다.

10.4.2 건설현장의 원·하도급 간 상생체계 구축

건설현장의 도급사업에 있어서 하도급 계약 시 원·하도급 간 상생체계를 구축하여 도급인의 지원 활동을 보다 능동적이고 명확히 하여 수급업체가 독립적으로 안전보건 관리를 수행하는 능력을 배양시켜 근로자의 위험을 선제적으로 예방하도록 해야 한다.

이행사항
○ 관리적 사항
 - 도급업체의 지원 및 수급업체 참여활동
 - 안전관리조직 구성의 적정성
 - 산업안전보건관리비 계상 및 사용
 - 발대식 개최 및 파트너쉽 협약체결 계획
○ 재해예방활동
 - 일상적 안전보건활동 계획의 적정성
 - 수급업체 지원계획의 적정성
 - 수급업체 근로자 사기진작 방안의 적정성
 - 위험성평가 절차 및 내용의 적정성(평가계획)
○ 본사 지원사항
 - 본사차원의 지원방안 수립 및 예산지원
 - 본사 안전전담 부서의 현장점검 사항
 - 수급업체의 참여정도 평가 계획 및 평가결과 활용방안

10.5 도급사업 수행 시 안전보건활동 내용[4]

10.5.1 수급업체 안전보건조직 구성 지원

시공단계에서 먼저 도급업체 조직을 기반으로 수급업체의 안전보건관리책임자, 안전관리자 또는 안전담당자, 관리감독자(작업팀장) 등 안전보건관리조직을 구성토록 하고 각 조직별 역할과 책임 부여한다.

안전보건에 관한 임무가 포함된 직무 및 업무분장(역할·책임 및 권한)을 명확히 하고, 개인별 서명확인을 통해 문서화를 실시한다.
또한 위험성평가 실시책임자, 실시담당자, 실시반을 구성하여 역할과 책임을 부여한다.

> **이행사항**
> ○ 수급업체 조직별 역할과 책임 부여시 고려할 사항
> - 현장 안전보건활동 운영 지원
> - 위험성평가서 작성, 중점 위험요인 개선조치 및 유지관리
> - 위험성 평가회의 참석
> - 안전점검결과에 대한 조치
> - 관리감독자 및 근로자 안전교육ㆍ훈련
> - 기타 근로자 안전보건 증진을 위한 제반 업무

10.5.2 수급업체의 시공계획을 포함한 안전관리계획 수립

도급업체는 수급업체의 해당공사 착공 전 시공계획을 반영하여 최초 위험성평가를 포함한 안전보건관리계획을 수립한다.

현장 안전보건 목표와 설정기간에 맞추어 구체적 계획을 검토하여 표, 그림 등을 활용하여 수립하고 관리한다. 또한 계획의 실현 가능성에 대한 검토를 목표의 달성상황, 공정상황, 공법의 변경 등에 따라 지속적으로 실시하고 관리한다.

---

[4] 한국산업안전보건공단, 사내 수급업체 안전보건관리 능력 향상을 위한 도급사업 안전보건관리 매뉴얼(건설업), 2016

이행사항
○ 수급업체 안전보건 세부계획 수립 시 고려할 사항
 - 안전보건방침 및 핵심 추진과제
 - 안전관리 조직 및 업무분장
 - 안전보건 교육계획
 - 최초 위험성평가를 바탕으로 공정, 공종별 재해예방 대책
 - 안전보건활동 계획(월간 안전보건활동 계획 및 1일 안전 Cycle)
 - 산업안전보건관리비 사용 계획(개인보호구 지급계획 포함)
 - 기타 안전보건 관리사항

10.5.3 안전보건협의체 및 노사협의체

산업안전보건법상 제75조에서는 도급 사업 시 안전보건에 관한 각종 협의를 위하여 도급사업주와 수급사업주간 안전보건협의체 구성 및 운영하도로 규정되어 있다. 따라서 도급인 사업주는 수급인 사업주 전원을 포함하는 안전보건협의체를 구성하고, 매월 1회 이상 정기적으로 협의체를 개최하여야 한다.

공사금액 120억원(토목공사 150억원) 이상인 건설업은 근로자와 사용자가 같은 수로 구성되는 안전·보건에 관한 노사협의체를 구성하고, 격월로 운영이 가능하다. 노사협의체를 운영하는 경우 산업안전보건위원회 및 안전·보건에 관한 협의체를 각각 설치·운영하는 것으로 보고 있다.

이행사항
○ 안전·보건에 관한 사업주간 협의체 구성 및 운영
 - 협의체는 도급인인 사업주 및 그의 수급인인 사업주 전원으로 구성하고 다음사항을 협의
  ·작업의 시작 시간
  ·작업 또는 작업장 간의 연락 방법
  ·재해발생 위험시의 대피 방법
  ·작업장에서의 위험성평가 실시에 관한 사항
  ·도급인과 수급인 또는 수급인 상호간의 연락방법 및 작업공정의 조정

> - 협의체는 매월 1회 이상 정기적으로 개최하고 그 결과를 기록·보존
> ○ 노사협의체의 구성·운영(특례)
> - 대상 : 공사금액 120억원(토목공사 150억원) 이상
> - 구성
>   · 근로자 위원: 도급 또는 하도급 사업을 포함한 전체 사업의 근로자대표, 명예감독관 1명(명예감독관이 위촉되지 않은 경우 근로자대표가 지명하는 근로자 1명), 공사금액 20억원 이상 도급 또는 하도급사업의 근로자 대표
>   · 사용자 위원: 해당 사업의 대표자, 안전관리자 1명, 공사금액 20억원 이상 도급 또는 하도급 사업의 사업주
> - 노사협의체는 정기회의는 2개월마다, 임시회의는 필요시 개최

10.5.4 위험성평가

도급인은 수급인으로 하여금 수급인의 작업 및 해당 사업장에 대한 위험성평가를 실시하도록 하고, 도급인과 수급인 또는 수급인 간의 작업 및 위험요인이 서로 관련되는 경우 이를 조정·관리하도록 하고 있다.

위험성평가란 건설물, 기계·기구, 설비, 원재료, 가스, 증기, 분진 등에 의하거나 작업행동, 그 밖의 업무에 기인하는 유해·위험 요인을 찾아내어 위험성을 결정하고, 그 결과에 따라 필요한 조치를 하는 일련의 절차이다.

도급인은 수급인에게 위험성평가 방법에 대한 교육을 실시하는 등 수급인이 자발적으로 위험성평가를 할 수 있도록 지원해야 한다. 수급인의 위험성 평가 능력이 부족할 경우 도급인이 수급인을 참여시켜 수급인 작업공정에 대한 위험성 평가를 실시할 필요가 있다.

법상 안전보건총괄책임자 직무에 위험성평가에 관한 사항이 포함되어 있으므로, 도급인은 수급인의 작업에 대해서까지 위험성평가를 관리해야 하는 것은 기본이다.

산업안전보건법에서는 도급인·수급인 관계없이 위험성평가의 주체를 사업주로 명시하고 있으므로, 수급인은 해당 사업장 또는 공정에 대한 위험성평가를 직접 실시해야 하고, 도급인이 지원하는 위험성평가 및 관련 교육에 성

실히 참여해야 한다. 사업주, 관리자, 근로자 등 구성원 모두가 위험성 평가에 참여하여 스스로 위험성평가를 할 수 있는 능력을 배양해야 하며, 위험성평가를 실시한 후에는 ①위험성 평가 대상의 유해위험요인 ②위험성 결정 내용 ③위험성 결정에 따른 조치의 내용 등에 대한 자료를 3년간 보존하여야 한다.

10.5.5 작업장의 순회점검

도급인 사업주는 작업장을 2일에 1회이상 정기적으로 순회점검을 실시하여야 한다. 현장 안전보건관리를 위해 도급 사업주가 순회점검을 실시하여 수급업체의 안전보건활동을 지원하고 수급업체 소속 근로자의 산재발생위험을 제거하여야 한다.
수급인 사업주는 순회점검을 거부·방해 또는 기피해서는 안되며, 도급인의 시정요구가 있으면 이에 따라야 하는 것은 당연하다.

> **이행사항**
> ○ 「작업장의 순회점검」은 사업주 의무이나, 반드시 사업주가 직접 실시해야 하는 것은 아니며,
> - 사업주가 경영관리, 시간적인 이유 등으로 직접 점검이 곤란하여 관리감독자 등에게 순회점검을 하도록 한 경우에는 점검의 결과 및 조치의 이행여부 등에 대한 관리·감독을 철저히 하는 것으로 가능
> - 다만, 사업주의 지시에도 관리자가 순회점검을 하지 아니한 경우 위반에 대한 법상 책임은 사업주에게 있음

10.5.6 작업장 합동 안전·보건점검

도급인 사업주는 수급인 사업주와 점검반을 구성하여 정기·수시로 합동 안전·보건점검을 실시하여야 한다.

> **이행사항**
> ○ (구성) 도급인 및 수급인 사업주, 도급인 및 수급인 근로자 각 1명
> - 같은 사업내에 지역을 달리하는 사업장이 있는 경우 그 사업장의 최고 책임자
> - 해당공정 근로자만 해당(수급인이 다수인 경우 각 수급인 소속 근로자 1명씩 점검에 참여하며, 수급인 근로자는 해당 공정의 합동점검만 참여 가능)
> ○ (점검주기) 2개월에 1회 이상

10.5.7 산업재해 발생 위험장소 예방조치

도급인은 수급인 근로자의 산업재해 발생위험이 있는 장소에서의 작업시 안전·보건 시설 설치 등 산업재해 예방조치를 실시해야 한다. 도급인에게 안전보건조치 의무를 부여하는 산업재해발생 위험장소는 "20개소"이지만 원청의 사업과 불가분의 관계에 있는 모든 장소로 확대 해석하여 조치를 취하는 것이 바람직하다.

산재발생 위험이 있는 장소(20개)
1. 토사·구축물·인공구조물 등이 붕괴될 우려가 있는 장소
2. 기계·기구 등이 넘어지거나 무너질 우려가 있는 장소
3. 안전난간의 설치가 필요한 장소
4. 비계 또는 거푸집을 설치하거나 해체하는 장소
5. 건설용 리프트를 운행하는 장소
6. 지반을 굴착하거나 발파작업을 하는 장소
7. 엘리베이터홀 등 근로자가 추락할 위험이 있는 장소
8. 영 제26조제1항에 따른 도급금지 작업을 하는 장소
9. 화재·폭발 우려가 있는 용접·용단 작업을 하는 장소 가. 선박 내부 나. 특수화학설비 다. 인화성 물질을 취급·저장하는 설비 및 용기
10. 밀폐공간으로 되어 있는 장소에서 작업을 하는 경우 그 장소
11. 석면이 붙어 있는 물질을 파쇄 또는 해체하는 작업을 하는 장소
12. 안전보건규칙 별표 1에 따른 위험물질을 제조하거나 취급하는 장소
13. 안전보건규칙 제420조제7호에 따른 유기화합물취급 특별 장소
14. 공중 전선에 가까운 장소로서 시설물의 설치·해체·점검 및 수리 등의 작업을 할 때 감전의 위험이 있는 장소

> 15. 물체가 떨어지거나 날아올 위험이 있는 장소
> 16. 프레스 또는 전단기(剪斷機)를 사용하여 작업을 하는 장소
> 17. 화학설비 및 그 부속설비에 대한 정비·보수 작업이 이루어지는 장소
> 18. 안전보건규칙 제574조 각 호에 따른 방사선 업무를 하는 장소
> 19. 차량계 하역운반기계 또는 차량계 건설기계를 사용하여 작업하는 장소
> 20. 전기 기계·기구를 사용하여 감전의 위험이 있는 작업을 하는 장소

수급인 근로자는 도급인의 시설물에서 작업을 수행해야 하고, 수급인의 단독적인 재해예방 노력만으로는 산재예방에 한계가 있으므로, 수급인 근로자가 도급인 근로자와 함께 작업하지 않더라도 도급인의 사업장 내라면 수급인 근로자가 일하는 위험장소에 대하여 산업재해예방조치를 해야 할 의무가 있다.

아울러, 수급인 소속 근로자에 대한 산업재해예방 의무는 일차적으로 수급인 사업주에게 있으므로 수급인 또한 안전보건상 조치를 하여야 한다.

10.5.8 위험작업 시 경보운영 및 운영사항 통보

경보장치 설치가 필요한 장소
① 하역운반기계 통로 인접 출입구 : 비상등·비상벨 등 경보장치(제11조)
② 연면적 400㎡ 이상 또는 상시 근로자 50명 이상 옥내 작업장 : 경보설비(제19조)
③ 폭발 또는 화재발생 위험장소 : 가스검지 및 경보장치(제232조)
④ 급성독성물질 취급 장소 : 감지·경보장치(제299조)
⑤ 터널공사 등 인화성가스 폭발·화재 위험장소 : 자동경보장치(제350조)
⑥ 금속류, 산·알칼리류, 가스상태 물질류 취급 장소 : 경보설비(제434조)
⑦ 방사선 업무 장소 : 경보시설(제574조)
⑧ 냉장실·냉동실 내부 : 경보장치(제632조)

위험장소에서 작업을 하는 경우 사고발생에 대비하여 경보를 운영하고, 수급인에게 통보하여 사고위험에 신속히 대처하도록 운영할 필요가 있다.

도급인은 발파작업을 하는 경우, 화재가 발생하거나 토석붕괴 사고가 발생하는 경우에 대비하여 경보를 운영하고 수급인 및 수급인 근로자에 대한 경보운영 사항을 수급인에게 통보하여야 한다.

10.5.9 공사기간 단축 및 위험공법 사용·변경 금지

도급인은 수급인이 무리하게 공사진행을 하지 않도록 적절히 관리해야 한다. 도급인은 수급인이 안전하고 위생적인 작업수행을 할 수 있도록 설계도서 등에 따라 산정된 공사기간을 단축하지 않아야 하고, 공사비를 줄이기 위하여 위험성이 있는 공법을 사용하거나 정당한 사유 없이 공법을 변경해서는 안된다.

10.5.10 수급업체 위생시설 설치 또는 이용

도급인은 수급인에게 위생시설을 설치할 수 있는 장소를 제공하거나 자신의 위생시설을 이용할 수 있도록 협조하여야 한다.
도급인은 수급인이 위생시설(휴게시설, 세면·목욕시설, 세탁시설, 탈의시설, 수면시설)에 관한 기준을 준수할 수 있도록 수급인에게 위생시설을 설치할 수 있는 장소를 제공하거나 자신의 위생시설을 수급인 근로자가 이용할 수 있도록 적극 협조하여야 한다.

10.5.11 산업안전보건관리비 계상 및 사용

건설업을 타인에게 도급하는 자와 이를 자체사업으로 하는 자는 도급계약을 체결하거나 자체 사업계획을 시행하는 경우 산업재해 예방을 위한 산업안전보건관리비를 도급금액 또는 사업비에 계상하여 지급하여야 한다. 지급받은 도급업체는 수급업체 근로자를 포함한 전 현장 근로자의 안전보건을 위해서만 사용하여야 한다.

산업안전보건관리비 계상
○ 적용대상 : 공사금액 2천만원 이상 ○ 계상기준 - 대상액 5억원 미만, 50억원 이상 : 대상액×비율 - 대상액 5억원 이상 50억원 미만 : 대상액×비율+기초액 - 대상액이 구분되지 않은 경우 : 총공사금액의 70%를 대상액으로 산정·계상

※ 대상액 : 직접재료비+간접재료비+직접노무비
- 단, 발주자가 재료를 제공하거나 물품이 완제품의 형태로 제작 또는 납품되어 설치되는 경우에는 재료비 또는 완제품의 가액을 포함시키지 않은 대상액을 기준으로 계상한 안전관리비의 1.2배를 초과할 수 없음

○ 공사종류 및 규모별 안전관리비 계상기준표(단위: 원)

공사종류 \ 대상액	5억원 미만	5억원 이상 50억원 미만		50억원 이상
		비율(X)	기초액(C)	
일반건설공사(갑)	2.93%	1.86%	5,349,000원	1.97%
일반건설공사(을)	3.09%	1.99%	5,499,000원	2.10%
중건설공사	3.43%	2.35%	5,400,000원	2.44%
철도·궤도신설공사	2.45%	1.57%	4,411,000원	1.66%
특수및기타건설공사	1.85%	1.20%	3,250,000원	1.27%

이행사항

○ 산업안전보건관리비 부족계상, 목적외 사용, 사용내역 미작성 등 위반시 1,000만원 이하의 과태료 부과

○ 목적외 사용금액이 1,000만원 이상 또는 사용내역 작성의무 위반시 PQ(입찰참가자격 사전심사) 감점(건당 –0.5점, 최대 –1점)

10.5.12 수급업체 안전보건교육 지원

수급업체 소속 근로자에 대한 안전보건교육을 실시하고자 하는 경우 도급업체는 수급업체에게 필요한 지도와 지원을 하여야 하며, 이 경우 도급인인 도급은 수급인 수급업체가 법적사항을 준수할 수 있도록 명확히 알려주어야 한다.

산업안전보건교육

○ 안전·보건교육 종류 및 실시방법
- 건설업 기초안전·보건교육
  • 건설 사업주가 건설 일용근로자를 채용할 때 기초안전보건 교육기관에서 교육을 이수토록 함(4시간)

> - 정기교육
>   - 관리감독자 : 연간 16시간이상
>   - 건설근로자 : 매분기 6시간 이상
> - 작업내용 변경 시의 교육
>   - 일용근로자 : 1시간 이상
> - 특별교육(유해ㆍ위험작업 종사 근로자)
>   - 일용근로자 : 2시간 이상
> ○ 안전보건교육 지원 예시
> - 수급업체가 동참하여 안전보건교육을 실시할 수 있도록 지원 및 지도
>   - 지원내용: 교육장소, 교육 기자재(컴퓨터, 빔 프로젝트 등), 안전교육 교재
>   - 도급사(공사팀장, 안전관리자)와 수급사(관리감독자, 작업책임자)가 공동으로 실시

이행사항
> ○ 건설업 기초안전·보건교육을 이수한 일용근로자는 어느 현장에 가더라도 신규 채용시 교육을 면제받게 되며,
> - 교육비용은 사업주가 지급하며, 동 비용은 산업안전보건관리비로 정산이 가능함

10.5.13 유해인자 및 화학물질 관리

1) 물질안전보건자료(MSDS) 작성·비치 등

물질안전보건자료란 화학물질의 유해·위험성, 명칭·성분 및 함유량, 응급조치요령, 안전·보건상 취급시 주의사항 등이 기재된 자료이다.

건설현장에서 취급하는 화학물질의 예시로서는 시멘트, 유기용제, 페인트, 방수제, 접착제, 용접봉 등이 있다.

이행사항
> ○ 각 주체별 조치사항
> - (제조·수입자) 화학물질 및 화학물질을 함유한 제제를 양도하거나 제공하는 자는 이를 양도받거나 제공받는 자에게 화학물질의 유해성·위험성, 응급조치요령, 안전·보건상 주의사항 등 16가지 항목을 기재한 물질안전보건자료(MSDS)를 작성하여 제공하여야 함

- (사업주) 화학물질을 취급하려는 도급인 및 수급인은 제공받은 물질안전보건자료를 화학물질을 취급하는 작업장 내에 갖춰두어야 함
- (교육) 화학물질을 취급·사용하는 근로자를 교육하여야 함
  ※ 교육내용 : 취급 화학물질의 종류와 유해성, 작업요령, 보호구 착용, 사고발생 시 응급조치 등

2) 작업환경측정

작업환경측정은 소음, 분진, 유기용제, 중금속 등 작업 시 발생하는 유해인자가 근로자에게 어느정도 노출되는지를 측정하여 그 결과에 따라 시설·설비 등을 개선하여 쾌적한 작업환경을 만들기 위한 제도이다.

건설현장의 대표적인 유해인자로서는 터널작업 분진·소음 등이 있다. 측정대상이 된 경우 30일 이내 최초로 실시하고 이후 6개월에 1회이상 실시하여야 한다. 측정 결과에 따라 시설·설비 개선 등 적절한 조치를 이행하여야 한다

10.6 도급사업 평가 시 안전보건활동 내용[5]

10.6.1 수급사업장의 안전보건수준 평가

수급 사업장에 대한 안전보건수준 평가기준을 확립하고 평가를 통해 수준향상을 유도해야 한다.

수급사업장의 안전보건 활동 수준 및 재해발생 수준 등에 대한 평가기준을 마련하고, 수급업체별 안전보건수준 평가를 실시해야 한다.

10.6.2 평가결과에 따른 수급업체 관리 및 환류

평가결과 우수한 사업장은 인센티브를 부여하고, 미흡한 사업장은 수급업체 스스로 안전관리 활동을 강화토록 관리할 필요가 있다.

평가결과에 따라 우수한 사업장은 포상 또는 도급 계약 시 가점 부여 등의 혜택을 제공하고, 미흡한 사업장은 자체 안전관리계획 수립 등을 통해 안전관리 활동을 강화하도록 유도해야 한다. 우수한 수급업체를 선정·육성하는 일은 안전보건을 확보하는데 있어서 매우 중요하다.

평가를 통해 수급사업장의 안전보건 수준과 문제점 도출이 가능하며, 수급사업장 지원방안 수립에 활용할 수 있다.

현장 평가의 최종 책임자는 현장소장이지만 평가의 공정 및 적정성을 위하여 안전관리자, 공사담당자 등의 의견을 청취하여 반영할 수 있다.

평가사항, 평가방법, 평가시기, 평가 후의 보고방법, 평가결과의 활용 등은 본사에서 절차를 정하여 관리하는 것이 효율적이고 일관성이 있다.

> **이행사항**
> ○ 수급업체 안전부문 평가 예시
>   - 평가 대상 : 외주 및 안전시설 공사업체의 안전관리 능력평가

---

[5] 한국산업안전보건공단, 사내 수급업체 안전보건관리 능력 향상을 위한 도급사업 안전보건관리 매뉴얼(건설업), 2016

- 평가 종류 : 안전활동 평가, 재해발생 평가
- 시기 : 본사 또는 현장에서 자율적으로 정함(년 2회 이상)
- 평가부서 : 1차 공사현장, 2차 본사 안전팀
- 평가항목 : 시스템, 현장 안전활동 운영실태(추락, 협착 등), 재해(산재) 발생 여부
- 등급단계 : 우수 > 양호 > 보통 > 불량 등
  ＊평가 결과에 따른 수급업체 관리등급 부여, 차기 입찰점수에 반영하여 우수 수급업체 인센티브 부여

10.7 도급계약 안전보건 가이드라인(예시)[6]

10.7.1 목적

수급인 근로자의 산업재해예방 의무를 도급인과 수급인에게 공동으로 부여하고 있으나 수급인 사업장은 사업규모의 영세성, 도급인 사업장 내에 작업장소가 있는 등 자체 노력만으로는 한계가 있으므로 도급인 및 수급인 사업장 간 상호협력과 도급인의 지원과 배려가 필요하다.

이 가이드라인은 이를 위해서 도급계약 시 도급인이 조치하여야 할 사항과 수급인이 준수하여야 할 사항들을 제시함으로써 수급인 근로자의 안전과 건강을 확보하기 위한 것이다.

10.7.2 적용 범위

이 가이드라인은 산업안전보건법 제64조에 의한 사업에 적용한다.

10.7.3 용어의 정의

1) "도급인"이란 업무를 도급하거나 업무의 처리를 위탁한 업체를 말한다.
2) "수급인"이란 업무를 도급받거나 업무의 처리를 위탁받은 업체를 말한다.
3) "도급 계약"이란 수급인이 어느 업무를 완성할 것을 약정하고, 도급인이 그 업무 결과에 대하여 보수를 지급할 것을 약정함으로써 성립되는 계약을 말한다.

10.7.4 도급 계약 시 명시하여야 할 사항

1) 산업안전보건관리비

---

[6] 한국산업안전보건공단, 사내 수급업체 안전보건관리 능력 향상을 위한 도급사업 안전보건관리 매뉴얼(건설업), 2016

① 도급인은 법 제72조에 따라 계상된 산업안전보건관리비(이하 "안전관리비"라 한다)를 수급인 근로자 안전보건을 위해 적정하게 지급, 사용하여야 한다.
② 안전관리비는 도급인이 직접 집행하거나, 수급인에게 일정금액을 배정하여 사용하게 할 수 있다.
- 안전관리비를 수급인에게 배정할 경우 공사특성, 난이도, 고용노동부 고시(건설업 산업안전보건관리비 계상 및 사용기준) 등에 따라 배정 요율을 결정하여야 하다.
③ 수급인은 배정된 안전관리비에 대해 실행예산서를 편성하여 도급인에게 제출하여야 한다.
④ 수급인은 설계변경 등으로 안전관리비의 추가 배정이 필요한 경우 도급인에게 추가 배정을 요청할 수 있고, 도급인은 특별한 경우가 아니면 추가 배정하여야 한다.

2) 안전보건 교육
① 도급인은 수급인이 행하는 근로자의 안전보건 교육에 필요한 장소의 제공, 자료의 제공 등 필요한 조치를 하여야 한다.
② 수급인이 교육 강사, 기자재 등을 요청할 경우 도급인은 이에 적극 협조하여야 한다.

3) 위험성평가
① 도급인은 도급사업 시작 전에 위험성평가를 실시한 후 미리 위험성을 감소시키고, 수급인이 작업공정에 대한 위험을 사전에 인지하도록 위험성평가 결과를 수급인에게 제공한다.
② 도급인은 수급인에게 위험성평가 방법에 대한 교육을 실시하는 등 수급인이 위험성평가를 할 수 있도록 지원한다.

4) 안전보건 협의체 구성·운영

① 도급인의 사업주는 수급인의 사업주 전원으로 구성하는 안전보건 협의체를 구성 및 운영한다.
② 협의체는 작업의 시작 시간, 작업 또는 작업장의 연락방법, 재해발생 위험시의 대피방법, 위험성평가 실시, 상호간의 연락방법 및 작업공정의 조정에 관한 사항을 협의한다.
③ 협의체는 매월 1회 이상 정기적으로 회의를 개최한다.

5) 안전보건 점검
① 도급인의 사업주는 그가 사용하는 근로자, 그의 수급인 및 그의 수급인이 사용하는 근로자와 함께 2개월에 1회 이상 작업장에 대한 합동안전보건 점검을 실시한다.
② 도급인의 사업주는 작업장에 대한 순회점검을 2일에 1회 이상 실시하여야 하며, 수급인의 사업주는 순회점검을 거부·방해 또는 기피하여서는 아니되며, 점검결과 도급인인 사업주의 시정요구가 있으면 이에 따라야 한다.

6) 공사기간 등 준수
① 도급인은 공사비를 줄이기 위하여 위험성이 있는 공법을 사용하거나, 정당한 사유없이 공법을 변경하여서는 아니된다.
② 도급인은 설계도서 등에 따라 산정된 공사기간을 단축하여서는 아니된다.
③ 수급인이 안전보건 확보를 위해 공법 변경, 가시설 설계의 보강 등을 요청할 경우 도급인은 이에 적극 협조하여야 하며, 이에 따라 증가된 비용에 대해서 하도급 금액에 적극 반영하여야 한다.

7) 작업환경
① 도급인은 근로자의 건강을 보호하기 위하여 수급인에게 위생시설을 제공하거나 자신의 위생시설을 이용할 수 있도록 적절한 협조를 하여야 한다.
  ※ 위생시설: 휴게시설, 세면·목욕시설, 세탁시설, 탈의시설, 수면시설
② 도급인의 사업주와 수급인의 사업주는 근로자가 쾌적한 작업환경에서 업

무를 수행할 수 있도록 상호 노력한다.

8) 안전보건 조치 이행

① 도급인 사업주는 수급인 또는 수급인의 근로자가 해당 작업과 관련하여 법 또는 법에 따른 명령을 위반한 경우에 그 위반행위를 시정하도록 필요한 조치를 하여야 하며, 수급인과 수급인의 근로자는 정당한 사유가 없는 한 이에 따라야 한다.

② 도급인 및 수급인은 산업안전보건위원회 또는 노사협의체가 심의·의결 또는 결정한 사항을 성실하게 이행하여야 한다.

10.8 도급절차 및 수급업체 안전보건관리 계획 수립 기준

10.8.1 고용노동부 특별감독을 통한 도급업체 안전보건관리 계획 수준

본사의 도급절차 및 수급업체 안전보건관리 계획 수립은 고용노동부의 특별감독 시 중점점검사항이기도 하다. '21년에 시행된 고용노동부 특별감독결과 도급절차 및 수급업체 안전보건관리 계획 수립에 대한 내용을 살펴보면 다음과 같고, 이를 고려하여 개선방안을 마련하면 될 것으로 보인다.

고용노동부 특별감독 결과

① **T사에 대한 특별감독 결과**
  ○ (현황) 협력업체 신규 등록 시 안전보건 역량을 고려하지 않고, 협력업체의 역량 제고를 위한 지원도 부족
  ○ (권고) 협력업체 안전역량 제고

② **D사에 대한 특별감독 결과**
  ○ (현황) 최저가 낙찰제 운영 및 일부 공종만 저가심의 운영
  ○ (권고) 협력업체 선정 과정에서 공종에 따라 회사의 기술력, 안전성, 실행예산 내역 등을 평가하는 심의과정 추가 필요

③ **H사에 대한 특별감독 결과**
  ○ (현황) 협력업체 등록·갱신 시 안전a관리 수준을 평가항목으로 반영하고 있으나 배점은 미미하고, 입찰을 통한 업체 선정 시 최저가 낙찰규정 적용으로 안전관리 수준이 낮은 업체가 선정되고 있어 적극적 안전보건 활동 참여가 저조한 상황
   - 등록·갱신 시 안전분야는 5점(100점 만점)
  ○ (권고) 협력업체 등록·갱신 시 안전 분야 배점을 확대하고, 입찰 선정 시에도 안전 역량을 평가하고 적정 단가를 보장하는 등 특단의 조치가 필요
   - 협력업체의 안전관리 수준을 높일 수 있는 조치에 중점을 두어야 중대재해를 예방할 수 있음

10.8.2 도급절차 및 수급업체 안전보건관리 계획 수립 기준

　도급사업의 안전관리를 위한 사전 위험성 검토, 적격 수급업체 선정의 적정성을 확보하였는지 여부를 만족하여야 한다. 또한 수급업체 근로자의 안전확보를 위한 적격 수급업체자 선정 노력을 하여야 한다.
　건설공사에서 안전보건에 영향을 미치는 공사기간, 설계변경, 산업안전보건관리비 관리 여부를 충족하여야 한다.

A.1	▶ 도급절차 및 수급업체 안전보건관리 계획 수립 기준
주요착안사항	▶ 도급사업의 안전관리를 위한 사전 위험성 검토, 적격 수급업체 선정의 적정성 ▶ 수급업체 안전확보를 위한 적격 수급업체 선정 노력 ▶ 건설공사에서 안전보건에 영향을 미치는 공사기간, 설계변경, 산업안전보건관리비 관리 노력

○ 도급 계획단계에서 작업의 위험성 검토 및 적정성, 도급사업 안전보건관리계획서 및 적격 수급업체 선정을 위한 안전수준 평가 기준을 포함한 입찰공고 및 계약절차의 적정성
○ 적격 수급업체 선정을 위해 회사의 특성을 반영한 안전수준평가 기준의 적정성
○ 선정된 수급업체의 안전보건관리를 위한 산업재해예방 및 후속조치 실행계획의 적정성
○ 안전확보를 위한 입찰 참여 제한 제도 도입 수준
　- 입찰 준비나 진행 과정 중 중대재해 유발 등 안전보건관리 불량업체를 확인하고 입찰 참여 제한 등을 수행할 수 있는 기준(절차) 마련 수준
○ 안전확보를 위한 적격 수급업체 선정 제도 운영 수준
　- 수급업체 선정 시 안전보건관리에 대한 역량 또는 실적을 평가하여 우수한 수급업체가 선정될 수 있는 기준(절차) 마련 수준
○ 건설공사 수급업체의 공사기간 연장 요청 시 처리기준에 따른 이행 수준
　- 건설공사 기간 연장 요청의 적정성 및 이에 대한 처리 기준 및 절차 마련 수준
　- 공사기간 단축 및 위험공법 사용·변경 금지
　　※ 참고 : 산업안전보건법 제70조(건설공사 기간의 연장)
○ 건설공사 수급인의 설계변경 요청 시 처리기준에 따른 이행 수준
　- 설계변경의 요청 대상 작업의 유무 파악 및 이에 대한 처리 기준 및 절차 마련 수준
○ 산업안전보건관리비 계상 등 관리 수준의 적합여부

10.8.3 수급업체 작업장 산업재해 예방조치 실행 수준

안전보건협의체 운영, 점검 및 안전보건조치 이행 수준의 적정성을 만족하여야 한다. 또한 수급업체의 위생시설 등 인프라 지원, 비상시 통일된 경보체계 운영 및 대응훈련의 적정성을 만족하여야 한다.

A.2	▶ 수급업체 작업장 산업재해 예방조치 실행 수준
주요착안사항	▶ 안전보건 노사협의체 운영 ▶ 수급업체 안전보건조치 이행 지원 수준의 적정성 ▶ 위생시설 등 인프라 지원, 비상시 통일된 경보체계 운영 및 대응훈련의 적정성

○ 산업안전보건법에 따른 안전보건 노사협의체 구성·운영의 적정성
○ 도급사업 종류 및 특성에 부합하는 작업장 순회점검 적정성(작업계획서 준수여부 확인 등)
 - 수급인 사업주와 점검반을 구성하여 정기·수시로 합동 안전·보건점검
 - 관리감독자 순회점검의 결과 및 조치의 이행여부 등에 대한 관리·감독
○ 원·하청 합동안전보건점검반 구성 및 점검주기의 적정성
 - 수급인 사업주와 점검반을 구성하여 정기·수시로 합동 안전·보건점검 실시 확인
○ 안전보건정보(위험물, 질식, 붕괴, 추락 등 위험) 제공 및 정보 전달의 적정성
 - 유해인자 및 화학물질 관리 확인
○ 수급업체 위생시설 설치 또는 이용 확인
○ 수급업체의 재해예방을 위한 조치 능력 및 기술 적정성
 - 선정된 수급업체의 안전보건관리를 위한 산업재해예방 및 후속조치 실행계획의 적정성 확인
 - 수급업체 안전보건에 관한 임무가 포함된 직무 및 업무분장(역할·책임 및 권한), 개인별 서명
 - 수급업체 위험성평가 실시책임자, 실시담당자, 실시반을 구성하여 역할과 책임 부여
 - 수급업체 안전보건 세부계획 수립 시 지원
 - 수급업체 근로자 사기진작 방안
 - 본사차원의 지원방안 수립 및 예산지원
○ 위험상황을 대비한 대응조치의 적정성
 - 위험상황에 대비한 원·하청 간 통일된 경보체계 및 설비 운영, 훈련 적정성
○ 적정 위생시설 확보 지원
 - 휴게, 세면·목욕, 수면시설 등 확보 지원
○ 발대식 개최 및 파트너쉽 협약체결
○ 수급업체의 참여정도 평가 계획 및 평가결과 활용방안
○ 안전보건관리 실행과 평가, 환류를 통해 지속적으로 발전하는 체계 운영 확인
○ 우수 사업장 인센티브 부여 및 미흡한 사업장 자율 안전관리 활동 강화 확인

10.8.4 수급업체 안전보건교육 지원

수급업체에 대한 안전보건 교육지원은 다음사항을 만족하여야 한다.

A.3	▶ 수급업체 안전보건교육 지원
주요착안사항	▶ 수급업체에 대한 교육 지원
○ 수급업체 노동자 안전보건교육 지원의 적정성 　- 수급업체 안전보건 교육장소, 자료 등 제공, 교육 횟수, 시간 등 적정성	

11. 안전보건교육

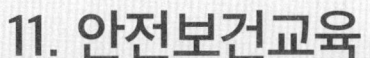

11. 안전보건교육

11.1 개요

 중대재해처벌법에서는 중대산업재해가 발생한 법인 또는 기관의 경영책임자등은 대통령령으로 정하는 바에 따라 안전보건교육을 이수하도록 하고 있고, 안전보건교육을 정당한 사유 없이 이행하지 아니한 경우에는 5천만원 이하의 과태료를 부과하고 하고 있다.
 안전교육과 관련하여 산업안전보건법에서는 제29조(근로자에 대한 안전보건교육), 제30조(근로자에 대한 안전보건교육의 면제 등), 제31조(건설업 기초안전보건교육), 제32조(안전보건관리책임자 등에 대한 직무교육), 제33조(안전보건교육기관)을 규정하고 있다.
 또한 건설안전특별법(건설기술진흥법)에서는 제14조에서 안전교육을 규정하고 있다.

11.2 산업안전보건법상 안전보건교육

11.2.1 근로자에 대한 안전보건교육(제29조)

1) 사업주는 소속 근로자에게 고용노동부령으로 정하는 바에 따라 정기적으로 안전보건교육을 하여야 한다.

> **산업안전보건법 시행규칙 제26조(교육시간 및 교육내용)**
> ① 법 제29조제1항부터 제3항까지의 규정에 따라 사업주가 근로자에게 실시해야 하는 안전보건교육의 교육시간은 별표 4와 같고, 교육내용은 별표 5와 같다. 이 경우 사업주가 법 제29조제3항에 따른 유해하거나 위험한 작업에 필요한 안전보건교육(특별교육)을 실시한 때에는 해당 근로자에 대하여 법 제29조제2항에 따라 채용할 때 해야 하는 교육(채용 시 교육) 및 작업내용을 변경할 때 해야 하는 교육(작업내용 변경 시 교육)을 실시한 것으로 본다.

② 제1항에 따른 교육을 실시하기 위한 교육방법과 그 밖에 교육에 필요한 사항은 고용노동부장관이 정하여 고시(안전보건교육규정)한다.

③ 사업주가 법 제29조제1항부터 제3항까지의 규정에 따른 안전보건교육을 자체적으로 실시하는 경우에 교육을 할 수 있는 사람은 다음 각 호의 어느 하나에 해당하는 사람으로 한다.

1. 다음 각 목의 어느 하나에 해당하는 사람
   가. 법 제15조제1항에 따른 안전보건관리책임자
   나. 법 제16조제1항에 따른 관리감독자
   다. 법 제17조제1항에 따른 안전관리자(안전관리전문기관에서 안전관리자의 위탁업무를 수행하는 사람을 포함한다)
   라. 법 제18조제1항에 따른 보건관리자(보건관리전문기관에서 보건관리자의 위탁업무를 수행하는 사람을 포함한다)
   마. 법 제19조제1항에 따른 안전보건관리담당자(안전관리전문기관 및 보건관리전문기관에서 안전보건관리담당자의 위탁업무를 수행하는 사람을 포함한다)
   바. 법 제22조제1항에 따른 산업보건의
2. 공단에서 실시하는 해당 분야의 강사요원 교육과정을 이수한 사람
3. 법 제142조에 따른 산업안전지도사 또는 산업보건지도사(이하 "지도사"라 한다)
4. 산업안전보건에 관하여 학식과 경험이 있는 사람으로서 고용노동부장관이 정하는 기준(안전보건교육규정)에 해당하는 사람

산업안전보건법 시행규칙 제26조(교육시간 및 교육내용) 별표 4
안전보건교육 교육과정별 교육시간(제26조제1항 등 관련)

1. 근로자 안전보건교육(제26조제1항, 제28조제1항 관련)

교육과정	교육대상		교육시간
가. 정기교육	사무직 종사 근로자		매분기 3시간 이상
	사무직 종사 근로자 외의 근로자	판매업무에 직접 종사하는 근로자	매분기 3시간 이상
		판매업무에 직접 종사하는 근로자 외의 근로자	매분기 6시간 이상
	관리감독자의 지위에 있는 사람		연간 16시간 이상
나. 채용시 교육	일용근로자		1시간 이상
	일용근로자를 제외한 근로자		8시간 이상

다. 작업내용 변경 시 교육	일용근로자	1시간 이상
	일용근로자를 제외한 근로자	8시간 이상
라. 특별교육	별표 5 제1호라목 각 호(제40호는 제외한다)의 어느 하나에 해당하는 작업에 종사하는 일용근로자	2시간 이상
	별표 5 제1호라목제40호의 타워크레인 신호작업에 종사하는 일용근로자	8시간 이상
	별표 5 제1호라목 각 호의 어느 하나에 해당하는 작업에 종사하는 일용근로자를 제외한 근로자	- 16시간 이상(최초 작업에 종사하기 전 4시간 이상 실시하고 12시간은 3개월 이내에서 분할하여 실시가능) - 단기간 작업 또는 간헐적 작업인 경우에는 2시간 이상
마. 건설업 기초안전·보건교육	건설 일용근로자	4시간 이상

비고

1. 상시근로자 50명 미만의 도매업과 숙박 및 음식점업은 위 표의 가목부터 라목까지의 규정에도 불구하고 해당 교육과정별 교육시간의 2분의 1이상을 실시해야 한다.
2. 근로자(관리감독자의 지위에 있는 사람은 제외한다)가 「화학물질관리법 시행규칙」 제37조제4항에 따른 유해화학물질 안전교육을 받은 경우에는 그 시간만큼 가목에 따른 해당 분기의 정기교육을 받은 것으로 본다.
3. 방사선작업종사자가 「원자력안전법 시행령」 제148조제1항에 따라 방사선작업종사자 정기교육을 받은 때에는 그 해당시간 만큼 가목에 따른 해당 분기의 정기교육을 받은 것으로 본다.
4. 방사선 업무에 관계되는 작업에 종사하는 근로자가 「원자력안전법 시행령」 제148조제1항에 따라 방사선작업종사자 신규교육 중 직장교육을 받은 때에는 그 시간만큼 라목 중 별표 5 제1호라목 33에 따른 해당 근로자에 대한 특별교육을 받은 것으로 본다.

2. 안전보건관리책임자 등에 대한 교육(제29조제2항 관련)

교육대상	교육시간	
	신규교육	보수교육
가. 안전보건관리책임자	6시간 이상	6시간 이상
나. 안전관리자, 안전관리전문기관의 종사자	34시간 이상	24시간 이상

다. 보건관리자, 보건관리전문기관의 종사자		34시간 이상	24시간 이상
라. 건설재해예방전문지도기관의 종사자		34시간 이상	24시간 이상
마. 석면조사기관의 종사자		34시간 이상	24시간 이상
바. 안전보건관리담당자		-	8시간 이상
사. 안전검사기관, 자율안전검사기관의 종사자		34시간 이상	24시간 이상

3. 특수형태근로종사자에 대한 안전보건교육(제95조제1항 관련)

교육과정	교육시간
가. 최초 노무 제공시 교육	2시간 이상(단기간 작업 또는 간헐적 작업에 노무를 제공하는 경우에는 1시간 이상 실시하고, 특별교육을 실시한 경우는 면제)
나. 특별교육	16시간 이상(최초 작업에 종사하기 전 4시간 이상 실시하고 12시간은 3개월 이내에서 분할하여 실시가능)
	단기간 작업 또는 간헐적 작업인 경우에는 2시간 이상

4. 검사원 성능검사 교육(제131조제2항 관련)

교육과정	교육대상	교육시간
성능검사 교육	-	28시간 이상

2) 사업주는 근로자를 채용할 때와 작업내용을 변경할 때에는 그 근로자에게 고용노동부령으로 정하는 바에 따라 해당 작업에 필요한 안전보건교육을 하여야 한다. 다만, 제31조제1항에 따른 안전보건교육을 이수한 건설 일용근로자를 채용하는 경우에는 그러하지 아니하다.

3) 사업주는 근로자를 유해하거나 위험한 작업에 채용하거나 그 작업으로 작업내용을 변경할 때에는 제2항에 따른 안전보건교육 외에 고용노동부령으로 정하는 바에 따라 유해하거나 위험한 작업에 필요한 안전보건교육을 추가로 하여야 한다.

4) 사업주는 제1항부터 제3항까지의 규정에 따른 안전보건교육을 제33조에 따라 고용노동부장관에게 등록한 안전보건교육기관에 위탁할 수 있다.

산업안전보건법 시행규칙 제26조(교육시간 및 교육내용) 별표 5
안전보건교육 교육대상별 교육내용(제26조제1항 등 관련)

1. 근로자 안전보건교육(제26조제1항 관련)

  가. 근로자 정기교육

교육내용
○ 산업안전 및 사고 예방에 관한 사항
○ 산업보건 및 직업병 예방에 관한 사항
○ 건강증진 및 질병 예방에 관한 사항
○ 유해·위험 작업환경 관리에 관한 사항
○ 산업안전보건법령 및 산업재해보상보험 제도에 관한 사항
○ 직무스트레스 예방 및 관리에 관한 사항
○ 직장 내 괴롭힘, 고객의 폭언 등으로 인한 건강장해 예방 및 관리에 관한 사항

  가. 근로자 정기교육

교육내용
○ 산업안전 및 사고 예방에 관한 사항
○ 산업보건 및 직업병 예방에 관한 사항
○ 유해·위험 작업환경 관리에 관한 사항
○ 산업안전보건법령 및 산업재해보상보험 제도에 관한 사항
○ 직무스트레스 예방 및 관리에 관한 사항
○ 직장 내 괴롭힘, 고객의 폭언 등으로 인한 건강장해 예방 및 관리에 관한 사항
○ 작업공정의 유해·위험과 재해 예방대책에 관한 사항
○ 표준안전 작업방법 및 지도 요령에 관한 사항
○ 관리감독자의 역할과 임무에 관한 사항
○ 안전보건교육 능력 배양에 관한 사항
- 현장근로자와의 의사소통능력 향상, 강의능력 향상 및 그 밖에 안전보건교육 능력 배양 등에 관한 사항. 이 경우 안전보건교육 능력 배양 교육은 별표 4에 따라 관리감독자가 받아야 하는 전체 교육시간의 3분의 1 범위에서 할 수 있다.

  다. 채용 시 교육 및 작업내용 변경 시 교육

교육내용
○ 산업안전 및 사고 예방에 관한 사항
○ 산업보건 및 직업병 예방에 관한 사항

○ 산업안전보건법령 및 산업재해보상보험 제도에 관한 사항
○ 직무스트레스 예방 및 관리에 관한 사항
○ 직장 내 괴롭힘, 고객의 폭언 등으로 인한 건강장해 예방 및 관리에 관한 사항
○ 기계·기구의 위험성과 작업의 순서 및 동선에 관한 사항
○ 작업 개시 전 점검에 관한 사항
○ 정리정돈 및 청소에 관한 사항
○ 사고 발생 시 긴급조치에 관한 사항
○ 물질안전보건자료에 관한 사항

라. 특별교육 대상 작업별 교육

작업명	교육내용
<공통내용> 제1호부터 제40호까지의 작업	다목과 같은 내용
<개별내용> 1. 고압실 내 작업(잠함공법이나 그 밖의 압기공법으로 대기압을 넘는 기압인 작업실 또는 수갱 내부에서 하는 작업만 해당한다)	○ 고기압 장해의 인체에 미치는 영향에 관한 사항 ○ 작업의 시간·작업 방법 및 절차에 관한 사항 ○ 압기공법에 관한 기초지식 및 보호구 착용에 관한 사항 ○ 이상 발생 시 응급조치에 관한 사항 ○ 그 밖에 안전·보건관리에 필요한 사항
2. 아세틸렌 용접장치 또는 가스집합 용접장치를 사용하는 금속의 용접·용단 또는 가열작업(발생기·도관 등에 의하여 구성되는 용접장치만 해당한다)	○ 용접 흄, 분진 및 유해광선 등의 유해성에 관한 사항 ○ 가스용접기, 압력조정기, 호스 및 취관두(불꽃이 나오는 용기의 앞부분) 등의 기기점검에 관한 사항 ○ 작업방법·순서 및 응급처치에 관한 사항 ○ 안전기 및 보호구 취급에 관한 사항 ○ 화재예방 및 초기대응에 관한사항 ○ 그 밖에 안전·보건관리에 필요한 사항
3. 밀폐된 장소(탱크 내 또는 환기가 극히 불량한 좁은 장소를 말한다)에서 하는 용접작업 또는 습한 장소에서 하는 전기용접 작업	○ 작업순서, 안전작업방법 및 수칙에 관한 사항 ○ 환기설비에 관한 사항 ○ 전격 방지 및 보호구 착용에 관한 사항 ○ 질식 시 응급조치에 관한 사항 ○ 작업환경 점검에 관한 사항 ○ 그 밖에 안전·보건관리에 필요한 사항
4. 폭발성·물반응성·자기반응성·자기발열성 물질, 자연발화성 액체·고체 및 인화성 액체의 제조 또는 취급작업(시험연구를 위한 취급작업은 제외한다)	○ 폭발성·물반응성·자기반응성·자기발열성 물질, 자연발화성 액체·고체 및 인화성 액체의 성질이나 상태에 관한 사항 ○ 폭발 한계점, 발화점 및 인화점 등에 관한 사항 ○ 취급방법 및 안전수칙에 관한 사항 ○ 이상 발견 시의 응급처치 및 대피 요령에 관한 사항 ○ 화기·정전기·충격 및 자연발화 등의 위험방지에 관한 사항 ○ 작업순서, 취급주의사항 및 방호거리 등에 관한 사항 ○ 그 밖에 안전·보건관리에 필요한 사항

5. 액화석유가스·수소가스 등 인화성 가스 또는 폭발성 물질 중 가스의 발생장치 취급 작업	○ 취급가스의 상태 및 성질에 관한 사항 ○ 발생장치 등의 위험 방지에 관한 사항 ○ 고압가스 저장설비 및 안전취급방법에 관한 사항 ○ 설비 및 기구의 점검 요령 ○ 그 밖에 안전·보건관리에 필요한 사항
6. 화학설비 중 반응기, 교반기·추출기의 사용 및 세척작업	○ 각 계측장치의 취급 및 주의에 관한 사항 ○ 투시창·수위 및 유량계 등의 점검 및 밸브의 조작주의에 관한 사항 ○ 세척액의 유해성 및 인체에 미치는 영향에 관한 사항 ○ 작업 절차에 관한 사항 ○ 그 밖에 안전·보건관리에 필요한 사항
7. 화학설비의 탱크 내 작업	○ 차단장치·정지장치 및 밸브 개폐장치의 점검에 관한 사항 ○ 탱크 내의 산소농도 측정 및 작업환경에 관한 사항 ○ 안전보호구 및 이상 발생 시 응급조치에 관한 사항 ○ 작업절차·방법 및 유해·위험에 관한 사항 ○ 그 밖에 안전·보건관리에 필요한 사항
8. 분말·원재료 등을 담은 호퍼(하부가 깔대기 모양으로 된 저장통)·저장창고 등 저장탱크의 내부작업	○ 분말·원재료의 인체에 미치는 영향에 관한 사항 ○ 저장탱크 내부작업 및 복장보호구 착용에 관한 사항 ○ 작업의 지정·방법·순서 및 작업환경 점검에 관한 사항 ○ 팬·풍기(風旗) 조작 및 취급에 관한 사항 ○ 분진 폭발에 관한 사항 ○ 그 밖에 안전·보건관리에 필요한 사항
9. 다음 각 목에 정하는 설비에 의한 물건의 가열·건조작업 가. 건조설비 중 위험물 등에 관계되는 설비로 속부피가 1세제곱미터 이상인 것 나. 건조설비 중 가목의 위험물 등 외의 물질에 관계되는 설비로서, 연료를 열원으로 사용하는 것(그 최대연소소비량이 매 시간당 10킬로그램 이상인 것만 해당한다) 또는 전력을 열원으로 사용하는 것(정격소비전력이 10킬로와트 이상인 경우만 해당한다)	○ 건조설비 내외면 및 기기기능의 점검에 관한 사항 ○ 복장보호구 착용에 관한 사항 ○ 건조 시 유해가스 및 고열 등이 인체에 미치는 영향에 관한 사항 ○ 건조설비에 의한 화재·폭발 예방에 관한 사항

10. 다음 각 목에 해당하는 집재장치(집재기·가선·운반기구·지주 및 이들에 부속하는 물건으로 구성되고, 동력을 사용하여 원목 또는 장작과 숯을 담아 올리거나 공중에서 운반하는 설비를 말한다)의 조립, 해체, 변경 또는 수리작업 및 이들 설비에 의한 집재 또는 운반작업 가. 원동기의 정격출력이 7.5킬로와트를 넘는 것 나. 지간의 경사거리 합계가 350미터 이상인 것 다. 최대사용하중이 200킬로그램 이상인 것	○ 기계의 브레이크 비상정지장치 및 운반경로, 각종 기능 점검에 관한 사항 ○ 작업 시작 전 준비사항 및 작업방법에 관한 사항 ○ 취급물의 유해·위험에 관한 사항 ○ 구조상의 이상 시 응급처치에 관한 사항 ○ 그 밖에 안전·보건관리에 필요한 사항
11. 동력에 의하여 작동되는 프레스기계를 5대 이상 보유한 사업장에서 해당 기계로 하는 작업	○ 프레스의 특성과 위험성에 관한 사항 ○ 방호장치 종류와 취급에 관한 사항 ○ 안전작업방법에 관한 사항 ○ 프레스 안전기준에 관한 사항 ○ 그 밖에 안전·보건관리에 필요한 사항
12. 목재가공용 기계[둥근톱기계, 띠톱기계, 대패기계, 모떼기기계 및 라우터기(목재를 자르거나 홈을 파는 기계)만 해당하며, 휴대용은 제외한다]를 5대 이상 보유한 사업장에서 해당 기계로 하는 작업	○ 목재가공용 기계의 특성과 위험성에 관한 사항 ○ 방호장치의 종류와 구조 및 취급에 관한 사항 ○ 안전기준에 관한 사항 ○ 안전작업방법 및 목재 취급에 관한 사항 ○ 그 밖에 안전·보건관리에 필요한 사항
13. 운반용 등 하역기계를 5대 이상 보유한 사업장에서의 해당 기계로 하는 작업	○ 운반하역기계 및 부속설비의 점검에 관한 사항 ○ 작업순서와 방법에 관한 사항 ○ 안전운전방법에 관한 사항 ○ 화물의 취급 및 작업신호에 관한 사항 ○ 그 밖에 안전·보건관리에 필요한 사항
14. 1톤 이상의 크레인을 사용하는 작업 또는 1톤 미만의 크레인 또는 호이스트를 5대 이상 보유한 사업장에서 해당 기계로 하는 작업(제40호의 작업은 제외한다)	○ 방호장치의 종류, 기능 및 취급에 관한 사항 ○ 걸고리·와이어로프 및 비상정지장치 등의 기계·기구 점검에 관한 사항 ○ 화물의 취급 및 안전작업방법에 관한 사항 ○ 신호방법 및 공동작업에 관한 사항 ○ 인양 물건의 위험성 및 낙하·비래(飛來)·충돌재해 예방에 관한 사항 ○ 인양물이 적재될 지반의 조건, 인양하중, 풍압 등이 인양물과 타워크레인에 미치는 영향 ○ 그 밖에 안전·보건관리에 필요한 사항

15. 건설용 리프트·곤돌라를 이용한 작업	○ 방호장치의 기능 및 사용에 관한 사항 ○ 기계, 기구, 달기체인 및 와이어 등의 점검에 관한 사항 ○ 화물의 권상·권하 작업방법 및 안전작업 지도에 관한 사항 ○ 기계·기구에 특성 및 동작원리에 관한 사항 ○ 신호방법 및 공동작업에 관한 사항 ○ 그 밖에 안전·보건관리에 필요한 사항	
16. 주물 및 단조(금속을 두들기거나 눌러서 형체를 만드는 일) 작업	○ 고열물의 재료 및 작업환경에 관한 사항 ○ 출탕·주조 및 고열물의 취급과 안전작업방법에 관한 사항 ○ 고열작업의 유해·위험 및 보호구 착용에 관한 사항 ○ 안전기준 및 중량물 취급에 관한 사항 ○ 그 밖에 안전·보건관리에 필요한 사항	
17. 전압이 75볼트 이상인 정전 및 활선작업	○ 전기의 위험성 및 전격 방지에 관한 사항 ○ 해당 설비의 보수 및 점검에 관한 사항 ○ 정전작업·활선작업 시의 안전작업방법 및 순서에 관한 사항 ○ 절연용 보호구, 절연용 보호구 및 활선작업용 기구 등의 사용에 관한 사항 ○ 그 밖에 안전·보건관리에 필요한 사항	
18. 콘크리트 파쇄기를 사용하여 하는 파쇄작업(2미터 이상인 구축물의 파쇄작업만 해당한다)	○ 콘크리트 해체 요령과 방호거리에 관한 사항 ○ 작업안전조치 및 안전기준에 관한 사항 ○ 파쇄기의 조작 및 공통작업 신호에 관한 사항 ○ 보호구 및 방호장비 등에 관한 사항 ○ 그 밖에 안전·보건관리에 필요한 사항	
19. 굴착면의 높이가 2미터 이상이 되는 지반 굴착(터널 및 수직갱 외의 갱 굴착은 제외한다)작업	○ 지반의 형태·구조 및 굴착 요령에 관한 사항 ○ 지반의 붕괴재해 예방에 관한 사항 ○ 붕괴 방지용 구조물 설치 및 작업방법에 관한 사항 ○ 보호구의 종류 및 사용에 관한 사항 ○ 그 밖에 안전·보건관리에 필요한 사항	
20. 흙막이 지보공의 보강 또는 동바리를 설치하거나 해체하는 작업	○ 작업안전 점검 요령과 방법에 관한 사항 ○ 동바리의 운반·취급 및 설치 시 안전작업에 관한 사항 ○ 해체작업 순서와 안전기준에 관한 사항 ○ 보호구 취급 및 사용에 관한 사항 ○ 그 밖에 안전·보건관리에 필요한 사항	
21. 터널 안에서의 굴착작업(굴착용 기계를 사용하여 하는 굴착작업 중 근로자가 칼날 밑에 접근하지 않고 하는 작업은 제외한다) 또는 같은 작업에서의 터널 거푸집 지보공의 조립 또는 콘크리트 작업	○ 작업환경의 점검 요령과 방법에 관한 사항 ○ 붕괴 방지용 구조물 설치 및 안전작업 방법에 관한 사항 ○ 재료의 운반 및 취급·설치의 안전기준에 관한 사항 ○ 보호구의 종류 및 사용에 관한 사항 ○ 소화설비의 설치장소 및 사용방법에 관한 사항 ○ 그 밖에 안전·보건관리에 필요한 사항	

22. 굴착면의 높이가 2미터 이상이 되는 암석의 굴착작업	○ 폭발물 취급 요령과 대피 요령에 관한 사항 ○ 안전거리 및 안전기준에 관한 사항 ○ 방호물의 설치 및 기준에 관한 사항 ○ 보호구 및 신호방법 등에 관한 사항 ○ 그 밖에 안전·보건관리에 필요한 사항
23. 높이가 2미터 이상인 물건을 쌓거나 무너뜨리는 작업(하역기계로만 하는 작업은 제외한다)	○ 원부재료의 취급 방법 및 요령에 관한 사항 ○ 물건의 위험성·낙하 및 붕괴재해 예방에 관한 사항 ○ 적재방법 및 전도 방지에 관한 사항 ○ 보호구 착용에 관한 사항 ○ 그 밖에 안전·보건관리에 필요한 사항
24. 선박에 짐을 쌓거나 부리거나 이동시키는 작업	○ 하역 기계·기구의 운전방법에 관한 사항 ○ 운반·이송경로의 안전작업방법 및 기준에 관한 사항 ○ 중량물 취급 요령과 신호 요령에 관한 사항 ○ 작업안전 점검과 보호구 취급에 관한 사항 ○ 그 밖에 안전·보건관리에 필요한 사항
25. 거푸집 동바리의 조립 또는 해체작업	○ 동바리의 조립방법 및 작업 절차에 관한 사항 ○ 조립재료의 취급방법 및 설치기준에 관한 사항 ○ 조립 해체 시의 사고 예방에 관한 사항 ○ 보호구 착용 및 점검에 관한 사항 ○ 그 밖에 안전·보건관리에 필요한 사항
26. 비계의 조립·해체 또는 변경작업	○ 비계의 조립순서 및 방법에 관한 사항 ○ 비계작업의 재료 취급 및 설치에 관한 사항 ○ 추락재해 방지에 관한 사항 ○ 보호구 착용에 관한 사항 ○ 비계상부 작업 시 최대 적재하중에 관한 사항 ○ 그 밖에 안전·보건관리에 필요한 사항
27. 건축물의 골조, 다리의 상부구조 또는 탑의 금속제의 부재로 구성되는 것(5미터 이상인 것만 해당한다)의 조립·해체 또는 변경작업	○ 건립 및 버팀대의 설치순서에 관한 사항 ○ 조립 해체 시의 추락재해 및 위험요인에 관한 사항 ○ 건립용 기계의 조작 및 작업신호 방법에 관한 사항 ○ 안전장비 착용 및 해체순서에 관한 사항 ○ 그 밖에 안전·보건관리에 필요한 사항
28. 처마 높이가 5미터 이상인 목조건축물의 구조 부재의 조립이나 건축물의 지붕 또는 외벽 밑에서의 설치작업	○ 붕괴·추락 및 재해 방지에 관한 사항 ○ 부재의 강도·재질 및 특성에 관한 사항 ○ 조립·설치 순서 및 안전작업방법에 관한 사항 ○ 보호구 착용 및 작업 점검에 관한 사항 ○ 그 밖에 안전·보건관리에 필요한 사항
29. 콘크리트 인공구조물(그 높이가 2미터 이상인 것만 해당한다)의 해체 또는 파괴작업	○ 콘크리트 해체기계의 점점에 관한 사항 ○ 파괴 시의 안전거리 및 대피 요령에 관한 사항 ○ 작업방법·순서 및 신호 방법 등에 관한 사항 ○ 해체·파괴 시의 작업안전기준 및 보호구에 관한 사항 ○ 그 밖에 안전·보건관리에 필요한 사항

30. 타워크레인을 설치(상승작업을 포함한다)·해체하는 작업	○ 붕괴·추락 및 재해 방지에 관한 사항 ○ 설치·해체 순서 및 안전작업방법에 관한 사항 ○ 부재의 구조·재질 및 특성에 관한 사항 ○ 신호방법 및 요령에 관한 사항 ○ 이상 발생 시 응급조치에 관한 사항 ○ 그 밖에 안전·보건관리에 필요한 사항	
31. 보일러(소형 보일러 및 다음 각 목에서 정하는 보일러는 제외한다)의 설치 및 취급 작업 　가. 몸통 반지름이 750밀리미터 이하이고 그 길이가 1,300밀리미터 이하인 증기보일러 　나. 전열면적이 3제곱미터 이하인 증기보일러 　다. 전열면적이 14제곱미터 이하인 온수보일러 　라. 전열면적이 30제곱미터 이하인 관류보일러(물관을 사용하여 가열시키는 방식의 보일러)	○ 기계 및 기기 점화장치 계측기의 점검에 관한 사항 ○ 열관리 및 방호장치에 관한 사항 ○ 작업순서 및 방법에 관한 사항 ○ 그 밖에 안전·보건관리에 필요한 사항	
32. 게이지 압력을 제곱센티미터당 1킬로그램 이상으로 사용하는 압력용기의 설치 및 취급작업	○ 안전시설 및 안전기준에 관한 사항 ○ 압력용기의 위험성에 관한 사항 ○ 용기 취급 및 설치기준에 관한 사항 ○ 작업안전 점검 방법 및 요령에 관한 사항 ○ 그 밖에 안전·보건관리에 필요한 사항	
33. 방사선 업무에 관계되는 작업(의료 및 실험용은 제외한다)	○ 방사선의 유해·위험 및 인체에 미치는 영향 ○ 방사선의 측정기기 기능의 점검에 관한 사항 ○ 방호거리·방호벽 및 방사선물질의 취급 요령에 관한 사항 ○ 응급처치 및 보호구 착용에 관한 사항 ○ 그 밖에 안전·보건관리에 필요한 사항	
34. 맨홀작업	○ 장비·설비 및 시설 등의 안전점검에 관한 사항 ○ 산소농도 측정 및 작업환경에 관한 사항 ○ 작업내용·안전작업방법 및 절차에 관한 사항 ○ 보호구 착용 및 보호 장비 사용에 관한 사항 ○ 그 밖에 안전·보건관리에 필요한 사항	
35. 밀폐공간에서의 작업	○ 산소농도 측정 및 작업환경에 관한 사항 ○ 사고 시의 응급처치 및 비상 시 구출에 관한 사항 ○ 보호구 착용 및 사용방법에 관한 사항 ○ 밀폐공간작업의 안전작업방법에 관한 사항 ○ 그 밖에 안전·보건관리에 필요한 사항	

36. 허가 및 관리 대상 유해물질의 제조 또는 취급작업	○ 취급물질의 성질 및 상태에 관한 사항 ○ 유해물질이 인체에 미치는 영향 ○ 국소배기장치 및 안전설비에 관한 사항 ○ 안전작업방법 및 보호구 사용에 관한 사항 ○ 그 밖에 안전·보건관리에 필요한 사항
37. 로봇작업	○ 로봇의 기본원리·구조 및 작업방법에 관한 사항 ○ 이상 발생 시 응급조치에 관한 사항 ○ 안전시설 및 안전기준에 관한 사항 ○ 조작방법 및 작업순서에 관한 사항
38. 석면해체·제거작업	○ 석면의 특성과 위험성 ○ 석면해체·제거의 작업방법에 관한 사항 ○ 장비 및 보호구 사용에 관한 사항 ○ 그 밖에 안전·보건관리에 필요한 사항
39. 가연물이 있는 장소에서 하는 화재위험작업	○ 작업준비 및 작업절차에 관한 사항 ○ 작업장 내 위험물, 가연물의 사용·보관·설치 현황에 관한 사항 ○ 화재위험작업에 따른 인근 인화성 액체에 대한 방호조치에 관한 사항 ○ 화재위험작업으로 인한 불꽃, 불티 등의 흩날림 방지 조치에 관한 사항 ○ 인화성 액체의 증기가 남아 있지 않도록 환기 등의 조치에 관한 사항 ○ 화재감시자의 직무 및 피난교육 등 비상조치에 관한 사항 ○ 그 밖에 안전·보건관리에 필요한 사항
40. 타워크레인을 사용하는 작업시 신호업무를 하는 작업	○ 타워크레인의 기계적 특성 및 방호장치 등에 관한 사항 ○ 화물의 취급 및 안전작업방법에 관한 사항 ○ 신호방법 및 요령에 관한 사항 ○ 인양 물건의 위험성 및 낙하·비래·충돌재해 예방에 관한 사항 ○ 인양물이 적재될 지반의 조건, 인양하중, 풍압 등이 인양물과 타워크레인에 미치는 영향 ○ 그 밖에 안전·보건관리에 필요한 사항

2. 건설업 기초안전보건교육에 대한 내용 및 시간(제28조제1항 관련)

구분	교육 내용	시간
공통	산업안전보건법령 주요 내용(건설 일용근로자 관련 부분)	1시간
	안전의식 제고에 관한 사항	
교육 대상별	작업별 위험요인과 안전작업 방법(재해사례 및 예방대책)	2시간
	건설 직종별 건강장해 위험요인과 건강관리	1시간

3. 안전보건관리책임자 등에 대한 교육(제29조제2항 관련)

교육대상	교육내용	
	신규과정	보수과정
가. 안전보건관리책임자	1) 관리책임자의 책임과 직무에 관한 사항 2) 산업안전보건법령 및 안전·보건조치에 관한 사항	1) 산업안전·보건정책에 관한 사항 2) 자율안전·보건관리에 관한 사항
나. 안전관리자 및 안전관리전문기관 종사자	1) 산업안전보건법령에 관한 사항 2) 산업안전보건개론에 관한 사항 3) 인간공학 및 산업심리에 관한 사항 4) 안전보건교육방법에 관한 사항 5) 재해 발생 시 응급처치에 관한 사항 6) 안전점검·평가 및 재해 분석기법에 관한 사항 7) 안전기준 및 개인보호구 등 분야별 재해예방 실무에 관한 사항 8) 산업안전보건관리비 계상 및 사용기준에 관한 사항 9) 작업환경 개선 등 산업위생 분야에 관한 사항 10) 무재해운동 추진기법 및 실무에 관한 사항 11) 위험성평가에 관한 사항 12) 그 밖에 안전관리자의 직무 향상을 위하여 필요한 사항	1) 산업안전보건법령 및 정책에 관한 사항 2) 안전관리계획 및 안전보건개선계획의 수립·평가·실무에 관한 사항 3) 안전보건교육 및 무재해운동 추진실무에 관한 사항 4) 산업안전보건관리비 사용기준 및 사용방법에 관한 사항 5) 분야별 재해 사례 및 개선 사례에 관한 연구와 실무에 관한 사항 6) 사업장 안전 개선기법에 관한 사항 7) 위험성평가에 관한 사항 8) 그 밖에 안전관리자 직무 향상을 위하여 필요한 사항
다. 보건관리자 및 보건관리전문기관 종사자	1) 산업안전보건법령 및 작업환경측정에 관한 사항 2) 산업안전보건개론에 관한 사항 3) 안전보건교육방법에 관한 사항 4) 산업보건관리계획 수립·평가 및 산업역학에 관한 사항 5) 작업환경 및 직업병 예방에 관한 사항 6) 작업환경 개선에 관한 사항(소음·분진·관리대상 유해물질 및 유해광선 등) 7) 산업역학 및 통계에 관한 사항 8) 산업환기에 관한 사항 9) 안전보건관리의 체제·규정 및 보건관리자 역할에 관한 사항	1) 산업안전보건법령, 정책 및 작업환경 관리에 관한 사항 2) 산업보건관리계획 수립·평가 및 안전보건교육 추진 요령에 관한 사항 3) 근로자 건강 증진 및 구급환자 관리에 관한 사항 4) 산업위생 및 산업환기에 관한 사항 5) 직업병 사례 연구에 관한 사항 6) 유해물질별 작업환경 관리에 관한 사항 7) 위험성평가에 관한 사항 8) 그 밖에 보건관리자 직무 향상을 위하여 필요한 사항

		10) 보건관리계획 및 운용에 관한 사항 11) 근로자 건강관리 및 응급처치에 관한 사항 12) 위험성평가에 관한 사항 13) 그 밖에 보건관리자의 직무 향상을 위하여 필요한 사항	
라. 건설재해예방전문지도기관 종사자		1) 산업안전보건법령 및 정책에 관한 사항 2) 분야별 재해사례 연구에 관한 사항 3) 새로운 공법 소개에 관한 사항 4) 사업장 안전관리기법에 관한 사항 5) 위험성평가의 실시에 관한 사항 6) 그 밖에 직무 향상을 위하여 필요한 사항	1) 산업안전보건법령 및 정책에 관한 사항 2) 분야별 재해사례 연구에 관한 사항 3) 새로운 공법 소개에 관한 사항 4) 사업장 안전관리기법에 관한 사항 5) 위험성평가의 실시에 관한 사항 6) 그 밖에 직무 향상을 위하여 필요한 사항
마. 석면조사기관 종사자		1) 석면 제품의 종류 및 구별 방법에 관한 사항 2) 석면에 의한 건강유해성에 관한 사항 3) 석면 관련 법령 및 제도(법, 「석면안전관리법」 및 「건축법」 등)에 관한 사항 4) 법 및 산업안전보건 정책방향에 관한 사항 5) 석면 시료채취 및 분석 방법에 관한 사항 6) 보호구 착용 방법에 관한 사항 7) 석면조사결과서 및 석면지도 작성 방법에 관한 사항 8) 석면 조사 실습에 관한 사항	1) 석면 관련 법령 및 제도(법, 「석면안전관리법」 및 「건축법」 등)에 관한 사항 2) 실내공기오염 관리(또는 작업환경측정 및 관리)에 관한 사항 3) 산업안전보건 정책방향에 관한 사항 4) 건축물·설비 구조의 이해에 관한 사항 5) 건축물·설비 내 석면함유 자재 사용 및 시공·제거 방법에 관한 사항 6) 보호구 선택 및 관리방법에 관한 사항 7) 석면해체·제거작업 및 석면 흩날림 방지 계획 수립 및 평가에 관한 사항 8) 건축물 석면조사 시 위해도평가 및 석면지도 작성·관리 실무에 관한 사항 9) 건축 자재의 종류별 석면조사실무에 관한 사항
바. 안전보건관리담당자			1) 위험성평가에 관한 사항 2) 안전·보건교육방법에 관한 사항 3) 사업장 순회점검 및 지도에 관한 사항 4) 기계·기구의 적격품 선정에 관한 사항 5) 산업재해 통계의 유지·관리 및 조사에 관한 사항 6) 그 밖에 안전보건관리담당자 직무 향상을 위하여 필요한 사항

4. 특수형태근로종사자에 대한 안전보건교육(제95조제1항 관련)

　가. 최초 노무제공 시 교육

교육내용
아래의 내용 중 특수형태근로종사자의 직무에 적합한 내용을 교육해야 한다. ○ 산업안전 및 사고 예방에 관한 사항 ○ 산업보건 및 직업병 예방에 관한 사항 ○ 건강증진 및 질병 예방에 관한 사항 ○ 유해·위험 작업환경 관리에 관한 사항 ○ 산업안전보건법령 및 산업재해보상보험 제도에 관한 사항 ○ 직무스트레스 예방 및 관리에 관한 사항 ○ 직장 내 괴롭힘, 고객의 폭언 등으로 인한 건강장해 예방 및 관리에 관한 사항 ○ 기계·기구의 위험성과 작업의 순서 및 동선에 관한 사항 ○ 작업 개시 전 점검에 관한 사항 ○ 정리정돈 및 청소에 관한 사항 ○ 사고 발생 시 긴급조치에 관한 사항 ○ 물질안전보건자료에 관한 사항 ○ 교통안전 및 운전안전에 관한 사항 ○ 보호구 착용에 관한 사항

　나. 특별교육 대상 작업별 교육 : 제1호 라목과 같다.

5. 검사원 성능검사 교육(제131조제2항 관련)

설비명	교육과정	교육내용
가. 프레스 및 전단기	성능검사 교육	○ 관계 법령 ○ 프레스 및 전단기 개론 ○ 프레스 및 전단기 구조 및 특성 ○ 검사기준 ○ 방호장치 ○ 검사장비 용도 및 사용방법 ○ 검사실습 및 체크리스트 작성 요령 ○ 위험검출 훈련
나. 크레인	성능검사 교육	○ 관계 법령 ○ 크레인 개론 ○ 크레인 구조 및 특성 ○ 검사기준 ○ 방호장치 ○ 검사장비 용도 및 사용방법 ○ 검사실습 및 체크리스트 작성 요령 ○ 위험검출 훈련 ○ 검사원 직무

다. 리프트	성능검사 교육	○ 관계 법령 ○ 리프트 개론 ○ 리프트 구조 및 특성 ○ 검사기준 ○ 방호장치 ○ 검사장비 용도 및 사용방법 ○ 검사실습 및 체크리스트 작성 요령 ○ 위험검출 훈련 ○ 검사원 직무
라. 곤돌라	성능검사 교육	○ 관계 법령 ○ 곤돌라 개론 ○ 곤돌라 구조 및 특성 ○ 검사기준 ○ 방호장치 ○ 검사장비 용도 및 사용방법 ○ 검사실습 및 체크리스트 작성 요령 ○ 위험검출 훈련 ○ 검사원 직무
마. 국소배기장치	성능검사 교육	○ 관계 법령 ○ 산업보건 개요 ○ 산업환기의 기본원리 ○ 국소환기장치의 설계 및 실습 ○ 국소배기장치 및 제진장치 검사기준 ○ 검사실습 및 체크리스트 작성 요령 ○ 검사원 직무
바. 원심기	성능검사 교육	○ 관계 법령 ○ 원심기 개론 ○ 원심기 종류 및 구조 ○ 검사기준 ○ 방호장치 ○ 검사장비 용도 및 사용방법 ○ 검사실습 및 체크리스트 작성 요령
사. 롤러기	성능검사 교육	○ 관계 법령 ○ 롤러기 개론 ○ 롤러기 구조 및 특성 ○ 검사기준 ○ 방호장치 ○ 검사장비의 용도 및 사용방법 ○ 검사실습 및 체크리스트 작성 요령
아. 사출성형기	성능검사 교육	○ 관계 법령 ○ 사출성형기 개론 ○ 사출성형기 구조 및 특성 ○ 검사기준 ○ 방호장치 ○ 검사장비 용도 및 사용방법 ○ 검사실습 및 체크리스트 작성 요령

자. 고소작업대	성능검사 교육	○ 관계 법령 ○ 고소작업대 개론 ○ 고소작업대 구조 및 특성 ○ 검사기준 ○ 방호장치 ○ 검사장비의 용도 및 사용방법 ○ 검사실습 및 체크리스트 작성 요령
차. 컨베이어	성능검사 교육	○ 관계 법령 ○ 컨베이어 개론 ○ 컨베이어 구조 및 특성 ○ 검사기준 ○ 방호장치 ○ 검사장비의 용도 및 사용방법 ○ 검사실습 및 체크리스트 작성 요령
카. 산업용 로봇	성능검사 교육	○ 관계 법령 ○ 산업용 로봇 개론 ○ 산업용 로봇 구조 및 특성 ○ 검사기준 ○ 방호장치 ○ 검사장비 용도 및 사용방법 ○ 검사실습 및 체크리스트 작성 요령

6. 물질안전보건자료에 관한 교육(제169조제1항 관련)

교육내용
○ 대상화학물질의 명칭(또는 제품명) ○ 물리적 위험성 및 건강 유해성 ○ 취급상의 주의사항 ○ 적절한 보호구 ○ 응급조치 요령 및 사고시 대처방법 ○ 물질안전보건자료 및 경고표지를 이해하는 방법

11.2.2 근로자에 대한 안전보건교육의 면제 등(제30조)

1) 사업주는 제29조제1항에도 불구하고 다음 각 호의 어느 하나에 해당하는 경우에는 같은 항에 따른 안전보건교육의 전부 또는 일부를 하지 아니할 수 있다.

① 사업장의 산업재해 발생 정도가 고용노동부령으로 정하는 기준에 해당

하는 경우

② 근로자가 제11조제3호에 따른 시설에서 건강관리에 관한 교육 등 고용노동부령으로 정하는 교육을 이수한 경우

③ 관리감독자가 산업 안전 및 보건 업무의 전문성 제고를 위한 교육 등 고용노동부령으로 정하는 교육을 이수한 경우

2) 사업주는 제29조제2항 또는 제3항에도 불구하고 해당 근로자가 채용 또는 변경된 작업에 경험이 있는 등 고용노동부령으로 정하는 경우에는 같은 조 제2항 또는 제3항에 따른 안전보건교육의 전부 또는 일부를 하지 아니할 수 있다.

> **산업안전보건법 시행규칙 제27조(안전보건교육의 면제)**
> ① 전년도에 산업재해가 발생하지 않은 사업장의 사업주의 경우 법 제29조제1항에 따른 근로자 정기교육(이하 "근로자 정기교육"이라 한다)을 그 다음 연도에 한정하여 별표 4에서 정한 실시기준 시간의 100분의 50 범위에서 면제할 수 있다.
> ② 영 제16조 및 제20조에 따른 안전관리자 및 보건관리자를 선임할 의무가 없는 사업장의 사업주가 법 제11조제3호에 따라 노무를 제공하는 자의 건강 유지·증진을 위하여 설치된 근로자건강센터(이하 "근로자건강센터"라 한다)에서 실시하는 안전보건교육, 건강상담, 건강관리프로그램 등 근로자 건강관리 활동에 해당 사업장의 근로자를 참여하게 한 경우에는 해당 시간을 제26조제1항에 따른 교육 중 해당 분기(관리감독자의 지위에 있는 사람의 경우 해당 연도)의 근로자 정기교육 시간에서 면제할 수 있다. 이 경우 사업주는 해당 사업장의 근로자가 근로자건강센터에서 실시하는 건강관리 활동에 참여한 사실을 입증할 수 있는 서류를 갖춰 두어야 한다.
> ③ 법 제30조제1항제3호에 따라 관리감독자가 다음 각 호의 어느 하나에 해당하는 교육을 이수한 경우 별표 4에서 정한 근로자 정기교육시간을 면제할 수 있다.
> 　1. 법 제32조제1항 각 호 외의 부분 본문에 따라 영 제40조제3항에 따른 직무교육기관(이하 "직무교육기관"이라 한다)에서 실시한 전문화교육
> 　2. 법 제32조제1항 각 호 외의 부분 본문에 따라 직무교육기관에서 실시한 인터넷 원격교육
> 　3. 법 제32조제1항 각 호 외의 부분 본문에 따라 공단에서 실시한 안전보건관리담

당자 양성교육
  4. 법 제98조제1항제2호에 따른 검사원 성능검사 교육
  5. 그 밖에 고용노동부장관이 근로자 정기교육 면제대상으로 인정하는 교육
④ 사업주는 법 제30조제2항에 따라 해당 근로자가 채용되거나 변경된 작업에 경험이 있을 경우 채용 시 교육 또는 특별교육 시간을 다음 각 호의 기준에 따라 실시할 수 있다.
  1. 「통계법」 제22조에 따라 통계청장이 고시한 한국표준산업분류의 세분류 중 같은 종류의 업종에 6개월 이상 근무한 경험이 있는 근로자를 이직 후 1년 이내에 채용하는 경우: 별표 4에서 정한 채용 시 교육시간의 100분의 50 이상
  2. 별표 5의 특별교육 대상작업에 6개월 이상 근무한 경험이 있는 근로자가 다음 각 목의 어느 하나에 해당하는 경우: 별표 4에서 정한 특별교육 시간의 100분의 50 이상
    가. 근로자가 이직 후 1년 이내에 채용되어 이직 전과 동일한 특별교육 대상작업에 종사하는 경우
    나. 근로자가 같은 사업장 내 다른 작업에 배치된 후 1년 이내에 배치 전과 동일한 특별교육 대상작업에 종사하는 경우
  3. 채용 시 교육 또는 특별교육을 이수한 근로자가 같은 도급인의 사업장 내에서 이전에 하던 업무와 동일한 업무에 종사하는 경우: 소속 사업장의 변경에도 불구하고 해당 근로자에 대한 채용 시 교육 또는 특별교육 면제
  4. 그 밖에 고용노동부장관이 채용 시 교육 또는 특별교육 면제 대상으로 인정하는 교육

11.2.3 건설업 기초안전보건교육(제31조)

1) 건설업의 사업주는 건설 일용근로자를 채용할 때에는 그 근로자로 하여금 제33조에 따른 안전보건교육기관이 실시하는 안전보건교육을 이수하도록 하여야 한다. 다만, 건설 일용근로자가 그 사업주에게 채용되기 전에 안전보건교육을 이수한 경우에는 그러하지 아니하다.
2) 제1항 본문에 따른 안전보건교육의 시간·내용 및 방법, 그 밖에 필요한 사항은 고용노동부령으로 정한다.

> 산업안전보건법 시행규칙 제28조(건설업 기초안전보건교육의 시간·내용 및 방법 등)
> ① 법 제31조제1항에 따라 건설 일용근로자를 채용할 때 실시하는 안전보건교육(이하 "건설업 기초안전보건교육"이라 한다)의 교육시간은 별표 4에 따르고, 교육내용은 별표 5에 따른다.
> ② 건설업 기초안전보건교육을 하기 위하여 등록한 기관(이하 "건설업 기초안전·보건교육기관"이라 한다)이 건설업 기초안전보건교육을 할 때에는 별표 5의 교육내용에 적합한 교육교재를 사용해야 하고, 영 별표 11의 인력기준에 적합한 사람을 배치해야 한다.
> ③ 제1항 및 제2항에서 정한 사항 외에 교육생 관리 등 교육에 필요한 사항은 고용노동부장관이 정하여 고시한다.

11.2.4 안전보건관리책임자 등에 대한 직무교육(제32조)

1) 사업주(제5호의 경우는 같은 호 각 목에 따른 기관의 장을 말한다)는 다음 각 호에 해당하는 사람에게 제33조에 따른 안전보건교육기관에서 직무와 관련한 안전보건교육을 이수하도록 하여야 한다. 다만, 다음 각 호에 해당하는 사람이 다른 법령에 따라 안전 및 보건에 관한 교육을 받는 등 고용노동부령으로 정하는 경우에는 안전보건교육의 전부 또는 일부를 하지 아니할 수 있다.

① 안전보건관리책임자
② 안전관리자
③ 보건관리자
④ 안전보건관리담당자
⑤ 다음 각 목의 기관에서 안전과 보건에 관련된 업무에 종사하는 사람
 가. 안전관리전문기관
 나. 보건관리전문기관
 다. 제74조에 따라 지정받은 건설재해예방전문지도기관
 라. 제96조에 따라 지정받은 안전검사기관
 마. 제100조에 따라 지정받은 자율안전검사기관

바. 제120조에 따라 지정받은 석면조사기관

2) 제1항 각 호 외의 부분 본문에 따른 안전보건교육의 시간·내용 및 방법, 그 밖에 필요한 사항은 고용노동부령으로 정한다.

> **산업안전보건법 시행규칙 제30조(직무교육의 면제)**
> ① 법 제32조제1항 각 호 외의 부분 단서에 따라 다음 각 호의 어느 하나에 해당하는 사람에 대해서는 직무교육 중 신규교육을 면제한다.
>   1. 법 제19조제1항에 따른 안전보건관리담당자
>   2. 영 별표 4 제6호에 해당하는 사람
>   3. 영 별표 4 제7호에 해당하는 사람
> ② 영 별표 4 제8호 각 목의 어느 하나에 해당하는 사람, 「기업활동 규제완화에 관한 특별조치법」 제30조제3항제4호 또는 제5호에 따라 안전관리자로 채용된 것으로 보는 사람, 보건관리자로서 영 별표 6 제2호 또는 제3호에 해당하는 사람이 해당 법령에 따른 교육기관에서 제29조제2항의 교육내용 중 고용노동부장관이 정하는 내용이 포함된 교육을 이수하고 해당 교육기관에서 발행하는 확인서를 제출하는 경우에는 직무교육 중 보수교육을 면제한다.
> ③ 제29조제1항 각 호의 어느 하나에 해당하는 사람이 고용노동부장관이 정하여 고시하는 안전·보건에 관한 교육을 이수한 경우에는 직무교육 중 보수교육을 면제한다.

11.2.5 안전보건교육기관(제33조)

1) 제29조제1항부터 제3항까지의 규정에 따른 안전보건교육, 제31조제1항 본문에 따른 안전보건교육 또는 제32조제1항 각 호 외의 부분 본문에 따른 안전보건교육을 하려는 자는 대통령령으로 정하는 인력·시설 및 장비 등의 요건을 갖추어 고용노동부장관에게 등록하여야 한다. 등록한 사항 중 대통령령으로 정하는 중요한 사항을 변경할 때에도 또한 같다.

2) 고용노동부장관은 제1항에 따라 등록한 자(이하 "안전보건교육기관"이라 한다)에 대하여 평가하고 그 결과를 공개할 수 있다. 이 경우 평가의 기준·방법 및 결과의 공개에 필요한 사항은 고용노동부령으로 정한다.

3) 제1항에 따른 등록 절차 및 업무 수행에 관한 사항, 그 밖에 필요한 사항은 고용노동부령으로 정한다.
4) 안전보건교육기관에 대해서는 제21조제4항 및 제5항을 준용한다. 이 경우 "안전관리전문기관 또는 보건관리전문기관"은 "안전보건교육기관"으로, "지정"은 "등록"으로 본다.

11.3 건설안전특별법(건설기술진흥법)상 안전보건교육

1) 법 제20조제1항에 따른 안전관리계획을 수립하는 시공자는 건설종사자를 대상으로 작업내용과 안전규칙, 건설공사 현장의 위험 요소 등을 교육하여야 한다.
2) 제1항에 따른 안전교육의 시기 및 방법 등에 관하여 필요한 사항은 대통령령으로 정한다.

> **건설기술진흥법 시행령 제103조(안전교육)**
> ① 법 제64조제1항제2호 또는 제3호에 따른 분야별 안전관리책임자 또는 안전관리담당자는 법 제65조에 따른 안전교육을 당일 공사작업자를 대상으로 매일 공사 착수 전에 실시하여야 한다.
> ② 제1항에 따른 안전교육은 당일 작업의 공법 이해, 시공상세도면에 따른 세부 시공순서 및 시공기술상의 주의사항 등을 포함하여야 한다.
> ③ 건설사업자와 주택건설등록업자는 제1항에 따른 안전교육 내용을 기록·관리해야 하며, 공사 준공 후 발주청에 관계 서류와 함께 제출해야 한다.

건설기술진흥법 제65조(건설공사의 안전교육)에서는 안전교육과 관련하여 다음과 같이 규정하고 있다. 건설안전특별법이 제정된다고 하더라도 건설기술진흥법 규정을 그대로 따라갈 것 같다.

1) 안전관리계획을 수립하는 건설사업자 및 주택건설등록업자는 건설공사의 안전관리를 위하여 건설공사에 참여하는 공사작업자 등에게 안전교육을 실시하여야 한다.
2) 제1항에 따른 안전교육의 시기 및 방법과 그 밖에 필요한 사항은 대통령령으로 정한다.

11.4 중대재해처벌법상 안전보건교육의 수강(제8조)

중대재해처벌법 제8조에서는 중대산업재해가 발생한 법인 또는 기관의 경영책임자등은 대통령령으로 정하는 바에 따라 안전보건교육을 이수하도록 하고 있고, 안전보건교육을 정당한 사유 없이 이행하지 아니한 경우에는 5천만원 이하의 과태료를 부과하고 하고 있다. 과태료는 대통령령으로 정하는 바에 따라 고용노동부장관이 부과·징수한다.

여기에서 법 제8조제1항에 따라 경영책임자등이 이수해야하는 안전보건교육의 내용과 과태료 등은 시행령(안) 다음 각 호의 사항이 포함되어야 한다.

시행령(안) : 2021년 7월 9일 입법 예고

제6조(교육내용과 교육시간)(법 제8조제1항 관련)
① 법 제8조제1항에 따라 경영책임자등이 이수해야하는 안전보건교육의 내용에는 다음 각 호의 사항이 포함되어야 한다.
 1. 안전보건관리체계 구축 및 이행방법 등 안전보건경영 방안
 2. 「산업안전보건법」 등 안전·보건 관계 법령의 주요내용
 3. 정부의 산업재해예방 정책
② 안전보건교육은 총 20시간의 범위에서 이수하여야 한다.

제7조(교육시기 및 방법)
① 고용노동부장관은 시행령 제6조에 따른 안전보건교육을 실시하여야 한다. 이 경우 안전보건교육은 「한국산업안전보건공단법」에 따른 한국산업안전보건공단 등 「산업안전보건법」 제33조에 따라 고용노동부장관에게 등록한 안전보건교육기관 등에 위탁하여 실시할 수 있다.
② 고용노동부장관은 매분기별로 중대산업재해 발생 법인 또는 기관을 대상으로 교육대상자를 확정하고 교육일정을 교육대상자에게 통보하여야 한다.
③ 교육대상자가 지정된 교육일정에 참여할 수 없는 정당한 사유가 있는 경우에는 그 사유를 증명하여 1회에 한하여 고용노동부장관에게 교육일정의 연기요청을 할 수 있다.

제8조(교육비용의 부담)

법 제8조제1항에 따른 안전보건교육에 소요되는 비용은 교육대상자가 부담한다.

제9조(과태료의 부과기준)

법 제8조제2항에 따른 과태료의 부과기준은 별표 4와 같다.

시행령(안) : 2021년 7월 9일 입법 예고

[별표 4] 과태료 부과기준(시행령 제9조 관련)

1. 일반기준

가. 위반행위의 횟수에 따른 과태료의 가중된 부과기준은 최근 1년간 같은 위반행위로 과태료 부과처분을 받은 경우에 적용한다. 이 경우 기간의 계산은 위반행위를 한 날과 다시 같은 위반행위를 한 날을 기준으로 한다(이 경우 위반행위를 한 날은 하나의 교육일정에서 최초로 참여하지 않은 날을 의미한다).

나. 가목에 따라 가중된 부과처분을 하는 경우 가중처분의 적용 차수는 그 위반 행위의 전 부과처분 차수(가목에 따른 기간 내에 과태료 부과처분이 둘 이상 있었던 경우에는 높은 차수를 말한다)의 다음 차수로 한다.

다. 고용노동부장관은 다음의 어느 하나에 해당하는 경우에는 제4호의 개별기준에 따른 과태료 부과금액의 2분의 1의 범위에서 그 금액을 줄일 수 있다. 다만, 과태료를 체납하고 있는 위반행위자의 경우에는 그 금액을 줄일 수 없다.

1) 위반행위자가 자연재해·화재 등으로 재산에 현저한 손실을 입었거나 사업여건의 악화로 기업경영이 중대한 위기에 처하는 등의 사정이 있는 경우

2) 그 밖에 위반행위의 동기와 결과, 위반 정도 등을 고려하여 그 금액을 줄일 필요가 있다고 인정되는 경우

2. 개별기준

위반행위	세부내용	과태료 금액(단위: 만원)		
		1차 위반	2차 위반	3차이상 위반
법 제8조제1항을 위반하여 경영책임자 등이 안전보건교육 이수하지 않은 경우	가. 기업의 상시근로자가 50명 미만인 경우(건설업의 경우 전년도 전체 공사수주금액이 50억원 이하인 경우)	500	1,000	1,500
	나. 그 밖의 경우	1,000	3,000	5,000

11.5 고용노동부 특별감독을 통한 안전보건교육 수준

본사의 안전보건교육은 고용노동부의 특별감독 시 중점점검사항이기도 하다. '21년에 시행된 고용노동부 특별감독결과 안전보건교육에 대한 내용을 살펴보면 다음과 같고, 이를 고려하여 개선방안을 마련하면 될 것으로 보인다.

고용노동부 특별감독 결과

① **D사에 대한 특별감독 결과**
○ (현황) 안전보건 교육 예산이 지속적으로 감소, 안전보건관리자 직무교육 중심의 법정교육만 운영
  * 안전보건교육예산 집행/편성(단위:억원) (`18) 3.0/3.5→(`19) 1.4/1.8→(`20) 0.2/0.3
○ (권고) 안전보건 교육 예산 확대, 안전보건역량 강화를 위하여 협력사 및 다양한 이해관계자가 참여하는 교육프로그램 운영 필요

② **H사에 대한 특별감독 결과**
○ (현황) '18~'19년 대비 '20년 이후 교육관련 예산 및 실시율이 코로나 19 영향으로 급감했고, 작업 전 안전교육(Tool Box Meeting) 현장 정착을 위한 지원시스템이 미흡하고 위험공종 협력업체 대상의 특화된 교육프로그램이 부재
○ (권고) 작업 전 안전교육이 실효성 있게 진행될 수 있도록 본사에서 주기적으로 모니터링하고 교육프로그램 개발·지원도 강화할 필요

11.6 안전보건교육 수준 기준

안전보건경영시스템에 주체가 되는 인원과 위험에 항상 노출되어 있는 근로자에 대한 교육 및 훈련을 실시하여 안전보건활동과 목표를 효과적으로 달성하는데 필요한 인적자원을 관리하여야 한다.

연간교육계획 수립 및 승인하고 연간교육계획을 시행하여야 한다. 교육을 실시후에는 교육결과에 대한 문서를 보관 관리 및 기록 유지하여야 한다. 교육 주관부서는 교육실시 후 아래의 사항이 포함된 결과보고서를 작성한다.
1) 교육일시, 교육명, 교육내용, 참석자, 강사명 등
2) 추가교육 필요 시 별도 일정을 수립하여 재교육을 실시한다.

중대산업재해를 예방하기 위해서는 안전보건 교육 예산 확대, 안전보건역량 강화를 위하여 협력사 및 다양한 이해관계자가 참여하는 교육프로그램 운영이 필요할 것으로 보인다.

또한 현장에서 작업 전 안전교육이 실효성 있게 진행될 수 있도록 본사에서 주기적으로 모니터링하고 교육프로그램 개발·지원도 강화할 필요가 있다.

A.1	▶ 안전보건교육 수준
주요착안사항	▶ 산업안전보건법, 건설안전특별법, 기타 안전법령에 따른 안전교육 대상 파악 및 교육계획 수립, 시행 수준의 적정성

○ 안전교육 실시(지원)에 대한 절차 수립
 - 안전교육이 안전경영방침, 법적 요구사항을 충족하여 구성
 - 현장 안전교육 모니터링 절차
○ 연간 안전보건교육 계획 수립
 - 산업안전보건법 또는 관련법령에 준하는 안전보건교육 계획 수립의 적정성
○ 산업안전보건법 또는 관련법령에 준하는 안전보건교육 실시의 적정성
 - 각 계층별 업무 특성, 직무, 시기 및 상황에 맞는 안전보건교육 실시의 적정성
 - 신규전입자에 대한 위험성평가 교육 이수여부 문서
 - 교육에 대한 문서이력
 - 위험성 평가 교육 후 위험성 평가표 작성 등의 실무평가
 - 교육 실시 후 교육결과에 대한 문서를 보관 관리 및 기록 유지

○ 안전보건교육 관리의 적정성
- 교육 참석률 제고, 강사 선정기준 수립, 교육 불참자에 대한 추가 교육 실시 등 교육 관리의 적정성
○ 안전보건 교육 예산 확대 현황 확인
○ 안전보건역량 강화를 위하여 협력사 및 다양한 이해관계자가 참여하는 교육프로그램 운영
○ 작업 전 안전교육(Tool Box Meeting) 현장 정착을 위한 지원시스템 운영
○ 위험공종 협력업체 대상의 특화된 교육프로그램 운영

12. 의무이행에 필요한 관리상의 조치

12. 의무이행에 필요한 관리상의 조치

12.1 개요

중대재해처벌법 시행령(안) 제5조(중대산업재해 관련 관계 법령에 따른 의무이행에 필요한 관리상의 조치)에서는 관리상의 조치를 하도록 하고 있다.

사업주나 경영책임자는 반기별 1회 이상 안전보건 관계 법령에 따른 의무를 이행하였는지를 점검하도록 하고 그 결과를 보고받도록 하고 있다. 이 경우「산업안전보건법」제21조(안전관리전문기관 등) 및 제74조(건설재해예방전문지도기관)에 따라 고용노동부장관이 지정한 기관에 안전보건 관계 법령에 따른 의무 이행에 관한 점검을 위탁할 수 있다.

점검 결과에 따른 보고를 받고 안전보건 관계 법령에 따른 의무가 이행되지 않은 경우 해당 의무를 이행할 수 있도록 인력을 배치하고 예산을 추가로 편성하여 집행하도록 하는 등 필요한 조치를 하여야 한다.

또한 안전보건 관계 법령에 따라 유해하거나 위험한 작업에 필요한 안전보건교육을 실시하고 있는지 여부를 확인하여 교육을 실시하지 아니한 경우 교육을 실시하도록 지시하고 관련 예산을 확보하도록 하는 등 필요한 조치를 하도록 규정하고 있다.

12.2 고용노동부 특별감독을 통한 관리상의 조치 수준

'21년에 시행된 고용노동부 특별감독결과 본사와 전국 현장에 대한 감독에 대한 내용을 살펴보면 다음 표와 같다.

산업안전보건관리비가 원가절감의 대상으로 인식해서는 안되고, 현장에서 안전보건총괄책임자, 안전보건관리자 등을 제때에 선임하지 않아 현장의 안전보건관리체계가 제대로 작동하지 않는 사례를 미연에 방지할 필요가 있어 보인다.

형식적인 위험성 평가와 안전점검을 방지하여 개구부 덮개·안전난간 설치, 낙석 방지조치 실시, 낙하물 방지조치 실시, 흙막이 가시설 조립도대로 설치, 고소작업대 과상승방지장치 파손방지 등 현장 안전관리 조치가 이루어져야 할 것으로 보인다.

또한, 작업계획서 수립, 안전교육 실시, 건강관리(건강진단 등) 등 기본적인 산업안전보건법 상 의무를 지켜야 할 것으로 보인다.

산재발생 시에는 필히 보고의무를 준수하고 관리감독자는 산안법 상 업무를 수행하고 안전보건관리책임자의 선임과 직무교육 이수가 필요할 것으로 보인다.

근로자 채용시 교육, 건설용 리프트 이용 근로자 특별교육, 작업내용 변경시 교육 등 근로자 안전보건교육 실시, 안전보건관리비 용도 외 사용 등 산업안전보건법상 기본적인 의무사항도 이행하여야 할 것이다.

특별감독 결과를 고려하여 해당 의무를 이행할 수 있도록 인력을 배치하고 예산을 추가로 편성하여 집행하도록 하고, 안전보건 관계 법령에 따라 유해하거나 위험한 작업에 필요한 안전보건교육을 실시하도록 하는 등의 개선방안을 마련하면 중대재해처벌법에 따른 관리상의 조치가 어느 정도는 될 것으로 보인다.

고용노동부 특별감독 결과

① T사 대한 특별감독 결과
　○ (현황) 추락, 끼임, 안전보호구 착용 등 3대 핵심 안전조치 중심으로 T사 전국건

설 현장 대상 불시 산업안전보건감독 진행
- 본사 경영진의 안전보건관리에 대한 인식·관심 부족은 현장에서 산업안전보건관리비가 원가절감의 대상으로 인식되는 중요한 요인으로 작용
- 산업안전보건관리비를 100% 집행하지 않는 사례가 많았으며, 평균 집행률은 매년 낮아지고 있었음
  * (산업안전보건관리비 집행률) `18년 95.2%→`19년 91.3%→`20년 89.0%
- 또한, 현장에서 안전보건총괄책임자, 안전보건관리자 등을 제때에 선임하지 않아 현장의 안전보건관리체계가 제대로 작동하지 않는 사례가 다수 적발
- 형식적인 위험성 평가 및 안전점검 등은 개구부 덮개·안전난간 미설치, 낙석 방지 조치 미실시 등 현장 안전관리 조치 부실로 이어졌음
- 또한, 작업계획서 수립, 안전교육 실시 등 기본적인 산업안전보건법 상 의무도 지키지 못한 현장도 다수 있었음
- 산재보고의무 위반, 안전보건관리책임자 미선임 및 직무교육 미이수 등 위반사항 적발
  * 사망사고 지연보고, 현장 근로자 부상재해 미보고
○ (권고) 현장의 안전관리 인력 증원과 같은 즉각적이고 실효적인 안전관리조치가 포함된 자체적인 개선계획을 마련하도록 권고

② D사에 대한 특별감독 결과
○ (현황) 안전보건관리자를 규정대로 선임하지 않는 등 현장의 안전보건관리체제가 제대로 작동하지 않은 것으로 나타났음
  * 안전관리자 1명 미선임, 보건관리자 미선임, 콘크리트타설작업시 관리감독자 산안법 상 업무 미수행
- 또한, 개구부 덮개·안전난간 미설치, 낙석 방지 조치 미실시 등 현장의 위험요인을 효과적으로 관리하지 못한 사례도 확인
  * 작업발판에 추락방지 위한 안전난간 등 미설치, 지하2층 굴착사면에 낙하물 방지조치 미실시, 흙막이 가시설 조립도대로 미설치, 고소작업대 과상승방지장치 파손 등
- 근로자 안전보건교육 미실시, 안전보건관리비 용도 외 사용 등 산업안전보건법상 기본적인 의무사항도 이행하지 않은 현장 적발
  * 근로자 채용시 교육 미실시, 건설용 리프트 이용 근로자 특별교육 미실시, 작업 내용 변경시 교육 미실시

* 칼라콘 걸이대로 안전보건관리비 사용 등
○ (권고) 감독결과를 토대로 개선계획 수립 필요

③ H사에 대한 특별감독 결과
○ (현황) 산업안전보건법 위반 내역 다수 발견
 - 관리체계 운영미흡 및 교육 미실시 등이 공통으로 위반하는 사례
  * 안전보건관리자 미선임, 산업안전보건위원회 운영 미흡 등
 - 추락·전도방지조치 미실시 등 위험관리가 미흡하거나 안전관리비 부적정 사용 등, 건강관리(건강진단 등) 부실사례도 적발
○ (권고) 감독 결과를 토대로 개선계획 수립 예정
 - 중대재해처벌법 대비와 중대재해 예방을 위해서는 실질적·실효적 조치가 필요
 - 서류 중심의 안전보건관리체계 구축으로는 중대재해와 중대재해처벌법을 피하기 어려우므로 사업주·경영책임자가 노동자 안전을 경영의 최우선 순위로 두어야 하고, 현장 노동자 참여가 보장되는 위험요인 분석·개선 절차를 마련
 - 실질적 안전 투자 및 전담인력의 안전보건활동 시간을 보장하고, 협력업체의 안전관리 수준을 높일 수 있는 조치에 중점을 두어야 중대재해를 예방 필요

12.3 건설공사 현장 안전관리 관리상의 조치 기준

12.3.1 일반 현장 안전보건관리

건설공사 작업 시 산업안전보건기준에 따른 안전관리 작업수행 및 작업장 정리정돈 등 작업장의 기본적인 안전관리 수준을 확보토록 해야 한다.

A.1	▶ 일반 현장 안전보건관리
주요착안사항	▶ 안전관리 수행 및 작업장 정리정돈 등 작업장의 기본적인 안전관리 수준 확보

○ 작업장 통로 확보 및 정리정돈, 적정 조도확보, 출입문 및 비상구 등의 유지·관리 적정성
 - 참고 : 산업안전보건기준에 관한 규칙
○ 안전·보건표지 부착, 화학물질 경고표지 부착, MSDS 게시 등 관리의 적정성
○ 작업, 청소, 정비·보수 등의 작업근로자 개인보호구 지급 및 착용 적정성
 - 작업, 청소, 정비·보수 등의 작업 시 개인보호구 지급 및 착용 적정성(안전모, 안전화, 보안경, 내화학성 장갑, 안전대, 방진·방독 마스크 등 적정 지급 및 착용 여부)
 - 참고 : 산업안전보건기준에 관한 규칙, 화학물질관리법 제14조 및 시행규칙 9조

12.3.2 기계, 기구, 설비에 의한 위험방지 조치

건설공사 작업 시 자체 보유 또는 외부 반입 기계·기구·설비에 대한 위험방지조치·활동 수준을 확보토록 해야 한다.

A.2	▶ 기계, 기구, 설비에 의한 위험방지 조치
주요착안사항	▶ 자체 보유 또는 외부 반입 기계·기구·설비에 대한 위험방지 조치·활동 수준 확보

○ 기계·기구·설비에 대한 위험방지조치
 - 자체 보유 또는 반입하여 사용하는 기계·기구·설비에 대한 안전조치 상태 확인
 ※ 참고 : 산업안전보건기준에 관한 규칙
○ 기계·기구·설비에 대한 법정검사 실시 및 시기의 적정성

- 기계·기구·설비에 대한 관련법에 의한 법정검사 실시, 검사필증 부착상태, 방호장치의 적정 유지·관리 상태

  ※ 참고 : 산업안전보건법 제6장 제1절~제4절, 에너지이용합리화법 제39조 등

○ 기계·기구·설비에 대한 정비·점검·청소 등의 작업 시, 불시가동에 의한 위험방지조치의 적정성

- 기계·기구·설비(전기설비 포함)에 대한 정비·점검·청소 등의 작업 시, 전원 차단조치 (Lock-Out Tag-Out; 안전 잠금장치·안전꼬리표)등 불시가동에 의한 위험방지조치 여부

  ※ 참고 : 산업안전보건기준에 관한 규칙

12.3.3 전기기계·기구에 의한 위험방지 조치

건설공사 작업 시 전기기계·기구에 의한 위험방지 조치에 대한 위험방지조치·활동 수준을 확보토록 해야 한다.

A.3	▶ 전기기계·기구에 의한 위험방지 조치
주요착안사항	▶ 전기기계·기구 등 사용에 따른 감전예방, 예비전원 확보 등 활동 수준 확보

○ 전기기계·기구 및 설비, 배선 및 이동전선으로 인한 위험방지 조치의 적정성

- 전기기계·기구 및 설비, 배선 및 이동전선으로 인한 위험방지 조치(충전부 방호, 접지, 감전방지 조치 등)

  ※ 참고 : 산업안전보건기준에 관한 규칙 제3장

○ 방폭전기기계·기구 선정 및 적정 사용, 유지·보수의 적정성

- 방폭지역 특성에 부합한 방폭전기기계·기구 선정 및 적정 사용, 유지·보수의 적정성

  ※ 참고 : KS C IEC 60079-10-1(폭발위험구역 장소 구분) 등

○ 비상발전기 또는 UPS 등 비상시 예비전원 확보 여부 및 관리의 적정성

12.3.4 추락·낙하·붕괴 등 시설물 위험방지 조치

건설공사 작업 시 추락·낙하·붕괴 등 시설물 위험방지 조치에 대한 위험방지조치·활동 수준을 확보토록 해야 한다.

A.4	▶ 추락·낙하·붕괴 등 시설물 위험방지 조치
주요착안사항	▶ 관리대상 시설물에서의 추락·낙하·붕괴 예방조치 및 유지관리 적정성 수준 확보

○ 시설물의 추락 및 낙하 위험 방지조치 적정성
 - 시설물의 개구부 관리, 안전대 부착설비, 승강설비, 비계 작업발판 설치 등 작업현장 추락 및 낙하 위험 방지 조치
 ※ 참고 : 산업안전보건기준에 관한 규칙 제6장
○ 시설물의 붕괴 등 위험 방지조치 적정성
 - 시설물의 기둥, 보, 외벽 등 주요 구조부 손상, 균열, 침하 여부 등 붕괴 위험 방지 조치의 적정성
 ※ 참고 : 산업안전보건기준에 관한 규칙 제50조~제52조 등

12.3.5 화학물질에 의한 화재·폭발 및 누출 위험방지 조치

건설공사 작업 시 화학물질에 의한 화재·폭발 및 누출 위험방지 조치에 대한 위험방지조치·활동 수준을 확보토록 해야 한다.

A.5	▶ 화학물질에 의한 화재·폭발 및 누출 위험방지 조치
주요착안사항	▶ 위험물, 유해화학물질 등에 의한 화재·폭발 및 누출 위험방지활동 수준 확보

○ 위험물, 유해화학물질의 화재·폭발·누출예방 조치 적정성
 - 인화성액체·가스·고체 등 위험물 저장·취급 작업장의 화재·폭발 예방조치 및 누출을 방지하기 위한 안전조치의 적정성
○ 인화성액체·가스·고체 제조·취급·저장설비 지역의 폭발위험장소 구분의 적정성
 - 산업안전보건기준에 관한 규칙 제230조에 따른 폭발위험장소 적용여부 검토 및 구분도 작성
 ※ 참고 : 한국산업표준 KS C IEC 60079-10-1, KS C IEC 60079-10-2
○ 소화설비 적용 및 유지·관리의 적정성
 - 건축물, 전기실 및 전산실, 통신기기실, 화학설비, 건조설비 등 장소별 적용 가능한 소화설비 설치 및 유지·관리 적정성

12.3.6 화학물질 중독 및 질식사고 예방활동 조치

건설공사 작업 시 화학물질 중독 및 질식사고 예방활동에 대한 위험방지조치·활동 수준을 확보토록 해야 한다.

A.6	▶ 화학물질 중독 및 질식사고 예방활동 수준
주요착안사항	▶ 위화학물질 중독 및 질식에 의한 사고사망 예방활동 수준 확보

○ 화학물질 중독사고 예방을 위한 환기시설 설치 및 가동 수준
 - 화학물질 취급장소에 환기시설(국소배기 또는 전체환기) 설치 및 가동에 따른 정상 상태 유지를 위한 점검 실시 수준
○ 밀폐공간 작업에 대한 안전관리 적정성
 - 지하 물탱크, 정화조 청소 등 밀폐공간 위치 파악 및 관리(밀폐공간 출입금지 표지 부착 등) 상태 확인

12.3.7 작업환경 관리 수준

건설공사 작업 시 작업환경 관리 수준에 대한 위험방지조치·활동 수준을 확보토록 해야 한다.

A.7	▶ 작업환경 관리 수준
주요착안사항	▶ 작업환경 관리 수준 확보

○ 위생시설 설치 수준
 - 환경미화 업무 종사자 등에 대한 위생시설(휴게시설, 세면·목욕시설, 탈의 및 세탁시설) 설치 및 필요 용품 등 구비 수준
○ 건강위험 긴급상황 응급조치 적정성
 - 건강위험 긴급상황 응급조치를 위한 자동심장충격기(AED) 등 설치·점검 및 관리, 응급상황 대응의 적정성
○ 작업환경측정 실시 수준
 - 작업환경측정 대상인 경우 실시 수준(결과관리, 유해인자 관리 등)
○ 특수건강진단 실시 수준
 - 특수건강진단 대상인 경우 실시 여부(결과관리, 진단대상 관리 등)

12.3.8 위험 작업 안전관리(안전작업허가제도)

건설공사 작업 시 위험 작업 안전관리(안전작업허가제도)에 대한 위험방지 조치·활동 수준을 확보토록 해야 한다.

A.8	▶ 위험 작업 안전관리(안전작업허가제도)
주요착안사항	▶ 위험 작업 안전관리 관리 수준 확보

○ 주요 고위험 작업에 대한 작업표준 작성의 적정성
 - 주요 고위험 작업(정비·보수 작업, 반복작업 등)에 대해 위험성 평가 결과를 반영한 작업표준 또는 절차서 작성의 적정성
○ 안전작업허가제도 운영 여부 및 허가서 발행·승인 절차의 적정성
 - 안전작업허가 지침에 따른 위험작업에 대한 허가와 승인권자의 안전조치 승인여부, 현장입회 및 확인 여부 등 안전작업허가제도 운영의 적정성
○ 작업중지 요청제 시행의 적정성
 - 작업중지 요청제 매뉴얼·절차·지침의 제정 또는 수립 여부 및 운영의 적정성
○ 건강위험 긴급상황 응급조치 적정성
 - 건강위험 긴급상황 응급조치를 위한 자동심장충격기(AED) 등 설치·점검 및 관리, 응급상황 대응의 적정성
○ 작업환경측정 실시 수준
 - 작업환경측정 대상인 경우 실시 수준(결과관리, 유해인자 관리 등)
○ 특수건강진단 실시 수준
 - 특수건강진단 대상인 경우 실시 여부(결과관리, 진단대상 관리 등)

12.4 안전보건 관계 법령에 따른 의무 이행 점검

12.4.1 개요

건설업은 반기별 1회 이상 안전보건 관계 법령에 따른 의무를 이행하였는지 여부에 대한 점검을 「산업안전보건법」 제74조(건설재해예방전문지도기관)에 하도록 규정하고 있다.

건설재해예방전문지도기관을 통한 점검 내용은 건설안전 확보를 위해 산업안전보건법, 건설기술진흥법, 기타 안전관련 법령에 따른 사업주의 의무를 준수하고 있는지 여부를 점검하면 될 것으로 보인다. 그러나 가능하면 점검 시 본사나 현장의 안전보건경영시스템 작동체계 전반에 대하여 같이 점검을 실시하고 개선, 조치하는 방향으로 나아가야 할 것으로 보인다.

12.4.2 본사에 대한 의무 이행 점검 기준(예)

건설회사 본사에 대한 안전보건경영시스템 작동체계 점검 예시는 다음 표와 같다.

1) A. 안전 경영 방침 및 조직(System Part)

평가항목			확인방법
대분류	중분류	소분류	
A. 안전 경영 방침 및 조직 (System Part)	1. 안전경영 및 리더십	안전보건에 관한 방침 수립 및 리더십	·대표이사 사망사고 근절 의지와 새로운 방향성을 담은 안전보건방침 ·안전보건방침 및 매뉴얼 수립여부 확인 ·중장기 경영전략에 안전보건 관련 사항 포함 여부 ·최고 경영자의 안전보건 경영철학과 근로자의 참여 및 협의에 대한 의지 포함 확인 ·법적 요구사항 및 그 밖의 요구사항의 준수 의지 포함 확인 ·안전보건방침 대표이사 서명과 시행일 명기 및 공표여부 확인

			· 모든 근로자(협력업체 포함)의 안전보건을 확보하기 위한 지속적인 개선 및 실행 의지 포함 확인 · 안전보건메뉴얼 등 관련서류에서 안전경영에 대한 권한, 책임, 역할, 상호관계의 정의가 있는지 확인 · 안전보건방침 및 매뉴얼 개정이력 확인 · 안전보건방침이 회사 안전보건 위험의 특성과 현재의 조직에 적합한지 여부를 정기적으로 검토 여부 확인
		안전관리목표	· 전사적인 안전보건 목표 설정여부와 평가 확인 · 사업부서에서 안전보건목표 공유 여부 · 전 구성원이 대표의 방침·목표를 정확히 인지할 수 있도록 지속적으로 홍보·전파 · 안전보건방침 매뉴얼에 관한 구성원 교육 및 회의 실적 확인 · 안전보건 경영방침에 대한 회의록, 회람 및 개선사항 등을 문서로 확인 · 구성원이 안전보건방침을 이해, 숙지하고 있는지 인터뷰를 통하여 확인 · 전 구성원 참여 유도를 위한 노력 · 사업장 산재 및 안전사고 감축을 위한 안전목표관리제 시행 여부
		CEO의 안전의식 및 안전활동	· 대표이사의 안전보건에 관한 관심과 전략·활동 · 대표이사의 실질적 의견 직접 반영 여부 · 사고 보고서 확인(CEO 확인 여부) · CEO 안전교육 이수 확인 · CEO 현장 안전활동 실적 확인 · CEO 의 안전보건활동 직접 참여 여부(안전보건경영회의(자체), 현장 안전보건점검, 정기 업무보고 실시 등) · 소속 직원이 법령 등에 따른 안전관리 책무와 그 밖에 근로자의 안전과 보건을 위해 필요한 조치를 준수하도록 지시·감독하였는지 여부
		안전 및 보건에 관한 계획 이사회 보고 및 승인	· 전년도 안전보건경영 활동 실적 및 평가 포함 여부 · 안전보건경영 방침 및 안전보건경영 활동계획 포함 여부 · 안전·보건관리 조직의 구성·인원 및 역할 포함 여부 · 안전·보건 관련 예산 및 시설 현황 포함 여부 · 안전 및 보건에 관한 전년도 활동실적 및 다음 연도 활동계획 포함 여부

	2. 안전보건 계획수립 및 이행	안전경영목표 추진을 위한 세부 안전계획 수립 및 안전기준 설정	·전사적인 안전보건 목표와 이행상황 평가 등 구체적 세부 실행계획 ·안전 목표설정 추진 및 활동계획 관련 세부 추진계획 수립여부 문서 확인 ·최고경영자로서 안전경영책임계획 수립과 안전경영책임보고서 작성 및 공시 확인 ·안전과 관련한 항목 공시 확인 ·안전보건경영시스템 구축 및 인증획득 노력 수준
		안전경영목표 추진을 위한 안전계획의 실행 및 운영	·현장에 대한 본사의 안전활동 지원실적 확인 ·사고사례 공유여부 확인 ·전사 구성원에 대한 안전교육 실시 확인 ·현장 안전활동에 대한 점검, 확인가능한 문서 확인 ·안전관리팀과의 인터뷰를 통하여 추진계획 실행이 어떻게 진행되고 있는지 확인 ·관련 문서 확인 및 담당자 인터뷰 ·당해연도 안전활동 계획 수립 활동(전년도 대비) 여부
	3. 성과측정 및 시정조치	성과측정, 모니터링, 개선	·안전보건활동에 대한 성과 측정 체계 수립 확인 ·정량화된 평가지표와 주기적 성과측정 여부 ·조직 전체가 공유하는 목표와 평가체계 마련 여부 ·건설안전목표의 달성도에 대한 평가 및 환류 수준 ·자체 건설안전 현장점검 결과의 피드백 및 공유 수준 ·안전 및 보건여건 변화분석 및 안전보건계획 이행평가 결과를 차년도 계획수립시 반영 ·성과측정 결과에 대한 부적합 사항 도출여부 확인 ·안전보건활동 관련 외부 지적사항에 대한 개선대책 수립 및 시정조치, 현황관리 적정성 ·사고처리 보고서 관리 현황
	5. 안전관리 미흡노력	안전관리 미흡사항에 대한 개선 노력 및 실적	·당해연도 안전관리 시행실적 분석을 통한 미비점 도출 및 차년도 안전관리 기본계획 반영도 ·안전보건 환경 미비사항에 대한 개선 노력 및 실적(점검결과 공표에 따른 미비점 공유 및 개선 실적도) ·사고발생에 따른 조치사항 기록·관리 및 사고자에 대한 피해보상, 재발방지를 위한 기관의 노력도

	6. 사망사고 감소 성과	사망사고 감소 성과	· 산업재해 및 안전사고 감축목표 설정의 적정성 · 안전관리대상 원·하청 명단 파악 및 회사 특성분석을 기반으로 한 감소목표 설정의 합리성 및 적정성 · 아차사고 등 안전사고 발굴을 위한 참여 분위기 조성 및 현황관리, 원인분석을 통한 예방대책 마련 및 개선이행, 원·하청 근로자에 관련 사례 공유 확안 · 산업재해 발생수준 및 사고재해자 수 감소성과(감소성과를 정량적으로 평가) 확인
	7. 본사 안전관리 조직	안전보건 전담조직의 적정 구성여부	· 본사 안전보건 전담조직 구성 여부 본사 조직표 확인, 책임자와의 인터뷰 · 경영책임자의 안전보건 관련 의사결정을 자문·보좌하는 심의·의결기구인 근로자, 전문가 등이 참여하는 '안전보건경영위원회' 신설·보강, 개최 실적 확인 · 전담조직 구성원의 책임, 역할 등의 정의, 숙지여부 확인 · 안전보건 전담조직은 안전보건분야 전공자, 일정기간 근무경력자로서 전문성, 연속성 확보 여부 확인 · 안전사고를 사전에 예방할 수 있는 전문적인 안전보건능력을 갖추었는지 여부 확인 · 안전보건 인력에 대한 업무 책임감·전문성을 강화하는 조치(정규직 전환 활성화, 직무 전환 시 교육, 인센티브 관련 규정 등) · 전담조직 구성원의 전문교육 계획 및 실시 확인 · 현장 안전관리자 배치에 관한 관리 현황 · 본사 안전관리팀장 등 임원과의 인터뷰, 업무 담당자의 전공, 자격증, 관련교육이수 등의 검토 · 본사조직표의 R&R에 따른 담당자의 인터뷰 · 현장의 안전보건관리자 정규직 채용 비율 단계적 상향 여부 확인
		안전전담 부서의 독립성 및 위상	· 안전보건 전담조직이 업무의 독립성을 확보할 수 있도록 적절하게 편제 확인 · 안전점담부서(본사 조직도)의 독립성 확인 · 전담부서의 책임자의 직위 확인 · 안전보건 전담조직에서 수행하는 중대산업재해 예방활동에 적극 협력될 수 있도록 책임과 권한 부여 확인 · 본사조직표, 담당자 인터뷰, 안전지침 등에 따른 권한 이행상태 확인 (Cardinal Rules, 작업중지, 시정지시서 등) · 안전보건 전담조직 직원의 안전 관련 근무 경력, 전문성, 성과 등을 근무평정, 성과평가 등에서 우대 여부

	평가항목		확인방법
	8. 전문인력 배치	전문인력 배치 및 업무 충실도	·안전관련 법령상 전담 인력수, 적정 자격자, 채용 및 배치 등을 통한 인력 운영의 적합 여부 ·건설공사의 규모, 업종 및 안전 위험요소 등을 종합적으로 고려하여 해당 현장에 필요한 안전 관련 인력을 확보하고 적재적소에 배치하기 위해 노력 여부 ·공사 단계별 전문성을 고려한 현장 관리감독자 배치 필요
	9. 안전보건 예산편성 과 집행	적절한 안전예산 투자	·충분한 안전보건 예산편성 및 안전보건관리예산 집행율 ·안전보건에 대한 획기적인 투자 확대 ·본사 안전팀 운영비는 별도 예산으로 편성 집행여부 확인 ·협력업체 지원 및 안전교육을 위한 예산 집행 현황 ·집행예산의 안전보건관리자 급여 차지 비율 현황 ·안전시설 투자 예산 확대하고 안전교육 예산 현황 ·시설개선, 교육·훈련, 신제품·기술 개발·구매, 건강증진 등 안전보건관리예산 사용기준, 사용절차, 집행실적 관리 등 기준 수립의 적정성

2) B. 관련법에 따른 안전책무(Mandatory Part)

평가항목			확인방법
대분류	중분류	소분류	
B. 관련법에 따른 안전책무 (Man dat tory Part)	1. 안전점검	현장 안전점검에 대한 계획 및 문서화된 절차	·안전점검 매뉴얼 등의 관련서류에서 안전점검지원에 대한 절차 여부 확인 ·안전조치 및 점검지원 근거 문서 검토 ·현장 안전점검 계획 수립 확인
		안전점검 지원 및 개선 실적	·산안법, 건진법 등에 따른 안전점검(지원) 실적 관리현황 ·안전점검 조치사항에 대한 관리현황 ·점검관련 문서이력 확인 ·시공자 지원·검토 문서이력 검토
	2. 안전교육	현장 안전교육 실시 및 지원에 대한 문서화된 절차	·안전교육 실시(지원)에 대한 절차 수립 확인 ·안전교육이 안전경영방침, 법적 요구사항을 충족하여 구성되었는지 확인 ·연간교육계획(산안법, 건진법) 수립 및 승인하고 연간교육계획 시행 여부 ·교육 실시 후 교육결과에 대한 문서를 보관 관리 및 기록 유지 적정성

		안전교육 실효성 확보 실적	·안전보건 교육 예산 확대 현황 확인 ·안전보건역량 강화를 위하여 협력사 및 다양한 이해관계자가 참여하는 교육프로그램 운영 확인 ·작업 전 안전교육(Tool Box Meeting) 현장 정착을 위한 지원시스템 확인 ·위험공종 협력업체 대상의 특화된 교육프로그램 여부 확인
		현장 안전교육에 대한 모니터링 및 개선 실적	·현장 안전교육 모니터링 절차 확인 ·안전교육 실시(지원) 수행결과 관리 현황 ·신규전입자에 대한 위험성평가 교육 이수 여부 문서 확인 및 인터뷰 ·교육에 대한 문서이력 확인 ·위험성 평가 교육 후 위험성 평가표 작성 등의 실무평가 존재여부 확인
	3. 재해발생 대응절차	작업중지, 대피, 보고, 위험요인 제거 등 대응 절차	·안전보건메뉴얼 등의 관련문서 내 급박한 위험이 있는 경우, 작업중지, 대피, 보고, 위험요인 제거 등 대응절차 수립 적정성 및 이행여부 확인 ·반기 1회 이상 확인·점검 확인 ·근로자가 원청에게 직접 일시 작업중지를 요청할 수 있는 제도 운영 확인 ·근로자가 작업중지를 요청한 경우 안전 및 보건에 관하여 필요한 조치 실시 확인 ·요청 내용과 조치 결과를 기록하고 보존 실적 확인 ·작업중지를 요청한 근로자나 근로자가 소속된 수급인에게 불리한 처우 여부 확인 ·위험요소들을 제거하거나 최소화하기 위한 위험관리대책 지시 확인 ·중대산업재해 발생보고(산안법, 건진법) 현황
		구호조치, 추가피해방지 조치 및 발생보고 등 절차	·안전보건메뉴얼 등의 관련문서 내 구호조치, 추가피해방지 조치 및 발생보고 등 절차서나 지침 작성의 적정성 및 이행여부 ·비상시 피해 최소화 및 확산방지를 위한 대비·대응 지침 작성의 적정성 ·중대산업재해 발생시 구호조치, 추가피해방지 조치 및 발생보고 등 지침 작성의 적정성 ·반기 1회 이상 확인·점검 ·화재·폭발·누출·붕괴·지진 등의 구체적인 사고 시나리오 발굴 및 환경변화에 따른 변경관리 적정성 ·사고 시나리오에 대한 교육 및 훈련의 적정성 ·비상발전기, 소방펌프, 통신설비, 감지기, 구호장구 등 비상대응 시설·장비유지관리의 적정성

평가항목			확인방법
		비상사태에 대한 대비 계획 및 운영	·안전보건메뉴얼 등의 관련문서 내 비상사태 대응 절차수립여부 확인 ·지정병원 지정 및 연락체계 수립여부 확인 (게시물 등) ·현재 진행되고 있는 사업별로 공종과 시기를 고려하여 수립되어 있는지 확인 ·비상사태 모의훈련 실시결과 확인 ·비상사태 대응 훈련 실시 후 결과에 대한 F/B 실시결과 확인 ·합동훈련 및 지원체제의 확립 ·인근 거주 주민에게 유해·위험설비에 관한 정보 제공 확인
		재해조사 및 재발방지	·재해 등의 원인조사 지침(매뉴얼, 절차서 등) 보유 여부 및 내용의 적정성 ·사고조사위원회 구성 및 운영 현황 ·산업재해 발생 시 재해 조사보고서 작성 여부, 시기·방법, 조사팀 구성, 원인 및 개선대책 등의 적정성 ·필요에 따라 위험성 평가와 안전작업 절차를 보완 또는 제정 확인

3) C. 건설재해 예방을 위한 자발적 활동(Voluntary Part)

평가항목			확인방법
대분류	중분류	소분류	
C. 건설재해 예방을 위한 자발적 활동 (Voluntary Part)	1. 안전한 공사조건 확보	공사 수주활동시 안전한 공사조건 확보 노력도	·공사 입찰 전 안전에 대한 사전검토 실적 확인
		협력회사 선정시 안전관리 수준(지표)의 반영	·협력회사 안전관리 수준 평가체계 수립, 실시 확인 ·수급업체 선정가이드라인 및 도급사업 안전보건관리 매뉴얼에 따라 수급업체의 안전관리수준과 안전역량을 평가하여 적격 수급업체 선정 ·협력업체 등록·갱신 시 안전 분야 배점을 확대 여부 확인 ·안전부문 현장설명 및 입찰기준 내용 제시 여부 확인 ·적정 단가 보장 등 특단의 조치 시행 여부 ·입찰단계에서 현장 운영 시 안전관련 법규 등의 준수 사항 및 이행에 대한 약정을 입찰조건에 반영 ·협력회사 안전수준평가 실시 및 우수한 사업장은 포상 또는 도급 계약 시 가점부여 등의 혜택을 제공 여부

			·협력업체 선정 과정에서 공종에 따라 회사의 기술력, 안전성, 실행예산 내역 평가 여부 확인
2. 자발적 예방 활동		종사자 의견청취 방법과 작업자 안전보건활동 참여	·안전보건메뉴얼 등의 관련문서 내 산업안전보건위원회, 노사협의체 회의, 일일안전회의 실시계획 수립여부 확인 ·안전보건위원회, 협의체 회의, 일일안전회의 등에 대한 회의록 여부 확인 ·근로자가 안전보건문제에 대해 직접 참여할 수 있도록 본사 차원의 제도(자체 안전보건 제안제도) ·협력업체 관계자, 근로자 소통체계 운영 등 소통강화 조치 ·본사 차원에서 현장에서 취합된 근로자 의견을 수렴한 개선조치 확인 ·작업자가 참여하는 안전보건 신고·제안·포상제도 지침 및 계획, 운영의 적정성 ·작업자 현장 면담결과 안전보건 인식수준(경영방침 공유·소통, 안전보건조치 이해도 등) 제고 노력
		안전관리 시스템의 개선 노력	·자발적인 안전활동 실적 확인
		관련 국가기관에서 행한 재해예방활동 평가 결과	·KOSHA18001, OSHAS 18001 인증서 서류 확인 ·산업재해예방 활동 실적서
		원하도급 간 상생체계	·선정된 수급업체의 안전보건관리를 위한 산업재해예방 및 후속조치 실행계획의 적정성 확인 ·수급업체 안전보건에 관한 임무가 포함된 직무 및 업무분장(역할·책임 및 권한), 개인별 서명확인 문서 확인 ·수급업체 위험성평가 실시책임자, 실시담당자, 실시반을 구성하여 역할과 책임 부여 확인 ·수급업체 안전보건 세부계획 수립 시 지원 확인 ·발대식 개최 및 파트너쉽 협약체결 계 ·수급업체 근로자 사기진작 방안 ·본사차원의 지원방안 수립 및 예산지원 ·수급업체의 참여정도 평가 계획 및 평가결과 활용방안 ·관리감독자 순회점검의 결과 및 조치의 이행여부 등에 대한 관리·감독 체계 구축 확인 ·수급인 사업주와 점검반을 구성하여 정기·수시로 합동 안전·보건점검 실시 확인 ·공사기간 단축 및 위험공법 사용·변경 금지 확인 ·건설공사 수급업체의 공사기간 연장 요청 시 처리기준에 따른 이행 수준

			・건설공사 수급인의 설계변경 요청 시 처리 기준에 따른 이행 수준 ・수급업체 위생시설 설치 또는 이용 확인 ・산업안전보건관리비 계상 및 사용등 관리 수준 확인 ・수급업체 안전보건교육 지원 확인 ・유해인자 및 화학물질 관리 확인 ・안전보건정보(위험물, 질식, 붕괴, 추락 등 위험) 제공 및 정보 전달의 적정성 ・수급업체의 재해예방을 위한 조치 능력 및 기술 적정성 ・위험상황에 대비한 원·하청 간 통일된 경보 체계 및 설비 운영, 훈련 적정성
	3. 성과체계, 협력회사 안전지원	성과체계에 안전관리 수준 반영	・사내 인사규정 내 건설안전 관련 평가항목 확인 ・사내 성과금 및 보수규정 내 건설안전 관련 평가항목 확인
		협력회사 보건보건 활동 관리 및 환류	・안전보건관리 실행과 평가, 환류를 통해 지속적으로 발전하는 체계 운영 확인 ・우수 사업장 인센티브 부여 및 미흡한 사업장 자율 안전관리 활동 강화 확인

4) D. 유해위험요소 확인 및 제거 지원활동(Technical Part)

평가항목			확인방법
대분류	중분류	소분류	
D. 유해위험 요소 확인 및 제거 지원활동 (Technical Part)	1. 위험분석 및 위험예지 활동지원	수행 공종별 위험 분석 지원 시스템 및 절차 확보(매뉴얼 등)	・위험성 평가 매뉴얼 수립 및 개정이력 확인 ・매뉴얼 등 관련 서류 내 위험성 평가절차 수립여부 확인, 위험분석 지원 활동에 대한 문서 확인 ・수행 공종별 위험 분석 지원을 위한 본사 조직표 확인 ・반복지적사항, 누락여부에 대한 조치의 증빙서류 확인 ・위험분석 실적 서류 확인, 시스템 확인 ・별도의 기술지원 조직 구성 확인 ・위험성평가를 위하여 사전에 안전보건정보를 수급업체에 전달하는 체게 확립 여부 ・수급업체 위험성 평가자(참여자) 중 해당 작업 종사 근로자가 참여했는지 확인 ・수급업체의 위험성평가 결과 남아 있는 유해위험요인을 근로자에게 알렸는지 확인
		현장지원 및 지원 시스템 개선 실적	・기술지원 실적 관리현황 ・고령자, 외국인 근로자 안전대책 수립

대분류	중분류	소분류	확인방법
	2. 해당공종 안전성 확보 지원	안전전담부서 또는 관련부서(기술부서 등)의 현장 지원 시스템	· 가설구조물 등 위험공종 기술지원 시스템 구축 확인
		현장 지원 실적	· 가설구조물 등 위험공종 기술지원 실적 확인

5) E. 사후관리(Audit & Management Part)

평가항목			확인방법
대분류	중분류	소분류	
E. 사후관리 (Audit & Magement Part)	1. 기록관리 및 성과 모니터링	기록관리 및 성과 모니터링	· 안전보건메뉴얼 등의 관련서류 확인 · 안전보건메뉴얼 등의 관련서류 내 성과측정과 모니터링 절차 확인(환산 재해율, 근로손실일수 등) · 국토교통부, 고용노동부 등 대관점검 부적합사항의 조치결과물 확인 · 평가, 점검 결과는 시정조치 담당자에게 전달·공유되었는지 확인
	2. 사건조사, 시정조치 및 예방조치	사건조사, 시정조치 및 예방조치	· 사고발생 시 자체 조사실시 결과물 확인 · 부적합 사항에 대한 조치담당자 확인 · 교육서류 및 게시물로 확인 · 재발방지대책 및 시정조치 자료 확인
	3. 안전감사	안전감사 시스템	· 안전감사 시스템 구축 확인 · 내·외부 안전감사 시스템 구축 및 시행 확인
		안전감사의 실시 및 개선	· 안전감사 시행결과 확인 · 시정 및 조치실적 확인 · 감사결과에 대한 CEO 승인 확인
	4. 안전지표의 상대적 수준 및 개선수준	정량적 안전지표의 상대적 평가	· 안전지표의 타 회사와 상대 평가 확인 · 상대평가 or 점수화
		안전지표의 개선도	· 정량적 안전지표의 개선 노력 확인

12.4.3 건설현장에 대한 의무 이행 점검 기준(예)

　건설공사 현장에 대한 안전보건경영시스템 작동체계 점검 예시는 다음 표와 같다.

1) A. 안전 경영 방침 및 조직(System Part)

평가항목			확인방법
대분류	중분류	소분류	
A. 안전 경영 방침 및 조직 (System Part)	1. 안전보건 총괄책임자의 안전활동	안전보건총괄책임자의 현장 안전경영 방침	·총괄 책임자의 승인을 받은 현장 안전경영 방침 및 매뉴얼 수립 확인 ·현장 안전보건매뉴얼 등의 관련서류에서 안전보건방침이 문서화 되어있고 현장안전관리책임자(현장소장)의 서명이 있는지 확인 ·현장 조직별 안전보건매뉴얼 등의 관련서류 내 안전목표 수립여부 확인 ·발주기관, 시공자(본사), 건설사업관리기술자(본사) 안전경영방침과의 부합 여부 확인, 현장특성(공사규모 등)을 반영여부 확인 ·현장 안전경영방침 및 매뉴얼 개정이력 확인
		안전보건총괄책임자의 현장 안전경영 방침 이행	·구성원이 안전보건방침을 이해, 숙지하고 있는지 인터뷰를 통하여 확인 ·안전보건매뉴얼 등의 관련서류 내 안전활동 추진계획 수립여부 확인
		안전보건총괄책임자의 안전 활동	·안전교육 이수 확인 ·안전점검 실시 확인 ·관련 회의 참석자 명단 등
		안전관리 담당자 및 분야별 안전관리책임자 안전능력 개발 노력도	·분야별 안전관리 책임자 및 안전관리 담당자들의 안전관련 자격증 취득 확인 ·분야별 안전관리책임자의 전문안전교육 이수 확인 ·안전관리담당자의 전문안전교육 이수 확인
	2. 현장 안전관리 조직	안전전담조직의 적정 구성여부	·산업안전보건법, 건설기술진흥법에 따른 안전조직 구성 확인(현장조직표 확인) ·담당자의 책임과 권한 등의 정의 확인 ·안전 관련 자격 ·현장 조직표의 R&R 따른 담당자 인터뷰 ·현장 조직표 확인, 담당자 인터뷰, 안전지침에 따른 권한 이행상태 확인 (Cardinal Rules, 작업중지, 시정지시서 등)

2) B. 관련법에 따른 안전책무(Mandatory Part)

평가항목			확인방법
대분류	중분류	소분류	
B. 관련법에 따른 안전책무 (Mandatory Part)	1. 안전관리 계획 및 안전점검	안전관리계획의 적정성 및 공종별 안전성 검토 결과	·안전관리계획서(유해위험방지계획서), 시공계획서 승인 공문(발주청, 감리단 등) ·안전관리계획서 내 안전성 검토 적절성 확인 ·안전관리계획의 적정성 및 공종별 안전성 검토 문서이력 검토
		안전점검 이행여부 검토	·자체 안전점검 규정 확인 ·안전검검 계획 확인 ·안전보건메뉴얼 등의 관련서류에서 안전점검에 대한 절차 및 적용성 확인 ·자체 안전점검 수행결과 실시실적 확인 ·시공자 안전관리 실적보고서 검토서 확인 ·산업안전보건법에 따른 안전점검, 작업장 순회 결과 문서 확인 ·건설기술진흥법에 따른 정기 정밀 안전점검 실시여부 문서 확인 ·안전관리 개선실적 관리 문서이력 확인 ·안전점검 종합보고서 확인
		안전관리업무의 확인	·안전 컨설팅 여부 문서 확인, 현장 담당자 인터뷰
	2. 안전관리비	산업안전보건관리비(안전관리비) 반영 및 적정 사용여부	·산업안전보건법에 따른 산업안전보건관리비 수립 확인 ·산업안전보건관리비 지출 내역 확인(항목별 사용 여부) ·산업안전보건관리비 집행률 확인 ·산업안전보건관리비 용도 외 사용 ·건설기술진흥법에 따른 안전관리비 수립 확인 ·안전관리비 지출 내역 확인(항목별 사용 여부)
	3. 안전관리 구성원의 직무	산업안전보건위원회 운영	·산업안전보건위원회 운영 확인
		안전보건총괄책임자, 안전보건관리자 선임	·안전보건총괄책임자, 안전보건관리자 등을 적기 선임 여부 확인 ·콘크리트타설작업시 관리감독자 산안법상 업무 수행 확인
		분야별 안전관리책임자의 업무수행	·건설기술진흥법에 따른 분야별 안전관리책임자의 자격 적격 사항 확인 ·분야별 안전관리책임자의 안전점검 수행 확인 ·산업안전보건법에 따른 관리감독자 업무 수행 확인 ·현장의 안전관리 인력 증원과 같은 즉각적이고 실효적인 안전관리조치 수행 확인

		안전관리담당자의 업무수행	・건설기술진흥법에 따른 안전관리담당자의 안전점검 수행, 확인 ・산업안전보건법 등 타법에 따른 업무 수행 확인
	4. 안전교육	안전교육 실시 및 관리	・건설기술진흥법, 산업안전보건법에 따른 분야별 안전관리책임자의 교육 실적 문서 확인 및 인터뷰 ・건설기술진흥법, 산업안전보건법에 따른 안전관리 담당자의 교육 실적 문서 확인 및 인터뷰 ・건설기술진흥법에 따른 안전교육 내용 확인(공법 및 시공순서, 주의사항 등) ・산업안전보건법에 따른 관리감독자의 안전교육 내용 확인 ・안전교육이 안전경영방침, 법적 요구사항을 충족하여 구성되었는지 확인 ・위험성 평가 교육 후 위험성 평가표 작성 등의 실무평가 존재여부 확인 ・안전교육 실적의 관리현황 확인 ・직무교육 이수 현황 확인 ・근로자 채용시 교육, 건설용 리프트 이용 근로자 특별교육, 작업내용 변경시 교육 등 산업안전보건법상 기본적인 의무사항 이행
	5. 비상사태 대비 계획 및 훈련	비상사태에 대한 대비 계획 및 절차	・안전보건메뉴얼 등의 관련문서 내 비상사태 대응 절차수립여부 확인 ・지정병원 지정 및 연락체계 수립여부 확인(게시물 등) ・현재 진행되고 있는 사업별로 공종과 시기를 고려하여 수립되어 있는지 확인 ・비상사태 대응 대비 팀 구성 및 R&R 수립여부 확인
		비상사태에 대한 대응 훈련 및 운영	・비상사태 모의훈련 실시결과 확인 ・공종별 발생 가능한 화재, 폭발, 붕괴 등 고위험 요인을 반영한 비상사태 대응 계획의 수립여부 확인 ・비상사태 대응 훈련 실시 후 결과에 대한 F/B 실시결과 확인

3) C. 건설재해 예방을 위한 자발적 활동(Voluntary Part)

평가항목			확인방법
대분류	중분류	소분류	
	1. 안전한 공사조건 확보	공사 수주활동시 안전한 공사조건 확보 노력도	・설계도서 사전검토 실적 확인
		협력회사 선정시 안전관리 수준(지표)의 반영	・협력회사 안전관리 수준평가 체계 확립 확인 ・협력회사 안전관리 수준평가 수행실적 확인

		안전 활동을 위한 의사 소통, 참여, 협의	·안전보건메뉴얼 등의 관련문서 내 산업안전보건위원회, 협의체 회의, 일일안전회의 실시계획 수립여부 확인 ·안전보건위원회, 협의체 회의, 일일안전회의 등에 대한 회의록 확인 ·게시판의 회의 결과물, 회람 등의 확인 ·구성원들 간의 협의 결과를 회의록, 인터뷰 등을 통해 확인
C. 건설재해 예방을 위한 자발적 활동 (Mandatory Part)	2. 자발적 예방 활동	자발적인 안전사고 예방활동	·자발적 안전활동에 대한(발주청, 본사) 지시문 확인 ·자발적 안전활동 실적 확인
		안전관리 시스템의 개선 노력	·안전보건메뉴얼 등 관련 서류 내 자발적 안전관리활동 보장, 지원에 대한 내용 확인 ·자발적 안전관리 활동과 안전관리 시스템의 개선 실적에 대한 내용을 문서 확인 ·내외부 자문위원 및 운영여부에 대한 문서 확인
	3. 협력회사 안전지원	협력회사 근로자 작업환경 개선활동	·협력회사 근로자 환경 개선에 대한 (발주청, 본사) 지시문 등 확인 ·협력회사 근로자 환경개선 실적 화인

4) D. 유해위험요소 확인 및 제거 지원활동(Technical Part)

평가항목			확인방법
대분류	중분류	소분류	
D. 유해위험 요소 확인 및 제거 지원활동 (Technical Part)	1. 위험분석 및 위험예지 활동지원	공종별 위험성 평가 및 개선실적	·공종별 위험성 평가 매뉴얼 보유 ·공종별 위험성 평가절차 수립여부 확인, 위험분석 지원 활동에 대한 문서 확인 ·공종별 위험성 평가 실적 및 공유현황 확인 ·형식적인 위험성 평가가 아닌 실질적 위험경 평가 실시 확인 ·구성원 참석여부 확인 ·위험성평가 내 위험요소 조치사항 등 확인 ·위험성 평가표의 개선방안이 정량적, 구체적, 기술적인지 확인 ·반복 지적사항에 대한 조치의 증빙서류 확인
		위험 예지 활동	·위험예지 활동 절차 수립 확인 ·위험예지 활동 참석 및 수행결과의 구성원 공유 확인 ·위험예지 활동결과 내 개선사항 도출 등 확인 ·위험예지 활동 결과의 관리현황 확인 ·위험분석 실적 서류 확인, 시스템 확인 ·구급장비 부유 확인

	2. 해당공종 안전성 확보 지원	계획 및 기준에 따른 검토결과의 적절성	·가설구조물 등 위험공종 안전성 검토 수행 실적 확인 ·안전 전담 부서 또는 관련 부서(기술부서 등)의 현장 지원 시스템 문서 확인
		시공상세도, 작업절차 등 관련 서류와 시공 일치도 확인	·시공상세도 및 구조계산서 등 검토관련 수행실적 확인 ·가설구조물 등 위험공종의 시공상태 점검 수행실적 확인(검측 체크) ·가설구조물 등 위험공종 작업절차서(매뉴얼)의 보유 및 수립 확인 ·가설구조물 등 위험공종 해체작업 관련 안전성 검토 수행실적 확인
	3. 안전시설	설치기준에 적합한 안전시설 설치	·안전시설에 대한 설치계획서(절차서) 수립 확인 ·안전시설에 대한 점검 등 수행실적 확인 ·개구부 덮개·안전난간 설치, 낙석 방지조치, 흙막이 가시설 조립도 실시, 고소작업대 과상승방지장치 설치 등 현장 안전관리 조치 확인
		사용 가설 자재의 관리도	·가설기자재 검증절차 확인 ·가설기자재 폐기 절차 및 반출 내역 관리현황
	4. 관리상의 조치	관리상의 일반적인 의무 이행	·작업계획서 수립 등 기본적인 산업안전보건법 상 의무 이행여부 확인 ·산재보고의무 이행 확인 ·건강관리(건강진단 등) 이행 확인
		작업장 정리정돈 등 작업장의 기본적인 안전관리	·작업장 통로 확보 및 정리정돈, 적정 조도확보, 출입문 및 비상구 등의 유지·관리 적정성 ·안전·보건표지 부착, 화학물질 경고표지 부착, MSDS 게시 등 관리의 적정성 ·작업, 청소, 정비·보수 등의 작업 시 개인보호구 지급 및 착용 적정성(안전모, 안전화, 보안경, 내화학성 장갑, 안전대, 방진·방독마스크 등 적정 지급 및 착용 여부)
		기계, 기구, 설비에 의한 위험방지 조치	·산업안전보건기준에 관한 규칙에 따른 자체 보유 또는 반입하여 사용하는 기계·기구·설비에 대한 위험방지조치 ·기계·기구·설비에 대한 관련법에 의한 법정검사 실시, 검사필증 부착상태, 방호장치의 적정 유지·관리 상태 ·기계·기구·설비에 대한 정비·점검·청소 등의 작업 시, 불시가동에 의한 위험방지조치의 적정성

		전기기계·기구에 의한 위험방지 조치	·전기기계·기구 및 설비, 배선 및 이동전선으로 인한 위험방지 조치(충전부 방호, 접지, 감전방지 조치 등) ·방폭지역 특성에 부합한 방폭전기기계·기구 선정 및 적정 사용, 유지·보수의 적정성 ·비상발전기 또는 UPS 등 비상시 예비전원 확보 여부 및 관리의 적정성
		추락·낙하·붕괴 등 구조물 위험방지 조치	·시설물의 개구부 관리, 안전대 부착설비, 승강설비, 비계 작업발판 설치 등 작업현장 추락 및 낙하 위험 방지 조치 ·구조물의 붕괴 등 위험 방지조치 적정성 ·시설물의 기둥, 보, 외벽 등 주요 구조부 손상, 균열, 침하 여부 등 붕괴 위험 방지 조치의 적정성
		화학물질에 의한 화재·폭발 및 누출 위험방지 조치	·인화성액체·가스·고체 등 위험물 저장·취급 작업장의 화재·폭발 예방조치 및 누출을 방지하기 위한 안전조치의 적정성 ·인화성액체·가스·고체 제조·취급·저장설비 지역의 폭발위험장소 구분의 적정성 ·건축물, 전기실 및 전산실, 통신기기실, 화학설비, 건조설비 등 장소별 적용 가능한 소화설비 설치 및 유지·관리 적정성
		화학물질 중독 및 질식 사고 예방활동 조치	·화학물질 취급장소에 환기시설(국소배기 또는 전체환기) 설치 및 가동에 따른 정상상태 유지를 위한 점검 실시 수준 ·지하 물탱크, 정화조 청소 등 밀폐공간 위치 파악 및 관리(밀폐공간 출입금지 표지 부착 등) 상태 확인
		작업환경 관리 수준	·업무 종사자 등에 대한 위생시설(휴게시설, 세면·목욕시설, 탈의 및 세탁시설) 설치 및 필요 용품 등 구비 수준 ·건강위험 긴급상황 응급조치를 위한 자동심장충격기(AED) 등 설치·점검 및 관리, 응급상황 대응의 적정성 ·작업환경측정 대상인 경우 실시 수준(결과 관리, 유해인자 관리 등) ·특수건강진단 대상인 경우 실시 여부(결과 관리, 진단대상 관리 등)
		위험 작업 안전관리 (안전작업허가제도)	·주요 고위험 작업(정비·보수 작업, 반복작업 등)에 대해 위험성 평가 결과를 반영한 작업 표준 또는 절차서 작성의 적정성 ·안전작업허가 지침에 따른 위험작업에 대한 허가와 승인권자의 안전조치 승인여부, 현장입회 및 확인 여부 등 안전작업허가제도 운영의 적정성 ·작업중지 요청제 매뉴얼·절차·지침의 제정 또는 수립 여부 및 운영의 적정성

5) E. 사후관리(Audit & Management Part)

평가항목			확인방법
대분류	중분류	소분류	
E. 사후관리 (Mandatory Part)	1. 성과측정 및 모니터링	성과측정 및 사고조사	· 안전보건메뉴얼 등의 관련서류 내 성과측정과 모니터링 절차 확인 · 안전보건메뉴얼 등의 관련서류 내 정량적 평가기준의 여부확인 · 국토교통부, 고용노동부 등 대관점검 부적합사항의 조치결과물 확인 · 평가, 점검 결과는 시정조치 담당자에게 전달·공유되었는지 확인 · 추진계획의 활동결과에 대하여 공유 및 숙지결과물(안전행사, 교육, 활동 등) 확인 · 현장의 안전경영목표 달성에 대한 안전성과 측정체계 및 실시 확인
	2. 사고조사, 시정 조치 및 예방조치	사건조사, 시정조치 및 예방조치	· 사고발생 시 자체조사 실시 결과물 확인 · 부적합 사항에 대한 조치담당자 확인 · 교육서류 및 게시물로 확인 · 재발방지대책 및 시정조치 자료 확인 · 근본원인 분석에서 발견사항들이 반영하여 관리되고 있는지 확인 · 사고관련 구성원 공람여부 확인
	3. 기록관리	기록관리	· 안전보건메뉴얼 등의 관련서류 확인 · 안전보건메뉴얼 등의 관련서류 내 문서목록표의 법적기준 충족여부 확인 · 안전관련 문서에 보존 연한 명기상태 확인
	4. 정량적 안전지표	정량적 평가지표	· 상대평가 or 점수화

중대재해기업 처벌법은 영국의 '기업살인법'을 모델로 하는 것으로, 중대 재해가 발생하면 경영 책임자와 기업을 처벌하는 게 핵심 내용이다. 중대재해처벌법에서 다루고 있는 중대 재해는 기업의 구조적 문제에 따른 것으로, 작업자나 안전관리자 등 특정 개인에게 책임을 지울 수 없고 결국 경영 책임자와 기업이 처벌을 받아야 한다는 판단이 깔려 있는 법으로서 아직까지도 문구나 조항 등에 대하여 노동계와 경영계 양측에서 여전히 뜨거운 논란이 일고 있는 법이다.

그러나 당장 2022년 1월부터 시행되는 중대재해처벌법 대응을 위해서는 우선적으로 안전보건관리체계를 구축하는 것이 급선무이고, 이러한 안전보건관리체계 구축을 위해서는 다음과 같은 7가지 핵심요소가 필요하다.

첫째, 다른 무엇보다도 경영자 리더십이 가장 우선적으로 필요하다. 경영자는 안전보건에 대한 의지를 밝히고 목표를 정하여야 한다. 또한 안전보건에 필요한 인력, 시설, 장비 등 자원을 배정하여야 하고 구성원의 권한과 책임을 정하고 참여를 독려하도록 하여야 한다.

둘째, 안전보건관리체계를 구축하기 위해서는 경영자 리더십도 중요하지만 근로자 참여도 매우 중요하다. 안전보건관리 전반에 관한 정보를 공개해야 하고, 모든 구성원이 참여할 수 있는 절차를 마련해야 한다. 또한 근로자들이 자유롭게 의견을 제시할 수 있는 문화도 조성되어야 한다.

셋째, 위험요인을 파악 하여야 한다. 위험요인에 대한 정보를 수집하고 정리하여야 한다. 또한 산업재해 및 아차사고를 조사하고 위험기계, 기구, 설비를 파악하여 유해인자와 위험장소 및 위험작업을 면밀하게 파악해야 한다.

넷째, 파악된 위험요인은 반드시 제어하여야 한다. 위험요인별 위험성 평가를 실시하고 위험 요인별 제거, 대체 및 통제방안을 검토해야 한다. 이를 바탕으로 종합적인 대책을 수립하고 이행하여야 하며 교육훈련을 주기적으로 실시해야한다.

다섯째, 비상조치계획을 사전에 마련하고 주기적으로 훈련해야 한다. 위험요인을 바탕으로 시나리오를 작성하고 재해발생 시나리오별 조치계획을 수립하고 조치계획에 따라 주기적으로 훈련을 실시해야 한다.

여섯째, 도급 용역 위탁 시 산업재해예방 능력을 갖춘 수급인을 선정해야 한다. 안전보건관리체계 구축 및 운영에 있어 사업장 내 모든 구성원이참여하고 보호받을 수 있도록 하여야 한다.

일곱째, 평가 및 개선 등 피드백 조치를 시행하여 반영하여야 한다. 안전보건 목표를 설정하고 평가해야 하며 안전보건관리체계가 제대로 운영되는지 확인해야 한다. 또한 발굴된 문제점을 주기적으로 검토하여 개선하는 노력을 경주하여야 한다.